रिसर्च मैथडोलॉजी

रिसर्च मैथडोलॉजी

डॉ. सिद्राम सलवदे

इशिका पब्लिशिंग हाउस
जयपुर दिल्ली

इशिका पब्लिशिंग हाउस

ए -25, ''गणेश सदन'', गली न. 4, आदर्श बस्ती,
बी.एल. हाउस के पास, टोंक फाटक,
जयपुर-302018 (राजस्थान) भारत
फोन : 0141-2761280, Mob. 9887532741
Email: ishikapublishinghouse@yahoo.in

दिल्ली कार्यालय : 102, प्रथम मंजिल, 'सत्यम हाउस'
4324/3, अंसारी रोड़, दरियागंज, नई दिल्ली - 110 002
फोन : 011-45652440

ISBN: 978-81-89471-61-3

मूल्य : ₹ 1595.00

टाइपसेटिंग : बी.एस. कम्प्यूटर्स, जयपुर

मुद्रक : थॉमसन प्रेस, नई दिल्ली

प्रस्तावना
(Preface)

राजनीति विज्ञान के एम.ए. एवं एम.फिल. कक्षाओं को पढ़ाते-पढ़ाते रिसर्च मैथडोलॉजी से लगाव बढ़ता ही गया और आज यह सबसे प्रिय विषय हो गया। एम.फिल. और पी.एच.डी. के मार्गदर्शन का अनुभव इस विषय के व्यावहारिक पक्ष की गहनता का "बोध" कराता गया। निरन्तरता से चली आ रही छात्र एवं छात्राओं की जिज्ञासा ही इस लेखन के लिए प्रेरणा बनी। दो दशक पूर्व की प्रचलित संशोधन प्रणाली एवं आज उपयोग में लायी जाने वाली अधुनातन रिसर्च मैथडोलॉजी का भेद ही भारत के विकास की गवाही है। शासन की संशोधन सम्बन्धी नीति में परिवर्तन, नये वैज्ञानिक यंत्र एवं उपकरण, परिमाणन पद्धतियों में हुए कुछ सुधार, शिक्षा से लोगों में हुई संशोधन के प्रति कौतूहल आदि कुछ ऐसे तत्व हैं जिन्होंने संशोधन को नया आयाम दिया एवं संशोधक का कार्य सरल, सुलभ एवं गतिमान बनाया है।

संशोधन से ज्ञान के विस्तार के साथ-साथ विषयों में संलग्नीकरण का भी महत्त्वपूर्ण कार्य हुआ है। Political-Economy, Techno-Politics, Astio-Politics, Psycho-Politics आदि ज्ञान की नयी शाखाओं का निर्माण तथा सापेक्षतावादी, इंजीनियरिंग आदि अध्ययन के दृष्टिकोण एवं सोवियत यूनियन का विघटन, "स्टार-वॉर" प्रकल्प के समाप्ति की घोषणा, "युनि पोलर" और "मल्टी पोलर" बाबत अन्तर्राष्ट्रीय खेमों में छिड़ी चर्चा और विवाद, क्षेत्रीय संगठनों का वाणिज्यिक दृष्टिकोण से निर्माण, धर्म का राजनीति में प्रभावशाली पुनः प्रवेश आदि कुछ ऐसी घटनायें हैं जो मानव के आन्तर एवं बाह्य जगत में संतोष प्राप्ति के प्रयत्नों को उजागर करती हैं। आज की राजनीति में सत्य या असत्य, उचित या अनुचित से अधिक महत्त्वपूर्ण हो गया है "स्वार्थ" का और इसी "स्वार्थ" की प्राप्ति के लिए हर राज्य ने अपने आपको वाणिक बनाया हुआ है। अतः वर्तमान राजनीति को "वाणिज्यीय-राजनीति" से सम्बोधित कर राजनीति विज्ञान का उप-विषय बनाना आवश्यक एवं औचित्यपूर्ण होगा।

डॉ. सिद्राम सलवदे

अनुक्रमणिका
(Contents)

1

विज्ञान
(Science)

आम आदमी विज्ञान का अलग–अलग अर्थ लगाता है। चर्चा के दौरान विज्ञान इन्सान को असुविधा में डालता है। अनेक सामान्य परिभाषाएँ हर आदमी अपनी–अपनी बौद्धिक क्षमता के अनुसार व्यक्त करता है, फिर भी उलझनें कम होने की जगह बढ़ती जाती हैं। इसीलिए विज्ञान का आम प्रचलित अर्थ, एवं विषयों के अनुसार "विशेष" अर्थ, सामाजिक विज्ञान में संशोधन करने वाले संशोधकों के लिए जान लेना जरुरी हो ज़ाता है।

समाज में सामान्यतः 'व्यवस्थित ज्ञान को विज्ञान माना जाता है' या 'निसर्ग के सिद्धांत और नियमों के अध्ययन को विज्ञान माना जाता है।' इन अर्थों में विज्ञान का संशोधन में उपयोग अपर्याप्त है। संशोधन में 'ज्ञान के व्यवस्थित संकलन एवं सम्पूर्ण अनुभवाश्रित विश्व की अध्ययन प्रणाली को विज्ञान संज्ञा दी गई है। इस 'संज्ञा' में आने वाले सभी विषयों को "वैज्ञानिक–विषय" माना गया है। विषय का स्वरूप आधार मानकर विषयों को वर्गीकृत किया जाता है, इस प्रकार प्राकृतिक विज्ञान, जीव विज्ञान, सामाजिक विज्ञान आदि विज्ञान की शाखाएँ अस्तित्व में आई हैं। विषयों ने अपने लिए कुछ परिभाषाओं को पूर्णतः स्वीकार कर मान्यता दी है। विषयों के अन्तर्गत मान्यता दी हुई परिभाषाएँ उक्त विषय की विज्ञान के किस तत्त्व एवं तथ्य को अन्यों की तुलना में अधिक महत्त्वपूर्ण माना है, इसे उजागर करती है। उदाहरण के लिए गणित, औषधि विज्ञान, मानस शास्त्र और सामाजिक विज्ञान ने 'विज्ञान' की विश्व भर में जो परिभाषाएँ स्वीकृत की हैं, इन विषयों का स्वरूप स्पष्ट करती है और विज्ञान किस दृष्टिकोण से इन विषयों को अपनाता है, इसे भी स्पष्ट करती हैं।

गणित में हेन्री पाइनकेयर की परिभाषा अत्यन्त महत्त्वपूर्ण मानी गई है, इस परिभाषा में 'विज्ञान वस्तुओं का ज्ञान नहीं, उनके बीच जो सम्बन्ध है उसका ज्ञान है।' (Science is the knowledge not of things, but of their relations) यह परिभाषा वस्तु से अधिक महत्त्व वस्तुओं के सम्बन्धों को देती है। वस्तु अपने

आपमें महत्वपूर्ण नहीं, यह इसकी मान्यता है। वस्तु अन्य वस्तु के सम्पर्क में जब आती है तो वह सम्पर्क वस्तु को महत्त्व प्रदान करता है। अतएवं गणित, विज्ञान को सम्बन्धों के दृष्टिकोण से आत्मसात् करता है एवं व्यवहार में लाता है।

औषधि विज्ञान—डॉ. सिंगर के अनुसार "ज्ञान–निर्मिती प्रक्रिया विज्ञान का अर्थ है।" (Science is a process which makes knowledge)। इस परिभाषा में प्रक्रिया को प्राधान्य दिया गया है।

मानस शास्त्र—हॅवलॉक एलिस के अनुसार "वस्तुओं के कारणों का शोध ही विज्ञान है।" (Science is the search for the reasons of things) इस परिभाषा में वस्तुओं के कारणों को ढूंढ निकालने को ही विज्ञान माना है। वस्तु किन कारणों की वजह से बनी है, इसे ही सर्वाधिक महत्त्व दिया गया है।

सामाजिक विज्ञान—ज्यूलियन हक्सले के अनुसार "विज्ञान वह प्रक्रिया है जिसके द्वारा हम आज ज्ञान प्राप्त कर प्रकृति के तत्त्वों पर नियंत्रण कर रहे हैं।' (Science is that activity by which today we attain the great bulk of our knowlege and control over the facts of nature) सामाजिक विज्ञान की इस परिभाषा के अनुसार विज्ञान ज्ञान प्राप्त कराकर उस ज्ञान का उपयोग प्रकृति का मानव हित के लिए नियंत्रित रखने पर जोर देता है।

ऊपर दी हुई चारों व्याख्याएँ परस्पर भिन्न होते हुए भी विज्ञान के कुछ मूलभूत अर्थों को प्रतिध्वनित करती हैं। समन्वित कर इन सभी अर्थों को सार रूप में लेने पर विज्ञान से उस सुव्यवस्थित ज्ञान, उस प्रक्रिया एवं प्रणाली को बोध होता है जो नवीन ज्ञान प्राप्ति में सहायक है। इस अर्थ में जो विज्ञान का उपयोग करता है वह वैज्ञानिक है। वह अपने विषय में अधुनातन ज्ञान रख उसे कुशलता से उपयोग में लाकर सम्बन्धित विषय का व्यवस्थित विस्तार एवं विकास करता है। इस दृष्टिकोण को सब जगह मान्यता प्राप्त है इस दृष्टिकोण से विज्ञान निम्नलिखित कार्य करता है :

(1) तथ्यों का वर्गीकरण।

(2) तथ्यों का क्रमबद्धीकरण।

(3) तथ्यों से सम्बन्धित महत्त्व का स्पष्टीकरण।

"विज्ञान" को समाज की सम्पदा माना गया गया है। आज विज्ञान की निर्मित सामाजिक मानव द्वारा की जा रही है, इसलिए सामाजिक व्यक्ति के उद्देश्यों एवं आकांक्षाओं की पूर्ति करना विज्ञान का दायित्व हो जाता है। इस सन्दर्भ में विज्ञान द्वारा किये गये कार्य सामाजिक कार्य कहलाये गये हैं। कुछ महत्त्वपूर्ण कार्य नीचे दिये गये हैं :

(1) सत्य की खोज करना और सम्बन्धित सत्य को अनावृत कर ज्ञान में वृद्धि करना।

(2) सिद्धांत को निर्मित करना।

(3) कार्य–कारण भाव एवं भूतकाल और वर्तमान के आधार पर भविष्य में होने वाली घटनाओं के बारे में पूर्व सूचना देना या 'भविष्य' बतलाने की क्षमता रखना और इस क्षमता को बढ़ाना।

(4) समस्या को समझना, समझकर उसे सुलझाने के लिए उपायों की खोज करना।

वैज्ञानिक और सामाजिक कार्य करते हुए विज्ञान को निम्नांकित व्यावहारिक कार्य भी करने पड़ते हैं :

(1) राष्ट्र निर्मिति कार्य इस सन्दर्भ में सर्वाधिक महत्त्वपूर्ण हैं। अविकसित राष्ट्र को विकासशील और उसके बाद विकसित राष्ट्र में रूपान्तरित करने में विज्ञान का कार्य सर्वाधिक महत्त्वपूर्ण होता है।

(2) मानवों में मानवीय सम्बन्धों की स्थापना और उसकी अभिवृद्धि करने में विज्ञान की अहम् भूमिका है। आज का युग 'संसूचन' के नाम से जाना जाता है। 'दूरियाँ' कम करने में और दूर के लोगों से तुरन्त 'सम्बन्ध' बनाने में विज्ञान की सकारात्मक भूमिका को नकारा नहीं जा सकता।

(3) विज्ञान की बदौलत ही समाज सम्पन्नता को प्राप्त कर रहा है। सामाजिक जीवन की बढ़ती हुई आवश्यकताओं की पूर्ति कर अभावों को दूर करने में विज्ञान सक्रिय है।

(4) विज्ञान "अच्छा नौकर किन्तु बुरा स्वामी है, अतएवं इसे नियंत्रण में रखकर विश्वभर में मानव सहअस्तित्व के सिद्धांत को स्वीकार कर सुखी एवं शांतिपूर्ण जीवन जी सकते हैं।"

विज्ञान के वैज्ञानिक, सामाजिक एवं व्यावहारिक कार्य समझने के बाद वैज्ञानिक पद्धति को समझना सरल हो जाता है। जिस पद्धति का उपयोग वैज्ञानिक 'विषय–वस्तु' (Subject-Matter) के अध्ययन के लिए करता है, उसे वैज्ञानिक पद्धति कहते हैं।

प्राचीन काल से ही मानव जान–अनजाने वैज्ञानिक पद्धति का उपयोग नया ज्ञान प्राप्त करने के लिए करता रहा है। उदाहरण के तौर पर 'सम्पूर्ण–ब्रह्माण्ड स्थिर–प्राकृतिक नियमों द्वारा संचालित किया जा रहा हैं। इन नियमों को जानकर समझने के लिए आदिम काल से आज तक मानव को वैज्ञानिक पद्धति पर निर्भर रहना पड़ा है। अतिभौतिकी या तत्त्वज्ञानीय अध्ययन पद्धतियाँ ज्ञान प्राप्ति के क्षेत्र में अपर्याप्त एवं अभावग्रस्त पाई गई हैं। इसलिए वैज्ञानिक पद्धति में धर्म, दर्शन मिथक (Myth) और कल्पनाओं को स्थान नहीं दिया गया।"

वैज्ञानिक पद्धति की परिभाषाएँ

इनसायक्लोपिडिया ब्रिटानिका के अनुसार "वैज्ञानिक पद्धति वह सामूहिक

संज्ञा है जो भिन्न–भिन्न प्रक्रियाओं के सहयोग से विज्ञान की निर्मिति करती हैं। वृहद अर्थ में ऐसी कोई भी निरीक्षण–परीक्षण पद्धति जिसके द्वारा वैज्ञानिक निष्पक्ष एवं व्यवस्थित ज्ञान की प्राप्ति करता है वही पद्धति वैज्ञानिक है।"

जॉर्ज ए लुण्डबर्ग – "वैज्ञानिक पद्धति वह पद्धति है जिसमें सुव्यवस्थित अवलोकन, वर्गीकरण और तथ्यों की परिभाषा की जाती है।"

ए. वोल्फ – "परीक्षण की ऐसी कोई भी पद्धति जिसके द्वारा विज्ञान निर्मित कर उसे लगातार विकसित किया जाता है, विस्तृत अर्थ में वैज्ञानिक पद्धति कहलाती है।"

आर. एन. थौलेस – "वैज्ञानिक पद्धति वह सुव्यवस्थित तकनीक है (विज्ञान की भिन्न–भिन्न शाखाओं में अनेक बातों में भिन्नता रखते हुए भी उनका सामान्य स्वरूप एक जैसा ही होता है) जिसका उद्देश्य सर्वसामान्य्य नियमों का निर्धारण करना ही होता हैं।"

वैज्ञानिक पद्धति की परिभाषाओं में प्रस्तुत अर्थों का संकलन करें तो वैज्ञानिक पद्धति में निम्नांकित तत्त्व दिखाई पड़ते हैं:

(1) अवलोकन – अवलोकन के माध्यम से ही "अध्ययन–वस्तु" का सूक्ष्म और गहन अध्ययन किया जा सकता हैं

(2) तथ्यों का पृथक्करण करना और विभाजित तथ्यों का सफलतापूर्वक वर्गीकरण करना।

(3) तथ्यों के परस्पर सम्बन्धों को स्पष्ट करना।

(4) यथार्थ परिस्थिति में विचार–परीक्षण के प्रयत्न करना।

(5) प्रयोगों को विकसित करना।

(6) वैज्ञानिक कल्पना के आधार पर वैज्ञानिक नियमों को निश्चित करना।

(7) ऐसे नये यंत्र–औजारों का अन्वेषण करना जो अधिक सुग्राही और समग्र अवलोकन के लिए एवं अधिक प्रमाणित परिमाण (मापन) के लिए उपयोग में लाये जा सकें।

(8) संशोधक को निष्पक्षता से अध्ययन करना चाहिए। उसके व्यक्तिगत मत से अध्ययन कदापि प्रभावित नहीं होना चाहिए। अपना ध्यान अध्ययन पर केन्द्रित कर क्या हो रहा है और क्या हुआ इसे जान लेना चाहिए, क्यों हुआ और क्या होना चाहिए था इस ओर हेतुपूर्वक ध्यान न दें, क्योंकि ये बातें संशोधन में दुय्यम, या महत्त्वपूर्ण नहीं मानी गई हैं।

वैज्ञानिक पद्धति में निम्नांकित लक्षण पाए जाते हैं :

(अ) तथ्यों का सतर्कता से एवं परिपूर्ण वर्गीकरण, उनके आपसी सम्बन्धों का अवलोकन तथा क्रमबद्धीकरण।

(ब) सृजनात्मक कल्पना की सहायता से वैज्ञानिक नियमों की खोज करने में सहायक होती हैं।

(स) स्व–गुणदोष विवेचन, आलोचना और सर्वसामान्य बुद्धि धारण करने वाले को सम प्रमाण में समझ में आती है।

वैज्ञानिक पद्धति की विशेषताएँ

वैज्ञानिक पद्धति में निम्नांकित पाँच विशेषताएँ पाई जाती हैं :

1. **सत्यापानशीलता** (Verifiability) – इसमें किसी भी वैज्ञानिक द्वारा निकाले गए निष्कर्षों का परीक्षण, निष्कर्षों की जाँच कर उसके सत्य या असत्य होने को परखा जाता है। किसी भी व्यक्ति द्वारा पुनः परीक्षण के लिए वैज्ञानिक पद्धति हर वक्त प्रस्तुत या खुली होती है।

2. **निश्चितता** (Definiteness) – वैज्ञानिक पद्धति के द्वारा निश्चित ज्ञान की प्राप्ति की जाती है। ज्ञान की सभी शाखाओं के लिए एक ही वैज्ञानिक पद्धति होती है। वैज्ञानिक पद्धति में शंका–कुशंका, अनिश्चितता एवं व्यग्रता को स्थान नहीं दिया गया।

3. **वस्तुनिष्ठता** (Subjectivity) – वैज्ञानिक पद्धति की सबसे महत्त्वपूर्ण विशेषता होने के साथ इसका अत्यन्त महत्त्व का गुण भी है। अध्ययन में जो भी प्राप्त हुआ है उसे उसी रूप में रखना। संशोधक ने अपने विचार, मत, झुकाव, धारण और अपने पर पड़े प्रभाव को अध्ययन से अलिप्त रखा हो तो अध्ययन वस्तुनिष्ठ होगा। संशोधक का वैज्ञानिक पद्धति को तथ्यों के मूल स्वरूप के अध्ययन के लिए ही उपयोग में लाना चाहिए।

4. **सामान्यता** – वैज्ञानिक पद्धति की यह विशेषता निम्नांकित संदर्भों में –

   (अ) वैज्ञानिक पद्धति ज्ञान की सभी शाखाओं में अध्ययन के लिए उपयोग में लायी जाती है, इसलिए वह सबके अध्ययन हेतु सामान्य (General) हो गई है।

   (ब) वैज्ञानिक पद्धति का उपयोग कर निर्माण की गई प्रक्रिया "सामान्य (common) सत्य" की प्राप्ति कराती है। उदाहरण : "व्यक्तिगत अध्ययन" पद्धति से "व्यक्तिगत सत्य" खोजा जाता है और यह व्यक्तिगत सत्य उस वर्ग का "सामान्य सत्य" माना जाता है जिस वर्ग का वह व्यक्तिगत सदस्य होता है।

5. **पूर्वकथनीयता पूर्वानुमान क्षमता** (Predictability) – वैज्ञानिक पद्धति में "कारण और परिणाम" संबंध खोजने की क्षमता है। कौन से कारण क्या परिणाम उत्पन्न करते हैं यह जान लेने पर भविष्यवाणी करना सरल हो जाता है। वैज्ञानिक पद्धति की यह क्षमता पूर्वानुमान क्षमता कहलाती है।

वैज्ञानिक पद्धति के प्रमुख चरण

वैज्ञानिक पद्धति का उपयोग क्रमशः चरणों में किया जाता है। यंग ने वैज्ञानिक पद्धति को निम्नलिखित चार प्रमुख चरणों में विभाजित किया है :

1. कार्यवाहक उपकल्पना की रचना (Formulation of the working Hypothesis)।
2. अवलोकन (Observation), तथ्य सामग्री का संकलन, शुद्धीकरण या पुष्टिकरण और उसके बाद संग्रहीकरण।
3. संग्रहीत तथ्य–सामग्री का वर्गीकरण तत्पश्चात् क्रमबद्धीकरण।
4. वैज्ञानिक सामान्यीकरण और सिद्धांत निर्माण।

किसी भी संशोधन/में चौथे चरण की समाप्ति पर संशोधन अहवाल लिखना आवश्यक हो जाता है। अहवाल में जो संशोधन प्रस्तुत नहीं किया जाता वह कालान्तर में भुला दिया जाता है और उस पर किया गया सभी व्यय व्यर्थ हो जाता है।

विज्ञान ने ज्ञान की सभी शाखाओं में अनेकानेक उपशाखाएँ और उपशाखाओं को जन्म दिया है। ज्ञान की सैकड़ों शाखाएं एवं उपशाखाओं में अध्ययन कर नए ज्ञान की निर्मिति करना किसी भी एक व्यक्ति के सामर्थ्य के बाहर है, अतएवं सभी शाखाओं में संशोधन केन्द्र निर्मित किए गए है और विश्वविद्यालयों में भी संशोधन की सुविधाएँ उपलब्ध कराई गई हैं।

विज्ञान की समस्त उपशाखाओं को उनके स्वभाव के आधार पर संबंधित शाखा में एकीकृत किया जाता है तत्पश्चात् इन शाखाओं को विषयवस्तु के आधार पर मुख्य शाखा में शामिल कर पुनः भौतिक विज्ञान व सामाजिक विज्ञान में वर्गीकृत कर दिया जाता है। ये दोनों अपने गुणधर्मों के आधार पर परस्पर पूर्णतः भिन्न हैं। इनमें निम्नलिखित भेद है :

सामाजिक एवं प्राकृतिक विज्ञान में भेद स्पष्ट करने वाली प्रस्तुत सारणी इनका तुलनात्मक अध्ययन भी प्रस्तुत करती है।

	सामाजिक विज्ञान	प्राकृतिक संसाधन
1.	सामाजिक विज्ञान मानव और मानव व्यवहार से सम्बन्धित नियमों का अन्वेषण करता है।	प्राकृतिक विज्ञान प्रकृति में निहित प्राकृतिक नियमों की खोज करता है।
2.	मानव को अध्ययन का केन्द्र माना है।	प्राकृतिक विज्ञान में अध्ययन के अनेक केन्द्र है।

3.	सामाजिक विज्ञान में मौलिक तत्त्वों का स्वरूप मानवशास्त्रीय या मनोवैज्ञानिक है।	प्राकृतिक विज्ञान में मौलिक तत्त्वों का स्वरूप प्रकृति से सम्बन्धित होता है।
4.	इसके आधार–तत्त्व मानव, उसकी मानसिक अवस्था एवं व्यवहार होते हैं।	इसके आधार तत्व सभी प्राकृतिक तत्त्व होते हैं। उदाहरण, प्राण वायु में जो तत्त्व होते हैं वहीं आधार तत्त्व हैं।
5.	विश्लेषण पद्धति का उपयोग कर आधार–तत्त्वों को परस्पर अलग नहीं किया जा सकता।	विश्लेषण पद्धति का उपयोग कर आधार–तत्त्वों को एक दूसरे से अलग किया जाता है।
6.	सामाजिक विज्ञान की "अध्ययन वस्तु" समाज होने से इसकी परिपूर्णता प्राकृतिक विज्ञान की तुलना में कम होती है।	सामाजिक विज्ञान की तुलना में परिणाम अधिक शुद्ध और परिपूर्ण होते हैं।
7.	पूर्वानुमान की क्षमता कम होती है।	सामाजिक विज्ञान की तुलना में पूर्वानुमान की क्षमता अधिक होती है।
8.	इसमें पूर्णतः वस्तुनिष्ठ अध्ययन करना मुश्किल होता है।	इसमें सुलभता से वस्तुनिष्ठ अध्ययन किया जाता है।
9.	"वस्तु–विषय" का परिमाण करने के अवसर कम होते हैं।	इसमें बिना किसी गलती के अधिक से अधिक परिमाण लिए जा सकते हैं।
10.	समाज की प्रयोगशाला है। प्रयोग शाला निर्मिति अत्यन्त कठिन कार्य है।	सुलभता से प्रयोगशाला निर्मित कर "वस्तु–विषय" का अध्ययन किया जाता है।

सामाजिक विज्ञान और प्राकृतिक विज्ञान में जो भेद हैं उसी आधार पर सामाजिक शास्त्र के वैज्ञानिक और प्राकृतिक विज्ञान के वैज्ञानिक में अन्तर आ

जाता है। आधुनिक समाज वैज्ञानिक को प्रोत्साहित कर नये ज्ञान की प्राप्ति के लिये प्रेरित करता है क्योंकि इसी में समाज का कल्याण है। वैज्ञानिकों का समाज–बाह्य स्थान नहीं है। समाज के महत्त्वपूर्ण घटक हैं। उसके उपलब्ध किए नये ज्ञान का स्वामी समाज होता है, वैज्ञानिक नहीं। इसलिये वैज्ञानिक को समाज की आकांक्षा और उद्देश्यों की प्राप्ति के लिये अध्ययन करना चाहिए।

सामाजिक विज्ञान को समझने के लिये विज्ञान, तत्त्वज्ञान, सिद्धांत एवं विधि में जो भेद है उसे भी जान लेना आवश्यक हो जाता है। भेद समझने के लिये तत्त्वज्ञान सिद्धांत एवं विधि का संक्षिप्त अध्ययन नीचे दिया गया है।

तत्त्वज्ञान **(Philosophy)** –किसी भी वस्तुस्थिति का या पदार्थ का यथार्थ ज्ञान माने तत्त्वज्ञान हैं। वस्तुस्थिति का मतलब होता है – होना या न होना।

हर एक विद्या तत्त्वज्ञान कहलाती है। मानव जीवन के साथ–साथ सम्पूर्ण जगत का अर्थ स्पष्ट करने वाले सामान्य एवं मौलिक कल्पनाओं की सुसंगत एवं तर्कपूर्ण प्रस्तुति ही तत्त्वज्ञान कहलाती है।

तत्वज्ञान के अध्ययन विषय मुख्यतः अभौतिकी, रहस्यपूर्ण या जिनको हल नहीं किया गया ऐसे प्रश्न होते हैं। तत्त्वज्ञान के अध्ययन में श्रद्धा सर्वोपरि होती है, क्योंकि बिना श्रद्धा के तत्वज्ञान सीखा ही नहीं जा सकता। तत्त्वज्ञान तर्क प्रधान होता है और सभी सिद्धांत तर्क से ही सिद्ध किये जाते हैं।

राजनीति विज्ञान में राजकीय तत्त्वज्ञान को अत्यन्त महत्त्वपूर्ण स्थान प्राप्त है। प्लेटो से गांधी तक के राजनीति विज्ञान के वैज्ञानिकों ने मानव के ज्ञान को समृद्ध किया है। प्लेटो एवं गांधी के तत्त्वज्ञान की उपयोगिता आज पहले से भी अधिक हो गई है। इनके तत्त्वज्ञान में नैतिकता एवं आदर्श के जो तत्त्व हैं वह आज की समस्या को सुलझाने के लिये पर्याप्त हैं।

सिद्धांत (Theory)

ज्ञान से सम्बन्धित विचार व्यवस्था को सिद्धांत कहा जाता है।

ग्रीक भाषा के Theoria शब्द से Theory की उत्पत्ति हुई हैं। Theoria का अर्थ है "समझने के लिय चिंतनावस्था में जाना," इस अवस्था में प्राप्त होने वाली मानसिक दृष्टि जो सम्बन्धित वस्तु या विषय के अस्तित्व एवं अस्तित्व के कारणों को प्रकट करती हैं।

भारतीय, ब्रिटिश एवं अमेरिकन सिद्धांत वैज्ञानिकों के अनुसार "किसी भी विषय से सम्बन्धित सम्पूर्ण विचार व्यवस्था को सिद्धांत कहते हैं।" अर्नोल्ड ब्रेख्त के अनुसार – "सिद्धांत कोई भी ऐसा प्रस्ताव या प्रस्ताव का समूह (Set) है जिसका निर्माण विषय–सामग्री का अपर्यवेक्षित या अप्रकट अन्तर–सम्बन्धों को या किसी भी वस्तु की परिभाषा करने के लिये कहा जाता है।" ॲन्ड्र हैंकर ने सिद्धांत का प्राचीन और आधुनिक सन्दर्भों में अर्थ स्पष्ट किया है।

प्राचीन – प्राचीन संदर्भ में सिद्धांत का अभिप्राय राजनीति विज्ञान के विचारों के इतिहास से है।

आधुनिक – आधुनिक राजनीति विज्ञान के संदर्भ का अर्थ राजनीति व्यवहार का यथार्थ एवं व्यवस्थित अध्ययन है।

विधि (Law) – "शासन, राज्य, परम्पराओं, सम्प्रदायों एवं समाज द्वारा निर्धारित नियमों या सिद्धांतों का समुच्चय जो उसके सदस्यों को पालनीय होता है, विधि या कानून के अर्न्तगत आता है।" **(The body of rules or principles, prescribed by authority or established by customs, which a state, community, society or the like recognizes as binding unit members).**

विधि या कानून या नियम, सत्ता अथवा समाज द्वारा स्वीकृत होते हैं। ये समाज पर बंधनकारी होते हैं। इनका निर्माण संविधान, विधायिका या प्रथा–परम्परा से होता है। कानून राजसत्ता को बल का प्रयोग कर लागू करती है या लोग स्वेच्छा से इसका सम्मान कर इसका पालन करते हैं एवं इसे बंधनकारी मानते हैं।

कानून व्यक्ति – व्यक्ति के संबंध, व्यक्ति और संस्थाओं एवं संस्थाओं के परस्पर संबंध और व्यवहार को व्यवस्थित प्रारूप देकर उसे यथावत् रखता है। अराजकता अस्तित्व मे ही न आये ऐसी व्यवस्था कानून द्वारा ही की जाती हैं या पैदा हुए अराजकता के माहौल को समाप्त करने का कार्य कानून ही करता है। कानून का उल्लंघन गुनाह माना गया है। कानून के क्रियान्वयन के लिये विभिन्न तरीकों को उपयोग में लाया जाता है। विज्ञान, तत्त्वज्ञान, सिद्धांत और विधि का तुलनात्मक अध्ययन नीचे दिया गया है।

उद्देश्य की समस्या

(Problem of Objectivity)

विज्ञान	तत्वज्ञान	सिद्धान्त	विधि
विशेष ज्ञान	तत्त्व का ज्ञान	ज्ञान से संबंधित विचार–व्यवस्था	नियमः सत्ता एवं समाज द्वारा स्वीकृत
भौतिक जगत से सम्बन्धित	रहस्य जगत या अमूर्त से संबंधित	वैज्ञानिक कल्पना से संबंधित	संविधान, विधायिका प्रथा–परम्परा से संबंधित
यथार्थ और तथ्य पर आधारित किया जाता है।	तर्क एवं श्रद्धा पर आधरित	परिकल्पना और संशोधन प्रकल्प पर आधारित	सामाजिक आवश्यकता एवं उपयोगिता पर आधारित–निरन्तर

.... निरन्तर

प्रयोग से सिद्ध किया जाता है।	तर्क से सिद्ध किया जाता है।	स्वीकृत सिद्धान्त को व्यावहारिक बनाया जाता है।	विधि क्रियान्वयन के लिए व्यवस्था की जाती है।

अद्‌भुत अनिश्चितता (Wonderful Restlessmen)

संशोधन का उद्देश्य निश्चित करना ही गहन एवं गम्भीर समस्या होती है। संशोधन की अत्यन्त प्रारम्भिक अवस्था में संशोधक की अवस्था दयनीय होती है। उसे क्यों, क्या, कहां, कैसे आदि अनेक संशोधन सम्बन्धी प्रश्न परस्पर में उलझे हुए दिखाई पड़ते हैं और सम्भ्रमावस्था की यह स्थिति से संशोधन की "अद्‌भुत अनिश्चितता" तक ले जाती है। इस अवस्था से बाहर आने के लिए मनन, चिन्तन, मार्गदर्शक एवं विद्वानों से राय लेनी आवश्यक हो जाती है। छः "डब्ल्यू" एवं एक "एच" (6Ws & 1H) के चक्रव्यूह से बाहर निकलने के बाद संशोधक को संशोधन का उद्देश्य निश्चित करना होता है। अनेक उद्देश्यों को सहज प्राप्त किया जा सकता है ऐसी आशा संशोधक करता है किन्तु उद्देश्यों तक पहुंचने का मार्ग मालूम नहीं होता और अगर मालूम हो तो मार्ग में आने वाली रुकावटें एवं उन्हें पार करने के उपायों से संशोधक अनभिज्ञ रहता है और उसे इन सबके तकनीकी ज्ञान की जानकारी नहीं होती।

संशोधन की व्यूहरचना (Strategy) निर्धारण आवश्यक है। इसमें संशोधक धन का स्वरूप, स्वभाव एवं गुण की व्यूहरचना के आधार होने चाहिए अन्यथा उद्देश्यों की निश्चिती में रुकावटें निर्माण होंगी।

प्रशिक्षण प्राप्त संशोधक या वैज्ञानिक अपने संशोधन के उद्देश्य योग्यता से निश्चित करेगा। उद्देश्य निश्चित करते वक्त नीति–अनीति एवं उपयोगिता को भी ध्यान में रखेगा। किसी भी तथ्य को ज्यादा समय तक दबाकर नहीं रख सकते या गलत स्वरूप में प्रस्तुत भी नहीं कर सकते या अस्त–व्यस्त स्वरूप में नहीं रख सकते।

संशोधन के उद्देश्य अध्ययन–प्रकृति पर निर्भर होते हैं, इसी तरह लक्ष्य प्राप्ति के स्वरूप पर भी उद्देश्यों को निश्चित कर सकते हैं। कुछ संशोधनों का उद्देश्य अध्ययन–विषय को तथ्यों के माध्यम से अधिक अच्छी तरह से स्पष्ट करें। ऐसा करते वक्त अस्पष्ट एवं अव्यक्त मुद्दों को अधिक महत्व दें। कुछ संशोधनों का उद्देश्य "विषय–वस्तु" को निश्चित अर्थ प्रदान कर परिभाषित करना होता हैं कुछ संशोधनों का उद्देश्य सिद्धांत निर्माण का होता है तो कुछ अच्छा प्रशासन किस तरह किया जा सकेगा इसकी खोज करते हैं। कुछ संशोधनों में तुलनात्मक पद्धति का

6 Ws = Who, Why, What, When, Which, Where,
1H = How

उपयोग कर गुण–दोषों की चर्चा कर "योग्य" का स्वीकार एवं "अयोग्य" के अस्वीकार का सुझाव देते है। कुछ संशोधनों के उद्देश्य निदानात्मक होते है तो कुछ के उपाय–योजना या नियोजन के माध्यम से समस्या का समाधान खोजते हैं, आदि–आदि।

"कारण" अध्ययन–विषय का केन्द्र होता है। इस "कारण" का प्राकृतिक नियमों के अनुसार अन्यों से सम्बन्ध होते ही हैं। इन सम्बन्धों में से कौन से संबंध अध्ययन के लिए लें, इससे निष्पन्न होने वाले बहुविध संभावनाओं में से कौनसी संभावना "सिद्ध" करने के लिए लें, इसी चयन के "मायाजाल" में संशोधक उलझ जाता है।

प्रत्येक परिस्थिति निर्माण के लिए "कारण" होते ही हैं। ये "कारण" उस परिस्थिति में पहले से ही स्थित होते हैं – "कारण" बाहर से "परिस्थिति" में समाविष्ट नहीं किया जा सकता। इस "कारण" की खोज करना, उसका विवरण तैयार करना, उसमें तथ्यों का संकलन कर उन्हें प्रमाणित करना और उनका परिस्थिति से संबंध स्थापित होने पर परिस्थिति क्यों बदली, कैसे बदली, एवं बदलने की प्रक्रिया की खोज करना भी संशोधन का उद्देश्य होता है।

संशोधन की "वैज्ञानिक पद्धति" एवं "मूल्य" के परस्पर संबंध और वे परस्पर को किस तरह से प्रभावित करते हैं की खोज भी संशोधन का उद्देश्य होता है।

केवल "सत्य" की खोज ही संशोधन का उद्देश्य नहीं रहता तो सामाजिक, आर्थिक, राजनीतिक, वाणिज्यीय आदि "मूल्य" भी उद्देश्यों में स्थान प्राप्त किए हुए हैं। संशोधन पर "जीवन–मूल्यों" का प्रत्यक्ष या अप्रत्यक्ष प्रभाव पड़ता ही है। "जीवन मूल्य" ही कार्य करने की "प्रेरणा–शक्ति" है और विज्ञान का आधारभूत मूल्य है, "It is better to know than not to know." 'बोध' और जिसका बोध हुआ है उसे समाज तक पहुंचाना भी संशोधन का उद्देश्य हो जाता है। इसी तरह समस्या का "समाधान" कर, मूल्यों की प्राप्ति के क्या परिणम होंगे, इसका अनुमान निकाला जात्ता है, इससे किन मूल्यों को स्वीकार करें और किन मूल्यों को अस्वीकृत करें इसका बोध होता है। इस बोध से संसार लाभान्वित किस प्रकार से होगा इसका विचारपूर्वक मार्गदर्शन किया जाता है।

"अद्‌भुत अनिश्चितता" से "विचार–पूर्वक" समाज प्रबोधन तक की प्रक्रिया "उद्देश्यों की समस्या" में निहित है।

2

संशोधन

(Research)

विज्ञान, दर्शन, सिद्धांत और विधि का अर्थ समझने के पश्चात् संशोधन का अर्थ जान लेना सामाजिक विज्ञान संशोधक के लिये आवश्यक हो जाता है। संशोधन यह शब्द इतना प्रचलित हो गया है कि लोगों ने इसका सही और गलत अर्थों में प्रचुर उपयोग किया है। "संशोधन" पाश्चात्य जगत की देन है। संशोधन शब्द अंग्रेजी के (Research) शब्द का भाषांतर है। Research शब्द Re और Search इन दो शब्दों का जोड़ है। Re का अर्थ पुनः और Search का अर्थ खोज होता है। Research शब्द का अर्थ पुनः खोज होता है, किन्तु यह शाब्दिक अर्थ है इसमें कोई वस्तु जी गुम हो गई है उसकी बार–बार खोज से सम्बन्ध का भाव है। किन्तु वैज्ञानिक संशोधन प्रणाली में Research का जो आशय है उसे स्पष्ट करने में यह अपर्याप्त है। वैज्ञानिक संशोधन प्रणाली में Research शब्द का अर्थ "ऐसे सत्य से है जिनकी कोई भी जानकारी नहीं है," उसी सत्य को बार–बार खोजने का भाव इसमें अन्तर्निहित हैं यहां यह भी ध्यान में रखना आवश्यक हो जाता है कि "खोज" शब्द के लिये अंग्रेजी में Discovery शब्द का उपयोग किया जाता है। Discovery का अर्थ होता है, ऐसी घटना जो आकस्मिक नया ज्ञान उपलब्ध कराती है जो मानव के 'बोध' को बढ़ाती है एवं तत्पश्चात् समाज को विकसित कर ज्ञान वृद्धि में सहायक होती है। इसलिये Research के लिये 'खोज' शब्द का उपयोग नहीं किया जाता। इसी तरह से 'अन्वेषण' शब्द का भी उपयोग Research के लिये नहीं किया जाता। अन्वेषण के लिये अंग्रेजी में Invention शब्द है। Invention का अर्थ 'नये बोध' को यथार्थ में सिद्ध करने के लिए प्रयोगशाला का उपयोग कर उसके सैद्धांतिक स्वरूप को प्रयोगों के व परीक्षणों के माध्यम से भौतिकता सिद्ध करना है – अन्वेषण के लिये निश्चित योजना एवं पद्धति का उपयोग आवश्यक है। संशोधन के लिये पर्यायी माना जाने वाला शब्द अनुसन्धान भी परीक्षित करना आवश्यक हो जाता है। अनुसंधान में अनु और संधान ये दो शब्द हैं। अनु का अर्थ होता है लघु एवं संधान का अर्थ होता है

जोड़ना या संपर्क, इस तरह 'लघु–संधान' या जोड़ किन्तु इसे 'व्यवस्थित–जोड़ना' यह अर्थ प्रदान किया गया है। यह अर्थ 'संशोधन' शब्द में निहित अर्थ की तुलना में कम पड़ता है, अतएवं संशोधन के लिये अनुसंधान शब्दा का प्रयोग उचित नहीं जान पड़ता। संशोधन माने शब्द का अर्थ स्पष्ट करते वक्त 'जिज्ञासा' को प्रधानता दी जाती है और अधिक जानने की अभिलाषा एवं प्रवृत्ति, प्राप्त जानकारी की प्रमाणिकता की जांच, 'अशुद्ध' को छोड़ 'शुद्ध' का दर्शन करने की इच्छा, संशोधन में छुपी होती है। यह उत्कंठा जब व्यक्ति को आलोड़ित–असर करती है, तब वह अज्ञात को जान लेने की दिशा में अग्रसर होता है उसका यही प्रयास संशोधन का रूप ले लेता है। यह किया भिन्न–भिन्न रूपों में प्रकट होती है इसलिये संशोधन को अभिव्यक्त करते वक्त खोज और अन्वेषण जैसे शब्दों का उपयोग बारम्बार करना पड़ता है।

परिभाषाएं

(1) ए. वी. रोडमन एवं ए. बी. एच. मोरी – "नवीन ज्ञान प्राप्ति के व्यवस्थिति प्रयत्न को हम संशोधन कहते हैं"

Systemized effort to gain new knowledge, we call research.

(2) जॉर्ज ए. लुण्डबर्ग – "अवलोकित तथ्य का व्यवस्थित एवं वस्तुनिष्ठ वर्गीकरण, सामान्यीकरण और प्रमाणीकरण ही संशोधन है।"

. . . . Sufficiently obejctive & systematic to make possible classification, generalisation and verification of the data observed.

(3) वॉल्डर ई. स्पार एवं राइनहार्ट जे स्वेन्सन – "कोई भी विदत्तापूर्ण अन्वेषण जो सत्य तथ्य एवं निश्चितता प्राप्ति के लिये किया जाता है वही संशोधन है।"

Any scholarly investigation is search for truth, far facts, for certainties.

(4) *The New Century Dictionary* - "A searching made for something, especially with care also, a continued careful enquiry or investigation into a subject, in order to discover facts or principles."

"तथ्य या सिद्धांत की खोज करने के लिये "विषय–वस्तु की सभी प्रकार की जांच या परीक्षण और पुनः परीक्षण की प्रक्रिया को संशोधन कहते हैं।"

(5) *The Advanced Learners Dictionary of Current English* के अनुसार "Research is careful investigation or inquiry especially through search for new facts in any branch of knowledge."

"ज्ञान की किसी भी शाखा में ध्यानपूर्वक नये तथ्यों की खोज के लिए किए गए अन्वेषण या परीक्षण को संशोधन कहते है।"

(6) जॉन वेस्ट – "Research is a more systematic activity directed towards discovery and the development of an organised body of knowledge."
"संशोधन वह व्यवस्थित प्रक्रिया है जो नई खोज करती है एवं संकलित एवं सुसंगठित ज्ञान को विकसित करती है।"

उपर्युक्त परिभाषाओं से यह स्पष्ट होता है कि ज्ञान की किसी भी शाखा में नये तथ्य, सिद्धांत या विचारों की खोज के लिये विधिवत् अन्वेषण या परीक्षण ही संशोधन है या नये ज्ञान प्राप्ति के व्यवस्थित प्रयत्न को ही संशोधन कहते हैं।

हर युग में नये तथ्य, नये सिद्धांत और नयी विचारधाराएँ अस्तित्व में आई हैं। नये ज्ञान ने विज्ञान एवं वैज्ञानिक प्रणाली को समृद्ध किया है। विज्ञान् ने सामाजिक जीवन में पूर्णतः परिवर्तन किया है। इसलिये आज का युग 'संशोधन का क्रांतिकारी युग' कहलाता हैं। ज्ञान की हर शाखा में संशोधन किया जा रहा है। हर एक राष्ट्र अपने सामर्थ्य के अनुरूप संशोधन कार्य कर रहा है। संशोधन का प्रयोजन अनुत्तरित प्रश्नों के उत्तर की खोज है, इसलिये वैज्ञानिक प्रणाली का ही उपयोग किया जा रहा है। संकलित किये तथ्यों की विश्वसनीयता, विषयानुरूपता एवं तार्किकता का परीक्षण करने के लिये वैज्ञानिक प्रणाली को विकसित किया जा रहा है।

समस्या या अनुत्तरित प्रश्न ही संशोधन का मूल है। क्यों, कैसे, कब, कहां, किसने, किसलिये और किसके लिये, इनमें से किसी एक को लेकर संशोधन की शुरुआत होती है और अंततः संशोधन सर्वस्पर्शी बन जाता है। हर एक समस्या का समाधान उसके स्वभाव पर निर्भर होता है। संशोधन में कुछ प्रश्नों के उत्तर में सूचना एवं मूल्य सम्मिलित होते हैं। संशोधन प्रविधि (Research Techniques) एवं संशोधन प्रणाली (Research Methodology) में किये गये सुधारों की वजह से जटिल एवं अत्यन्त क्लिष्ट समस्याओं का समाधान खोजना भी सरल हो गया है। मानव ने जो विकास किया है उसकी पृष्ठभूमि में केवल संशोधन है।

संशोधन का विकास – आदिकाल से ही संशोधन एवं मानवी चेतना का परस्पर अटूट सम्बन्ध रहा है। संस्कृति एवं सभ्यता का विकास सामाजिक विज्ञान में सफल हुए संशोधन का परिणाम है।

राजनीतिशास्त्र के बगैर सुसंस्कृत समाज की कल्पना भी नहीं की जा सकती। वेद–पूर्व समय की 'ब्रह्म' व्यवस्था, सामूहिक नेतृत्व, सामूहिक निर्णय, कार्यों का वितरण, सामूहिक स्वामित्व एवं आवश्यकतानुसार सामूहिक सम्पत्ति से उपभोग का अधिकार इन तत्त्वों पर आधारित थी। वेद–पूर्व समय में हुए इस 'बोध' का महत्व आज के प्रगतिशील जगत में 'लोकतंत्र,' 'समाजवाद,' और 'साम्यवाद,' में बार–बार प्रकट होता है। 'ब्रह्म, जिसका स्रोत है वह 'समाजवादी वितरण व्यवस्था' श्रेष्ठ है या कि पश्चिम की पूंजीवादी वितरण व्यवस्था श्रेष्ठ है

इसका निर्णय करन क्लिष्ट एवं कठिन कार्य है। आज आदिम एवं अत्याधुनिक समाज एक साथ जी रहे हैं। जीवन की यह विसंगति ज्ञान के पक्षपाती रूप में प्रस्फुटित होने का परिणाम है। ज्ञान ने अपनी संपदा पृथ्वी के विशेष भूभाग पर उदारता से लुटायी है और कुछ ऐसे भी भूभाग है जिन पर एक 'नजर' भी नहीं डाली। ज्ञान के इस कूटनीतिक दाव को मात देने का प्रयास आज का मानव कर रहा है। यह प्रयोजन सफल होगा या असफल इसका निर्णय भविष्य करेगा।

मानव इतिहास के प्रारम्भ से उसके संशोधन उत्सुकता की उपस्थिति पाई गई है। प्रारम्भ काल में मनुष्य विश्व की रचना और कार्य जानने के लिये प्रयत्नरत हुआ। आकाश, सूर्य, चन्द्र, तारे, पृथ्वी पर बदलता मौसम, ज्वालामुखी, प्राणी, वनस्पति आदि के बार में अधिक जानकारी प्राप्त करने के लिये अथक प्रयास किये, प्राणों कि चिन्ता छोड़ ज्ञान अर्जन के लिये 'अनुभव' प्रणाली का उपयोग करने लगा। एक के अनुभव की जांच करने के लिए दूसरा भी वही अनुभव लेने लगा, इस प्रकार उन दोनों के प्राप्त अनुभवों से प्राप्त ज्ञान की प्रामाणिकता और शुद्धता प्रस्थापित की गई। ज्ञान को प्रकट करने के लिए मानवी अनुभव की नितांत आवश्यकता थी। इस अर्थ में ज्ञान स्वाभाविक स्वजन्मा (उपजत) है। ज्ञान के प्रकट होने पर जो प्रक्रिया उस ज्ञान को प्रमाणित करने के लिये प्रयोग में लायी गयी उसे ही विज्ञान कहा गया है। इस अर्थ में विज्ञान मानव निर्मित है। मानव को अधिक से अधिक जानने की जिज्ञासा को 'भय' (Fear) में मर्यादा डाली। जिज्ञासा का स्थान 'डर' ने लिया, डर से मुक्ति के लिये विवेकशील मानव ने प्रयत्न किये, इन प्रयत्नों के परिणामस्वरूप 'अति–भौतिकी' शक्ति संकल्पना को समाज ने स्वीकृत किया और धर्म एवं जादू को सामाजिक मान्यता मिली। इस सामाजिक मान्यता का दुरुपयोग कर जादूगर एवं धर्माधिकारियों ने खुद को समाज के सर्वोच्च पद पर स्वनियुक्त किया और धीरे–धीरे अघश्रद्धा को कानून बनाया। अघश्रद्धा ने संशोधन को कई शतक पीछे ढकेला, जब जादू एवं धर्म के ठेकेदारों के अत्याचार असहनीय हुए तब समाज ने ईश्वर एवं अति भौतिकी शक्ति के नाम पर धर्म या पंथ गुरुओं की जुल्मी सत्ता क्यों स्वीकार की, इसकी स्वीकृति का औचित्य क्या था, इसको अगर नकारा गया तो क्या परिणाम होंगे आदि के बारे ने चिंतन किया गया। इस चिंतन ने तर्कशास्त्र को जन्म दिया। 'विचार अगर करना हो तो व्यवस्थिति विचार करो' इस काल में उपरोक्त तरह से विचार करने वालों के समूहों में अंघश्रद्धा को कानून मानने वालों को तर्क के आधार पर वाद–विवाद में पराजित किया और मानव को अघश्रद्धा से मुक्त कर पुनः विज्ञान की ओर आकर्षित किया। इस तरह संशोधन की संकल्पना मूर्त रूप में आयी और संशोधन को 'वैज्ञानिक अन्वेषण' माना गया। फिर भी यह काल विकसित नहीं माना गया।

ग्रीकों ने सबसे पहले तर्कशास्त्र का उपयोग किया, इसलिये इस कालखंड

को 'ग्रीक–काल' कहा गया है। यह काल ग्रीक नगर राज्यों का था और इसने राजनय (Diplomacy) को जन्म दिया और इसलिये ही यह विश्व–प्रसिद्ध भी हुआ। राजनय ने व्यापार एवं यातायात को व्यवस्थित संरचना दी। कालखंड ग्रीक दर्शन का स्वर्ण–युग था। सुकरात, प्लेटो और अरिस्टाटल ने ज्ञान के नये आयाम विकसित किये। नई पद्धति का आविष्कार कर उसे सफलता से अध्ययन के लिये प्रयोग किया गया। व्यक्ति को अध्ययन का केन्द्र बनाने का श्रेय ग्रीक दर्शनशास्त्रियों को ही देना उचित है। पहली बार ग्रीकों ने मानव को विश्व का केन्द्र बिन्दु मानकर उसके चहुँ–ओर के सम्बन्धों को संशोधन का विषय बनाया, और ज्ञान प्राप्ति के इस नये मार्ग ने मानवी जिज्ञासा की तृप्ति की।

इसके बाद आए रोमन युग ने अपनी संस्कृति की छाप मानव समाज पर विधि व्यवस्थित संरचना के रूप में छोड़ी। अन्तर्राष्ट्रीय विधि को जन्म दे अन्तर्राष्ट्रीय व्यापार एवं वाणिज्य को व्यवस्था प्रदान की, "परवाना" पद्धति की शुरुआत की। साम्राज्य की स्थापना की। साम्राज्य के पतन ने द्वैववाद की ओर मानव को आकर्षित किया। द्वैववाद ने मनुष्य को आलस्य का गुलाम बनाया, कर्म को नकारा गया, संशोधन को भुला दिया गया और परिणामस्वरूप मानव विकास खंडित एवं कुंठित हुआ। इस परिस्थिति से उभरने के लिये कई शतकों तक मानव को इंतजार करना पड़ा।

पुनर्जागरण युग के आगमन ने संस्कृति का पुनरुत्थान किया और मानवी सम्बन्ध व्यापार के माध्यम से विस्तृत एवं विकसित हुए। यूरोपियन खलासियों ने नये जल मार्ग एवं नये भू–भाग को खोज निकाला। सबसे महत्त्वपूर्ण खोज थी– अमेरिका। इस युग में वैज्ञानिक विश्लेषण एवं संशोधन का सबसे अधिक प्रचार एवं प्रसिद्धि की गई। इन अनेकविध घटनाओं ने मानव को पुराणवाद एवं अंधश्रद्धा से मुक्ति दिलायी एवं मानव विज्ञानवादी बना। निकोलस कोपरनिकस ने खगोल शास्त्र के माध्यम से सामाजिक विचार और व्यवहार में परिवर्तन किये। इसी युग में खगोल शास्त्र के साथ भौतिक शास्त्र, गणित, तर्कशास्त्र, सामाजिक राजनीति के विचार आदि के अध्ययन को महत्त्व प्राप्त हुआ। इसके बाद गैलिलिओ, न्यूटन आदि वैज्ञानिक के प्रयत्नों से वैज्ञानिक–जाँच (Scientific Enquiry) पद्धति को प्रतिष्ठा एवं मान्यता प्राप्त हुई। इसी पद्धति से समाज के स्वरूप और कार्य के गहन अध्ययन किये गये और आज भी किये जा रहे हैं। यथार्थ के अध्ययन पर आधारित सिद्धांत निर्मित करने वाले वैज्ञानिकों की परम्परा ही चल पड़ी – सर थॉमस मोर, सर फ्रांसिस बेकन, मैकियावेली, थॉमस हॉब्ज, लॉक, रूसों, मॉटेस्क्यू आदि।

आधुनिक युग की शुरुआत औद्योगिक क्रांति से होती है। यूरोप और अमेरिका की उद्योग उत्पादित वस्तुओं ने मानव के जीवन में सम्पूर्ण परिवर्तन प्रक्रिया को जन्म दिया। नई मान्यताएं पुरानी मान्यताओं की जगह लेने लगी।

अँडम स्मिथ, डेविड रिकार्डो, थॉमस माल्थस आदि ने समाज, राजनीति, अर्थशास्त्र आदि सामाजिक विषयों में बहुमूल्य कार्य किया और नयी पीढ़ी के विचारकों के लिये नये सिद्धांत एवं ज्ञान निर्माण हेतु अनेक नये तथ्य एवं सामग्री को उपलब्ध कराया। उदाहरण अँडम स्मिथ का *'अँन इनक्वायरी इन टू दी नेचर अँड कॉजेस् ऑफ दी वेल्थ ऑफ नेशन्स'* और थॉमस माल्थस का *'एसे ऑन दी प्रिन्सिपल पॉपुलेशन'* ग्रन्थ आने वाले विचारकों के लिये प्रेरणा के साथ अनेक परिकल्पनाओं के जन्मदाता भी बने। इनके बाद जेरमी बेंथम, जेम्स लिल, जॉन स्टुअर्ट मिल इत्यादि विचारकों के विचारों ने मानव समाज को प्रभावित किया। बेंथम के *'दी प्रिन्सिपल ऑफ युटिलिटि'* ने उपयोगिता को राजनीति विज्ञान के अध्ययन का केन्द्र बनाया। ऑगस्त कॉम्त ने सामाजिक विज्ञान को प्रतिष्ठा दिलाकर इसके विकास को गतिमान बनाया।

कार्ल मार्क्स के पर्दापण ने 'विचार–विश्व' को बदल डाला। वही एक मात्र ऐसा अर्थ शास्त्र है जो विश्व–व्यापी बना। कार्ल मार्क्स ने 'वर्ग–चेतना' का गुरुमंत्र दिया। 'वर्ग–संघर्ष' के माध्यम से 'समाजवादी–समाज' की निर्मिती का सिद्धांत रखा। इस सिद्धांत ने 'साम्यवादी–विश्व' की निर्मिती की। परिणामस्वरूप 'द्वि–ध्रुवीकरण' का जन्म हुआ। उन्नीसवीं सदी में डार्विन की 'थियरी ऑफ इवॉल्युशन' बौद्धिक–क्रांति का कारण बनी। डार्विन से प्रभावित हर्बट स्पेन्सर ने सुख–दुःख मानव अस्तित्व से जुड़े हैं, इस संकल्पना को विकसित किया। यह संकल्पना सामाजिक सुधार की कारक बनी। मानव ने एक–दूसरे के दुख कम कर परस्पर सुख वृद्धि करने के लिये कार्य करना आरम्भ किया। यह क्रियाशीलता ज्ञान की शाखाओं में संशोधन के लिये प्रेरक बनकर नये ज्ञान की प्राप्ति में सहयोगी बनी। वैज्ञानिक विकास के साथ मानव–विज्ञान में हुये संशोधन ने मानवी व्यवहार पर गहरा प्रभाव डाला। आईनस्टाइन का 'सातेक्षतावाद' सिद्धांत गणित और भौतिक विज्ञान के साथ अन्य विज्ञानों में लागू कर विकसित किया गया।

आज जब हम संशोधन संबंध में विचार करते है तो बदले हुए राजनैतिक, सामाजिक, सांस्कृतिक एवं आर्थिक परिवेश को भी ध्यान में रखना चाहिए। निगमनात्मक पद्धति को अलग रख 'आगमनात्मक पद्धति' को उपयोग में लाना चाहिये। परिणामस्वरूप आंतर–वैज्ञानिक संशोधन सुलभता से नये 'ज्ञान' प्राप्ति में अधिक सक्रिय होगा।

3

विज्ञानेत्तर पद्धतियाँ

(Scientific Methods)

संशोधन की विज्ञानेत्तर पद्धतियों को परम्परागत पद्धतियों के नाम से भी जाना जाता है। वैज्ञानिक पद्धति की सीमित प्रकृति के कारण विज्ञानेत्तर पद्धतियों का उपयोग आज भी किया जा रहा है। इनमें प्रमुख पद्धतियाँ निम्न है :

(1) अतिभौतिकी
(2) निगमनात्मक एवं आगमनात्मक
(3) स्पष्टीकरणात्मक
(4) दार्शनिक या दर्शनशास्त्रीय
(5) इतिहासात्मक
(6) मनोवैज्ञानिक या मनोविज्ञानात्मक
(7) सांख्यिकीय
(8) समाजशास्त्रीय
(9) तौलनिक या तुलनात्मक
(10) विधि–संस्थात्मक आदि।

इन पद्धतियों को मानकीयता (Normative) तथा अनुभवपरक (Empirical) इन दो वर्गों में रखा गया है। उदाहरण–मानकीय वर्ग में दर्शनशास्त्रीय पद्धति को तथा अनुभवपरक वर्ग में इतिहासात्मक पद्धति को रखा गया है। जिस मात्रा, समय और सीमा तक वैज्ञानिक पद्धति के माध्यम से प्राप्त ज्ञान उपलब्ध नहीं है, वहाँ तक इन पद्धतियों के द्वारा प्राप्त ज्ञान उपयोगी माना जा सकता है।

(1) दर्शनशास्त्रीय पद्धति (Philosophical Method)

सबसे ज्यादा प्राचीन, उपयोग में लाई गयी एवं प्रभावशाली पद्धति रही है। ज्ञान की सभी शाखायें इसका उपयोग आज भी किसी न किसी रूप में कर रहीं हैं। राजनीति विज्ञान में प्लेटो और अरस्तू के समय से इस पद्धति का उपयोग किया जा रहा है।

दर्शनशास्त्रीय पद्धति में विषय या वस्तु के सूक्ष्म वैचारिक, अमूर्त एवं चिंतनात्मक पक्षों पर चिंतन, मनन, विवेक, तर्क, कल्पना, अंतःप्रेरणा, प्रज्ञा आदि के आधार पर अध्ययन किया जाता है।

दार्शनिक पद्धति के पाँच प्रमुख भाग होते हैं।

(1) **शाश्वत भाग** - इससे संशोधक सृष्टि के शाश्वत, तत्त्वों, आत्मा, परमात्मा, ज्ञान, सत्य आदि पर स्थित रहता है।

(2) **भौतिक भाग** - संशोधक विषय की सामग्री पर विचार करता है। विषय के मूर्त, गतकालीन या भौतिक स्वरूपों के बजाय वैचारिक, अमूर्त एवं भावनात्मक पक्षों पर अधिक बल देता है एवं प्रतिपाद्य विषय की परिभाषा करता हैं।

(3) **विश्लेषणात्मक भाग** - विषय वस्तु को विश्लेषित करना, परिकल्पना को सत्य सिद्ध करने के लिये तर्क देना, अनुभूति के आधार पर एवं स्वयं ने साध्य किये प्रमाण देता है।

(4) **विवाद भाग** - अन्य विचारकों के चिंतन को चुनौती दे खंडन करता है।

(5) **मूल्यांकन भाग** - अंततः निकाले गए निष्कर्षों के सन्दर्भ में जीवन और जगत् की घटनाओं की परिभाषा एवं मूल्यांकन करता है।

दर्शनशास्त्री मूल्यों, सत्यों, भावनाओं, सिद्धांतों, आदर्शों, शाश्वत तत्त्वों और मानकों पर विचार करता है और साथ–साथ विषय की मूल प्रकृति, उपयोगिता, उनके अन्तर्सम्बन्ध आदि का तात्विक अन्वेषण भी करता है। वह वृत्ति, अनुभव, अनुभूति, घटना आदि का समन्वयात्मक चिंतन और परीक्षण करता है। वह अध्ययन विषय के वर्तमान और विशिष्ट स्वरूप तक सीमित न रहकर, व्यापक, पूर्ण शाश्वत और सार्वभौम आधार पर चिंतन प्रस्तुत करता है। उसकी दृष्टि सामान्य व्यापक, अमूर्तकारक, कल्पनाप्रधान तथा आदर्शोन्मुख होती है। उनके विवेचन का आधार अन्तर्दृष्टि (Insight), आत्मप्रमाण, श्रद्धा, विश्वास, साक्षात्कार अथवा परमज्ञान की प्राप्ति होती है।

दर्शनशास्त्रीय पद्धति की उपयोगिता के बारे में अनेक दावे किये गये है। इस पद्धति के पक्षपातियों द्वारा वैज्ञानिक पद्धति या व्यवहारवादी पद्धति को अपूर्ण, इन्द्रियपरक, अयथार्थ, संकुचित एवं अधोगामी कहा गया है। सभी भौतिक एवं दृश्य घटनाओं के पीछे अमूर्त कारक तत्त्व–भावनाएं, अदृश्य शक्ति, प्राकृतिक नियम, विचार आदि होते है। उनको बिना समझे या जाने ज्ञान का दावा करना अज्ञानता है। दर्शनशास्त्रीय दृष्टिकोण द्वारा प्राप्त व्यापक सूक्ष्म, विवेकपूर्ण तथा मूल्यांत्मक ज्ञान के अन्तर्गत ही इन्द्रियगम्य ज्ञान को स्वीकार किया जाना चाहिए।

इस पद्धति का उपयोग सहस्त्रों वर्षों से दार्शनिक करते आ रहे हैं। उन्होंने ज्ञान को समृद्ध भी किया है। किन्तु यह पद्धति अमूर्त पक्षों से ही सम्बन्ध है तथा

अपने वैविध्यपूर्ण निष्कर्षों के पक्ष में विश्वसनीय प्रमाण जुटाने में असमर्थ है। इस पद्धति द्वारा प्राप्त निष्कर्षों को प्रमाणित एवं पुष्ट करने के लिए पुनः वैज्ञानिक पद्धति का ही सहारा लेना पड़ता है। मानव तो भौतिक, आर्थिक और सामाजिक जगत में रहता है। वह दर्शनशास्त्रीय पद्धति द्वारा प्राप्त निष्कर्षों को सहज स्वीकार नहीं करता। यह पद्धति राजनीति विज्ञान को परिकल्पनाएं, समन्वयन, गहनता और मूल्यात्मक ज्ञान देने में सहायक है, किन्तु वैज्ञानिक एवं "अन्त–वैयक्तिक संचारणीय" ज्ञान प्रदान करने में असमर्थ है।

(2) इतिहासात्मक पद्धति (Historical Method)

यह पद्धति प्राचीन पद्धतियों में से एक है। इसे व्यापक मान्यता एवं महत्त्व दिया गया है।

श्रीमती पी. व्ही. यंग के अनुसार, "यह कार्य अतीत की घटनाओं एवं संस्थाओं के क्रमबद्ध, प्रमाणिक एवं व्यवस्थित वर्णन के द्वारा किया जाता है।" (The Historical Method is the induction of principles through research into the past social forces and influences which have shaped the present.)

बहुसंख्य राजनैतिक संकल्पनाएं, तथ्यों, संरचनाओं, प्रक्रियाओं, विचारों, नियमों आदि का स्वरूप नवीन नहीं होता। वे भूतकाल में किसी न किसी स्वरूप में होते ही हैं। उनके वर्तमान स्वरूप, प्रभाव, शक्ति और सम्भावना को समझने के लिये, उनके अस्तित्व में आने तथा विकास सम्बन्धी कारणों, उनका दूसरों पर तथा उन पर पड़े हुए प्रभावों को जानकर समझना लाभकारी होता है। उन्हीं के भूतकालिक स्वरूप से न्यूनाधिक मात्रा में आज की राजनीति प्रभावित होती है। इन्हीं अर्थों में "इतिहास को राजनीति की जड़ तथा राजनीति को इतिहास का फल" कहा जाता है। अतीत वर्तमान के भीतर ही विद्यमान होता है।

इतिहासात्मक पद्धति की सहायता से वर्तमान को समझने का प्रयास करती है।

रैडक्लिफ ब्राउन के अनुसार, "इस पद्धति में वर्तमान काल में घटित होने वाली घटनाओं की भूतकाल में घटित हुई घटनाओं के लगातार तथा क्रमिक विकास को एक कड़ी के रूप में मानकार अध्ययन किया जाता है।" इस पद्धति को अपनाने के स्रोत प्राचीन प्रलेख, ग्रन्थ, सिक्के, मूर्तियां, विदेशी यात्रियों के विवरण, प्राचीन स्मारक, शिलालेख, ऐतिहासिक एवं सांस्कृतिक कथाएं, प्रथा, परम्पराएं आदि हैं।

इतिहासात्मक पद्धति के द्वारा राजनैतिक क्रियाओं, घटनाओं, संस्थाओं आदि के वर्तमान स्वरूप को समझा जा सकता है। समाज एवं राजकीय व्यवस्था में होने वाले परिवर्तन, परिवर्तन की गति, मात्रा, स्वरूप आदि को समझा जा सकता है तथा इस अध्ययन से भविष्य के संभावित स्वरूप का भी अनुमान लगाया जा सकता है।

राजनीति विज्ञान के संशोधक को इस पद्धति का अध्ययन के लिये उपयोग करते समय अत्यन्त सतर्क रहना चाहिये, क्योंकि यह अध्ययन भाव चित्रात्मक (Ideograplic) होते हैं और प्रत्येक घटना को विशिष्ट मानते हैं। संशोधक को ध्यान रखना चाहिये कि ऐतिहासिक घटनाएं विचार आदि समय की तत्कालीन स्थिति से सम्बन्धित होने के कारण वर्तमान या भविष्य के लिए मार्गदर्शक नहीं हो सकती। ऊपरी समानताएं एवं सादृश्यताएँ नई घटना को समझने में धोखा दे सकती हैं। इतिहास घटनाओं को दोहराता है यह अर्द्धसत्य है। राजनीति का क्षेत्र वर्तमान और तत्कालिक जगत होता है। ऐसे जगत के अध्ययन के लिए इतिहासात्मक पद्धति को अपनाना सरल नहीं है। इस पद्धति में तथ्य सामग्री सरलता से उपलब्ध नहीं होती और कई बार तो तथ्य सामग्री उपलब्ध ही नहीं होती। ऐतिहासिक घटना को न तो देखा जा सकता है और ना ही दोहराया जा सकता हैं। उन घटनाओं का मापन या गणना करना भी संभव नहीं है। इसके बावजूद इतिहासात्मक पद्धति राजनीति के वर्तमान स्वरूप को समझाने के लिए बहुत सहायक होती है। इसके द्वारा संशोधक अध्ययन विषय को व्यापक परिपेक्ष में नहीं देख सकता। फिर भी अनेक कार्यवाह एवं उपयोगी परिकल्पनाओं की प्राप्ति इससे होने की संभावनाएं होती हैं।

(3) मनोवैज्ञानिक पद्धति (Psychological Method)

इस पद्धति को मनोविज्ञानात्मक पद्धति कहा जाता है। तत्त्वज्ञानियों एवं विचारकों ने यह अनुभव किया है कि मनुष्य बुद्धि के साथ–साथ संवेगों, प्रवृत्तियों, मनोवेगों, आदतों से प्रेरित होता है। प्राकृतिक विज्ञान के विकास तथा प्रत्यक्षवाद के प्रभाव से मनोविज्ञान के स्वरूप में परिवर्तन हुआ और वह "वैज्ञानिक" बनने लगा। राजनीति विज्ञान में इसका प्रतिपादन ग्राहम वालास (1858-1932) ने किया। फ्रायड ने वैज्ञानिक मनोविश्लेषणों के द्वारा राजनीतिक चिन्तन के क्षेत्र में युगांतर ला दिया। उसने मानवीय क्रियाकलापों में अवचेतनमन, भावनाओं, प्रवृत्तियों, अनुकरण, सुझाव, सूचनाएँ आदि का महत्त्व सिद्ध कर दिया। टार्डे, एडलर, मेक्डगाल, फ्रोम, मीड आदि ने भी इसमें योगदान दिया।

इस पद्धति के अनुसार राजनीति की विषय–वस्तु शक्ति, प्रभाव, नेतृत्व, विधि, दल, द्वन्द्व, चुनाव, सत्ता, प्रभुत्व, राष्ट्रीयता, नागरिकता आदि का विश्लेषण मनोवैज्ञानिक तथ्यों के संदर्भ में किया जाता है। राष्ट्रीय एवं अन्तर्राष्ट्रीय घटनाएँ वैयक्तिक प्रेम, भय, घृणा, लालच आदि से प्रभावित होती है। मनोविज्ञान ने राजनीति के अनेक पक्षों का विश्लेषण किया है :

(1) व्यक्ति एवं समूह की राजीतिक अभिवृत्तियां, समजा एवं राजनीति में अतिवादी प्रवृत्तियाँ, अज्ञान, अलगाव, सुरक्षा की भावनाएं, सामाजिक गतिविधियां आदि।

(2) निर्वाचन, राजनीतिक चिन्ह् या प्रतीक एवं भाषा, सामाजिक व आर्थिक परिस्थिति, राजकीय भूमिका, लोकमत आदि।

(3) राजनीतिक नेतृत्व, अनुयायी संस्थाएं संगठन आदि।

राजनीति विज्ञान में मनोवैज्ञानिक पद्धति के निम्नलिखित दो प्रकारों का उपयोग किया जाता है :

(अ) व्यक्तिपरक मनोविज्ञानात्मक पद्धति (Individualistic Psychological Method) - इसमें अध्ययन की इकाई व्यक्ति को माना है। व्यक्ति की चित्तवृत्तियां, अभिप्रायों आदि के आधार पर निष्कर्ष निकाले जाते हैं। निर्णय प्रक्रिया सिद्धांत, युद्ध प्रचार, नेताओं के व्यक्तिवृन्त आदि का अध्ययन इस पद्धति द्वारा किया जाता है।

(आ) समाज मनोविज्ञानात्मक पद्धति (Socio Psychological Method) - इस पद्धति में व्यक्ति का कार्यभाग अर्थात् भूमिका, समूह, गुट संस्कृति, जाति आदि की इकाई आदि होती है। सामूहिकताओं की राजनैतिक क्रियाओं एवं प्रक्रियाओं का अध्ययन करने में इस पद्धति का उपयोग किया जाता है।

राजनीति विज्ञान का संशोधक जब मनोविज्ञानात्मक पद्धति का उपयोग करता है तो वह बाह्य घटनाओं के पीछे निहित मनावैज्ञानिक कारणों का विश्लेषण करता है तथा उनका उस घटना से वस्तुपरक सम्बन्ध स्थापित करता है। ये मनोवैज्ञानिक कारण या कारक मानव की मूल प्रवृत्ति एवं प्रकृति से सम्बद्ध होते है। ये शाश्चत रूप में सभी मनुष्यों में पाये जाते हैं। इस आधार पर उन घटनाओं का सामान्यीकरण कर दिया जाता है।

इस पद्धति पर अधिक निर्भरता अच्छीं नहीं क्योंकि मनुष्य के पास बुद्धि नीतिमता, भावना, कानूनी उत्तरदायित्व भी होता है एवं मनुष्य एक सा आचरण करने वाला भी नहीं होता। वह स्वविवेक, समूह तथा आत्मज्ञान के संदर्भ में अपना व्यवहार परिवर्तन कर सकता है और करता है। स्वयं मनोविज्ञान की धारणाएं अस्पष्ट और अपरिपक्व पायी जाती है। मनुष्य की मूल्यांत्मक भावनाओं को मनोविज्ञानात्मक पद्धतियों से नहीं समझा जा सकता। मनुष्य के निजी व्यंक्तित्वों, समूहों के व्यवहार, सामाजिक समस्याओं आदि को समझकर सूक्ष्म अध्ययन करने में इस पद्धति का उपयोग किये जाने से इसको महत्त्वपूर्ण स्थान प्राप्त हुआ है।

अन्य पद्धतियां (Other Methods)

राजनीति का अध्ययन करने के लिए उपरोक्त पद्धतियों के अलावा विधि–संस्थात्मक, अर्थशास्त्रीय तुलनात्मक, सांख्यिकीय आदि पद्धतियां भी उपयोग में लाई जाती हैं। इनमें से सांख्यिकीय पद्धति विषय–वस्तु के मापन एवं परिमापन के साथ ही वैज्ञानिक–पद्धति का एक भाग बना जाती है। व्यवहारवादी क्रांति तक विधि–संस्थातमक पद्धति का उपयोग बहुत किया गया किन्तु बाद में विधि एक स्वतंत्र एवं पृथक् विषय बन जाने के कारण इसका उपयोग सीमित हो गया। संस्थाओं का अध्ययन समजाशास्त्र द्वारा किया जाने लगा। राजनीति के तल में

आर्थिक कारणों को ढूंढना तथा उनको राजनैतिक व्यवहार के साथ जोड़ना ही अर्थशास्त्रीय पद्धति है। यह पद्धति वैज्ञानिक पद्धति के बहुत समीप है। यही कारण है कि आधुनिक समय में इसका प्रयोग वैज्ञानिक पद्धति के समकक्ष किया जाने लगा है।

विज्ञानेत्तर पद्धतियाँ वैज्ञानिक पद्धति के पूरी तरह से प्रयोग करने से पूर्व तक के लिए उपयोगी हैं तब तक इनका प्रयोग किया जाना चाहिए। इस दृष्टि से ये वैज्ञानिक पद्धति की पूरक पद्धतियां हैं।

4

समस्या संविन्यास एवं योजना

(Problem Formulation and Planning)

संशोधन में जो भी करना हो उसे कैसे, कब करना चाहिये और उसे किस क्रम में करना चाहिये, किस चरण को कितना महत्त्व देना चाहिये इस बाबत सामाजिक विज्ञान के वैज्ञानिक एकमत नहीं है। सामाजिक वैज्ञानिकों में मत भिन्नता युक्तियुक्त भी है क्योंकि संशोधनों की प्रकृति में भेद होता है। संशोधन की प्रारम्भिक अवस्था में हर संशोधक को रुकावटें एवं कठिनाइयों से जूझना ही पड़ता है। संशोधन की सफलता इन रुकावटों पर विजय क्षमता पर भी निर्भर होती है।

लिलियन रिपल (Lilian Ripple) के अनुसार संशोधन की प्रारम्भिक अवस्था में संशोधक निम्नांकित तीन समस्याओं से मुखातिब होता है। इन समस्याओं को उसे दूर करना ही चाहिए अन्यथा संशोधन की अकारण मृत्यु हो जाती है :

(1) अनुभूत कठिनाई (Felt Difficulty)

(2) समस्या अभिज्ञान (Problem Identification)

(3) समस्या संविन्यास (Problem Formulation)

ये तीनों समस्याएँ एक साथ अस्तित्व में आकार संशोधक की अवस्था को 'असुविधाजनक' बना देती है। संशोधक संभ्रम की अवस्था में पड़कर कोई भी ठोस निर्णय नहीं ले पाता। इस अवस्था से तभी उभरा जा सकता है जब संशोधक संशोधन का विषय निश्चित करता है और संशोधन की दिशाएं भी निर्धारित करता हैं अनुभूत कठिनाई की अवस्था से गुजरने के पश्चात् संशोधक 'समस्या अभिज्ञान' में पहुंचता है। यहां वह संशोधन–विषय के तथ्य एवं व्यक्तियों का अध्ययन के लिये चुनाव करता है। तथ्य एवं व्यक्ति के कौन से पहलू (Dimensions) अध्ययन में रखें, उसके कौनसे घटक को कितना महत्त्व दे, किसे प्रधानता दे, किसे कम महत्त्व दें और किसे टाले इस बाबत अंतिम निर्णय लेता है। निर्णय के साथ ही 'समस्या अभिज्ञान' की रुकावट दूर की जाती है और संशोधक 'समस्या संविन्यास' का मुश्किल कार्य आरम्भ करता है। इसमें वह संशोधन समस्या को अर्थ के साथ स्पष्ट करता है। समस्या निश्चित आकृतिबद्ध में व्यवस्थित रूप में प्रस्तुत करता

है और अन्त में उसकी परिभाषा भी करता है।

समस्या के समझने के साथ समस्या संविन्यास का कार्य शुरू होता है और 'संशोधन योजना' पर समाप्त होता है। 'समस्या' को संशोधन प्रारूप में बद्ध करने के पहले संशोधक को,

(1) संशोधन के लिये चयन किये विषय का प्राथमिक ज्ञान आवश्यक है, अगर न हो तो उसे प्राप्त करने के बाद ही संशोधन–प्रारूप बनाना चाहिये।

(2) उचित एवं अनुरूप शीर्षक संशोधन 'विषय–वस्तु' को देना चाहिये। भावना एवं अतिश्योक्ति से शीर्षक अछूता होना चाहिये।

(3) संकुचित या विस्तृत व्याप्ति न रखकर उसे इस तरह निर्धारित करना चाहिये कि उसमें संशोधन विषय का समग्र एवं गहन अध्ययन हो सके।

(4) जिन गुणों के आधार पर इकाई का चुनाव किया गया है, उन गुणों का और इकाइयों का स्पष्टीकरण दिया जाना चाहिये और आवश्यकतानुसार उनकी परिभाषा भी स्पष्ट की जानी चाहिये।

(5) स्वयं के साथ–साथ दूसरों की मुश्किलों को भी ध्यान में रखना चाहिये। यह अनुभूति संशोधक को हतोत्साहित होने से बचायेगी।

(6) संशोधन की व्याप्ति उद्देश्य, साधन, विश्लेषण पद्धति आदि के निर्धारण के पश्चात् संपूर्ण एवं गहन अध्ययन की जा सकने योग्य संशोधन प्रणाली का चुनाव अध्ययन विषय के स्वरूप के अनुसार किया जाना चाहिये।

(7) लघु अध्ययन एवं पूर्व परीक्षण (Pilot Study & Pre-test) – अगर संशोधन की व्याप्ति और कालावधि बड़ी हो तो संशोधन–विषय का लघु अध्ययन एवं पूर्व परीक्षण किया जाता है। इसके द्वारा संशोधन में आने वाली बाधाओं का बोध होता है। इन बाधाओं को किस तरह दूर किया जाये इस बाबत जानकारी प्राप्त होती है। तथ्य और सामग्री के स्रोतों की जानकारी मिलती है। इकाई परीक्षण के साथ ही साथ परिमाण प्रविधि एवं विश्लेषण पद्धति का निर्धारण भी किया जाता है।

(8) समय एवं धन - संशोधक को कितना समय और धन संशोधन पर खर्च करना पड़ेगा इसकी जानकारी प्राप्त होती है। संशोधन के हर चरण पर निश्चित समय और धन को आवश्यकतानुसार विभाजित करना आवश्यक हो जाता है। उदाहरण के लिये संशोधक के पास 1 वर्ष और 2 हजार रुपए हैं। इसका विभाजन वह इस प्रकार करेगा –

समय एवं धन का खर्च संशोधन चरणों पर

क्र. सं.	संशोधन का चरण	कालावधि (दिन में)	खर्च (रुपयों में)
1.	समस्या संविन्यास, विषय एवं शीर्षक का चुनाव, प्राथमिक जानकारी का संकलन	15	100
2.	संशोधन का प्रारूप	15	50
3.	तथ्य एवं सामग्री का संकलन, प्रमाणीकरण, वर्गीकरण, क्रमबद्धकरण, सारणीयन, आलेखन आदि।	195	650
4.	विश्लेषण	45	100
5.	अर्थ–निरूपण	30	50
6.	सिद्धान्त निर्मिति एवं सामान्यीकरण	35	50
7.	अहवाल	30	1000
		365	2000

ऊपर दी तालिका के अनुसार या इसके अनुपात में संशोधन के चरणों पर समय और धन खर्च किया जाय तो संशोधन सफलतापूर्वक किया जा सकेगा।

(9) सहायकों का चुनाव एवं प्रशिक्षण - संशोधन में हर व्यक्ति सहायक नहीं हो सकता। सहायक को खास तौर पर प्रशिक्षित करना आवश्यक है। अगर संशोधन के क्षेत्र में कार्यरत व्यक्ति सहायक बनता है तो सहायक के प्रशिक्षण पर खर्च होने वाले समय एवं धन की बचत होगी।

संशोधक को उसी व्यक्ति को सहायक बनाना चाहिये जो संशोधन में रुचि रखता हो या मित्र हो। ऐसे व्यक्ति को प्रशिक्षित करने से वह योग्य सहायक बनता है और संशोधन का स्तर सुधारने में उसके योगदान से संशोधक को भी समाधान प्राप्त होता है।

(10) तथ्य एवं सामग्री की प्राप्ति - संशोधन के लिये चुने गए साधनों को सहयोगियों की सहायता से तथ्य एवं सामग्री का संकलन करने के लिये उपयोग में लाये। दस्तावेज, अहवाल एवं अन्य प्रकाशित सामग्री में जो संशोधन के लिये आवश्यक हो उनकी 'जिराक्स कापी' निकाले और अन्य तथ्य एवं जानकारी को 'रिसर्च कार्ड' पर लें। ग्रंथ, किताबें, शोध–पत्रिका, अप्रकाशित दस्तावेज एवं अन्य लिखित स्रोतों से यथावश्यक तथ्य एवं जानकारी लेने के साथ जिन स्रोतों से वह

उपलब्ध हुई है, उसकी संपूर्ण जानकारी भी लिख लें।

इनके अलावा अवलोकन (Observation), प्रश्नावली (Questionnair), अनुसूची (Schedule) एवं साक्षात्कार (Interview) आदि के माध्यम से भी तथ्य एवं जानकारी का संकलन करें। संकलन करते वक्त अनावश्यक तथ्य एवं सामग्री को हेतुपूर्वक टाले।

(11) संशोधन-प्रशासन – अगर अकेला संशोधक संशोधन कर रहा हो तो संशोधन–प्रशासनक की आवश्यकता नहीं। अनेक संशोधक एवं उनके सहयोगी सामूहिक रूप में संशोधन करते हैं तो संशोधन प्रशासन आवश्यक हो जाता है। संशोधन प्रशासन में एक संशोधक प्रकल्प प्रमुख, संशोधन की व्याप्ति के अनुरूप उप–प्रमुख या विभाग प्रमुख, उनके अधीन कुछ सहयोगी और कर्मचारी होते हैं। संशोधन में कार्यरत व्यक्ति इसे कार्य न समझकर उत्तरदायित्व मानता है तो संशोधन की सफलता की 100 प्रतिशत आशा होती है। संशोधन की सफलता एवं असफलता की जवाबदेही संशोधन–प्रकल्प की प्रमुख होती है।

(12) संशोधन की तैयार – संशोधन प्रारम्भ करने के पूर्व संशोधक को अध्ययन विषय की प्राथमिक जानकारी होनी अत्यावश्यक है। संशोधक को स्वयं पर अन्यों के पड़े प्रभाव को दूर कर निरपेक्ष एवं तटस्थ होना चाहिये अन्यथा संशोधन के प्रति वह न्याय नहीं कर पायेगा। खुद को सपूर्णतः संशोधन के लिये तैयार करने की प्रक्रिया अंतिम एवं सर्वाधिक महत्त्वपूर्ण है।

सभी तैयारी करने के बाद संशोधक विश्वविद्यालय अनुदान आयोग द्वारा निश्चित किये हुए संशोधन–प्रारूप में अपनी संशोधन योजनाओं को व्यवस्थित रूप में प्रस्तुत करता है।

विश्वविद्यालय अनुदान आयोग के अनुसार मुख पृष्ठ

1. संस्था का नाम एवं पता : ....
....
....
....
2. मार्गदर्शक का नाम : ....
3. संशोधन का शीर्षक : ....
4. संशोधन की व्याप्ति एवं उद्देश्य : ....
....
....
....
....

5. संशोधन प्रणाली :

(अ) तथ्य संकलन के साधन ....

(ब) निदेशन प्रणाली ....

(स) तथ्य विश्लेषण ....

6. संशोधन कालावधि : ....

7. अंदाजन खर्च : ....

8. संशोधक का नाम : ....

स्थान–

तारीख– संशोधक की स्वाक्षरी

सामान्यतः संशोधन का स्वरूप शीर्षक से स्पष्ट होता है। अगर ऐसा न हो तो उसे स्पष्ट करना आवश्यक हो जाता है।

मुखपृष्ठ के बाद के पृष्ठ पर अध्याय, उप–अध्याय और जरुरत हो तो उप–अध्याय भी देने चाहिये। प्रथम अध्याय, में "अध्ययन–विषय" का प्रस्ताविक या पूर्वकथन, व्याप्ति एवं स्वरूप देना चाहिये तथा अन्तिम अध्याय, निष्कर्ष से सम्बन्धित होगा। इसके बाद संदर्भ ग्रन्थ, किताबें, शोध–पत्रिकाएं एवं अन्य प्रकाशित सामग्री जिसका उपयोग संशोधक ने प्रारूप निर्माण में किया है। इसके नीचे बाई स्थान और ठीक उसके नीचे तारीख और दांई तरफ संशोधक की स्वाक्षरी और ठीक उसी के नीच मार्गदर्शक की स्वाक्षरी होगी। संशोधक इस प्रकार तैयार किया संशोधन प्रारूप सम्बन्धित संशोधन संस्था या विश्वविद्यालय में मान्यता के लिये प्रस्तुत करेगा। इस प्रारूप को मान्यता प्राप्त होते ही वह संशोधन कार्य अधिकृत बनता है और सही अर्थों में संशोधन की शुरुआत होती है।

5

उपकल्पना

(Hypothesis)

उपकल्पना को परिकल्पना भी कहा जाता हैं। शोध विषय के बाबत किया गया विधान की उपकल्पना है। वैज्ञानिक चिन्तन की प्रक्रिया में प्रारम्भिक ज्ञान के आधार पर विषय–वस्तु से सम्बन्ध ऐसी सैद्धांतिक कल्पना को जो की संशोधन को संशोधक के नियंत्रण में लाती है, उपकल्पना कहते हैं।

"उपकल्पना" ऐसे प्रस्तावों का वह समूह है जिसका अभी तक परीक्षण बाकी है। दूसरे शब्दों में अप्रमाणित प्रस्ताव एवं प्रस्तावों का समूह ही उपकल्पना है। उपकल्पना में जो निष्कर्ष निकाले जाते हैं वे अस्थाई और काल्पनिक होते हैं और उसकी प्रामाणिकता संशोधक के अनुभव से तथा वास्तविक तथ्यों के आधार पर सिद्ध करने का प्रयास किया जाता है।

परिपक्व, उपर्युक्त, प्रामाणिक एवं श्रेष्ठ संशोधन के लिये उपकल्पना का अध्ययन जरुरी है अन्यथा संशोधन विकेन्द्रित, तितर–बितर या विचारों का स्वेराचार मात्र ही होगा। उपकल्पना ही सिद्धांत से अन्वेषण को जोड़ती है, जिसके पश्चात् ही नया ज्ञान प्राप्त किया जाता हैं।

परिभाषाएँ

उपकल्पना ही अनेक परिभाषाएँ उपलब्ध हैं, इनमें से मान्यता प्राप्त एवं महत्त्व की कुछ परिभाषाएँ नीचे दी गई हैं :

गुडे व हॅट्ट

"उपकल्पना ऐसी मान्यता है जिसमें सत्य सिद्ध करने के लिय प्रयोगात्मक परीक्षण किया जाता है।"

बोगार्डस

"परीक्षित किये जाने वाले प्रस्तावों को उपकल्पना कहा जाता है।"

लुण्डबर्ग

"जिसकी सत्यता अभी भी परखनी है ऐसे तात्कालिक सामान्यीकरण या निष्कर्ष को उपकल्पना कहते हैं। प्रारम्भ में उपकल्पना, कल्पनापूर्ण विचार, अनुमान, अन्दाज या अन्तः प्रेरणा इसमें से कुछ भी रह सकती है। लेकिन आगे वह संशोधन का आधार बनती है।"

उपरोक्त परिभाषाओं में संशोधक का आत्मविश्वास उजागर होता है, जो उसके प्रस्ताव या प्रस्तावों के भविष्य में सत्य–प्रमाणीकरण से सम्बन्धित होते हैं।

उपकल्पना की रचना में आने वाली रुकावटें

"विचारों का वैज्ञानिक पद्धति से विचारा करो"–यहां से ध्वनित वैज्ञानिक चिन्तन प्रणाली ही उपकल्पना की जननी है। यह चिन्तन प्रणाली शून्य में क्रियान्वित नहीं की जा सकती। इसके लिए पूर्व तैयारी करना जरुरी होता है। पूरी तरह से पूर्व तैयारी न किए जाने की वजह से संशोधक की उपकल्पना में निम्नांकित दोष उत्पन्न होते हैं –

(1) स्पष्ट सैद्धांतिक प्रारूप के ज्ञान का अभाव,
(2) सैद्धांतिक प्रारूप तर्क के आधार पर उपयोग में लाने की अक्षमता, और
(3) उपलब्ध तकनीक (संशोधन) को समझने की असफलता।

उपरोक्त दोषों को ध्यान में रखकर संशोधक उपकल्पना तैयार कर सकता है। उपकल्पना अपने आप अस्तित्व में नहीं आती। उपकल्पना अस्तित्व में आने के पूर्व यह पूर्व विचार, पूर्व प्रस्ताव, अतर्कपूर्ण विधान, रचनाबद्ध विचार एवं कल्पना आदि की स्थिति में होती है। इसी में से "विवेक बुद्धि विधान" (Commonsense Statement) अस्तित्व में लाये जाते हैं। इस विवेक बुद्धि का विविध स्तरों पर परीक्षण करके निश्चितता दी जाती है। इसके पश्चात् वह "चर" से सम्बन्धित की जाती है। इस प्रकार संशोधक उपकल्पना में आने वाली रुकावटों को दूर कर सकता है।

उपकल्पना के स्रोत (Sources of Hypothesis)

साधारणतया उपकल्पना के दो प्रमुख प्रकार के स्रोत माने जाते है :

(1) व्यक्तिगत स्रोत
(2) बाह्य स्रोत

(1) व्यक्तिगत स्रोत : जब कोई व्यक्ति स्वतः उपकल्पना का निर्माण करता है तब उसका स्रोत व्यक्तिगत होता है। संशोधक की अन्तर्दृष्टि, दृष्टिकोण, विचारधारा, मनोभावना, कल्पना आदि का इसमें समावेश होता है।

(2) बाह्य स्रोत : बाह्य जगत से सम्बद्ध घटनाएं, विचार, सिद्धांत आदि उपकल्पना रचना के स्रोत बनते हैं। गुडे व हंट के अनुसार उपकल्पना निर्मिती के प्रमुख चार स्रोत हैं :

(1) संस्कृति (Culture),
(2) वैज्ञानिक सिद्धांत (Scientific Theories),
(3) सादृश्य या समरूपना (Analogy), और
(4) व्यक्तिगत अनुभव (Personal Exprience)

(1) संस्कृति : संस्कृति उपकल्पना निर्माण के लिये भिन्न–भिन्न स्रोत प्रदान करती है। संस्कृति का प्रभाव लोगों पर अवश्य ही पड़ता है। प्रत्येक राष्ट्र की संस्कृति भिन्न–भिन्न होती है।

उदाहरण : भारत की संस्कृति दर्शन और आदर्श से अभिभूत है। इसीलिये भारत में की गई उपकल्पना में तत्त्वज्ञान, नैतिकता, आदर्श आदि की छाप स्पष्ट होती है। इसके विरुद्ध अमेरिकन संस्कृति भौतिकवादी होने से वहां की उपकल्पना भौतिकता को अग्रक्रम देने वाली हो सकती है।

सांस्कृतिक लक्षणों के अन्तर्गत लोक–विश्वास, लोक–कला, लोक–साहित्य आदि और अन्य मान्यताओं से उपकल्पना बनाई जाती है। उदाहरण–बढ़ई के लड़के को बढ़ई ही होना चाहिये। यह भारतीय समाज–व्यवस्थानुसार होना चाहिये परन्तु बदलते समय के अनुसार बढ़ई का यह व्यवसाय व्यापार बन गया हैं, और आज जन्म से बढ़ई न रहने वाले लोगों का इस व्यवसाय पर अधिक वर्चस्व है। स्वतंत्रता के बाद "राजनीतिज्ञ–व्यवसायी" एवं "व्यवसायी–राजनीतिज्ञ" सदृश्य घटनाओं से नयी–नयी अनेक उपकल्पनाएं उपजी है।

(2) वैज्ञानिक सिद्धांत : विज्ञान नयी–नयी उपकल्पनाओं का स्रोत है। विज्ञान के अलग–अलग विषयों का सामान्यीकरण में हमेशा विज्ञान के स्रोत थे और आज भी हैं। प्रचलित सिद्धांत का पूर्णतया परीक्षण किया जाता है, और उसमें किसी प्रकार के दोष या कमियां मिलीं तो उन्हें दूर या कम करने के लिय लागू प्रयासों से स्वतः ही उपकल्पना जन्म ले लेती है। उदाहरण–कम्यूनिक्ष्म के दोष परिष्कृत करने के लिये किये गये प्रयत्नों से ही फ्रेंच विचारकों का 'यूरो–कम्यूनिज्म' अस्तित्व में आया है।

(3) सादृश्य या समरूपता : अलग–अलग विषयों की सादृश्यता उपकल्पना निर्माण के लिये कारण बनती है। उदाहरण–राज्य के स्वरूप के आधार पर वर्गीकरण करने की जो प्रचलित पद्धति है उसका मूल प्लेटो का *रिपब्लीक* है।

जब किसी विषय की संरचना और स्वरूप दूसरे विषय के अध्ययन के लिये प्रयुक्त हों तब वह संरचना और स्वरूप दूसरे विषय की उपकल्पना बनते हैं। उदाहरण–प्लॅट इकॉलोजी ही ह्यूमन इकॉलोजी की उपकल्पना है।

(4) व्यक्तिगत अनुभव : बहुधा संशोधक के निजी अनुभव भी उपकल्पना के स्रोत बनते हैं। जीवन में घटने वाली घटनाओं से संशोधक जो कुछ अनुभूतियां प्राप्त करता है उन्हीं में से जीवन सम्बन्धी दृष्टिकोण बनता है। इसी उपलब्ध ज्ञान

का उपयोग करके उपकल्पना निर्मित की जाती है। उदाहरण–महात्मा गांधी का "अहिंसा का सिद्धांत" या न्यूटन का "गुरुत्वाकर्षण सिद्धांत" आदि हरेक संशोधक के दृष्टिकोण में अलग–अलग होता है। उस विशेष दृष्टिकोण से वह–"विषय–वस्तु" का अध्ययन करता है, और "विषय–वस्तु" में निहित अज्ञात को प्रकट करता है।

उपकल्पना के प्रकार

उपकल्पना के नीचे दिये हुए दो प्रकार हैं :

(1) अप्रमाणित या अशुद्ध उपकल्पना (Null Hypothesis)

(2) प्रमाणित या उपयुक्त या उपयोगी उपकल्पना (Workable Hypothesis)

(1) अप्रमाणित उपकल्पना : अप्रमाणित उपकल्पना ऐसी उपकल्पना को कहते हैं जिसमें किसी भी दृष्टिकोण से उसके किसी भी पहलू का अध्ययन करने पर भी कोई नया सिद्धांत स्थापित नहीं किया जा सके। अप्रमाणित उपकल्पना को खींचतान कर सिद्ध करने का प्रयत्न शाब्दिक आडम्बर के अतिरिक्त कुछ नहीं होता।

(2) प्रमाणित उपकल्पना : यह उपकल्पना संशोधन में सबसे महत्त्वपूर्ण है। इस उपकल्पना को आधार मानकर "सिद्धांत–निर्माण" एवं उसका सामान्यीकरण किया जा सकता है। जटील एवं क्लिष्ट तथ्यों से सम्बन्धित उपकल्पना के स्वरूप का अध्ययन किया जाता है।

उपयोगी उपकल्पना की विशेषताएँ

हरेक उपकल्पना की कुछ न कुछ विशेषताएँ होती ही हैं। उपकल्पना की उपयोगिता उसके विशेषताओं की गुणात्मक और संख्यात्मक वृद्धि से बढ़ती है। नीचे दी हुई विशेषताओं के आधार पर उपकल्पना के गुणात्मक मूल्य में वृद्धि होती है। इस प्रकार संशोधन कार्य सहज, लाभप्रद, उपयोगी और वैज्ञानिक होकर संशोधक का सहयोगी भी बनता है। उपयोगी उपकल्पना में निम्नलिखित विशेषताएँ होती हैं :

(1) स्पष्टता (Clarity)

(2) अनुभवजन्य प्रयोग सिद्धांत (Empirical referents)

(3) विशेषता (Speciality)

(4) उपलब्ध तकनीक से संबंधित (Related to available technique)

(5) सिद्धांत के संबंध में (Theory related)

(6) सरलता (Simplicity)

(1) स्पष्टता : उपयोगी और अच्छी उपकल्पना की पहली विशेषता है उसकी स्पष्टता। उपकल्पना स्पष्ट, सीधी और सरल भाषा में लिखी होनी चाहिए ताकि पढ़ते वक्त वह पढ़ने वाले की समझ में आ सकें। अगर वह ऐसी न हुई तो पढ़ने वाला प्रत्येक व्यक्ति स्वेच्छानुसार उसके उल्टे–सीधे अर्थ लगाएगा। ऐसी

हालत में उसका निश्चित आशय समझना दुष्कर होगा, अनेक मुश्किलें भी आएंगी। अतः उपकल्पना में शंका–कुशंका के लिए जगह नहीं रहनी चाहिए।

(2) अनुभवजन्य प्रयोग सिद्धांत : उपकल्पना का आधार विज्ञज्ञन होने पर ही उसकी प्रमाणिकता सिद्ध की जायेगी। आदर्शोन्मुख उपकल्पना संशोधन में बेकार होती है। जिस उपकल्पना का परीक्षण असंभव है उसे संशोधन प्रारूप में कोई स्थान नहीं है। संशोधक को वास्तविकता एवं यथार्थ को स्पर्श न करने वाले प्रकल्प को हेतुपूर्वक टालना चाहिए।

(3) विशेषता : "विषय–वस्तु" का गहन और परिपूर्ण अध्ययन करने की क्षमता और योग्यता उपकल्पना का महत्त्वपूर्ण लक्षण है। तथ्यों का परीक्षण कर सकने में समर्थ उपकल्पना की ही रचना संशोधक को करनी चाहिए।

(4) उपबल्ध प्रविधि या तकनीक से सम्बन्धित : संशोधन में "विषय–वस्तु" के अध्ययन में अलग–अलग तकनीकों का पृथक्–पृथक् अध्ययन स्तर पर उपयोग करना ही पड़ता है। संशोधक को सहज उपलब्ध तकनीकों का पता लेकर ही अपने संशोधन के लिये उपयुक्त तकनीक का चयन करना चाहिए। उपलब्ध और उपयुक्त तकनीक के अनुसार ही संशोधन के स्वरूप को निश्चित एवं आकृतिबद्ध करना चाहिए।

(5) सिद्धांत के संबंध में : उपकल्पना को पूर्व–प्रस्थापित सिद्धांत पर आधारित करने एवं ऐसी उपकल्पना के अध्ययन से ज्ञान का क्षेत्र यथार्थ के धरातल पर विस्तृत होने की सम्भावनाएं अधिक हो जाती हैं। आकर्षक एवं मनोरंजक उपकल्पना होने पर संशोधक लोभवश अध्ययनरत हो जाने से अध्ययन परिणामरहित या अत्यन्त परिणाम देने वाला हो जाता है। इसलिए संशोधक को उपकल्पना के सृजन या उसके क्रियान्वयन में सावधान एवं जागरूक रहना चाहिए।

(6) सरलता : सरल उपकल्पना ही संशोधक को निष्कर्ष तक पहुंचाती है। उपयोगी उपकल्पना लुभावनी न होकर सत्याधिष्टित होती है। उपकल्पना की मितव्ययिता ही संशोधक को सहायक होती है। इस उपकल्पना के "चर" परिभाषा एवं अधिक स्पष्ट अर्थ की "मांग" नहीं करते। यह उपकल्पना अपने अध्ययन विषय के संबंध में प्रयोग किये जाने वाले साधनों से तात्पर्य रखती है। इस दायरे के बाहर उपकल्पना कभी–कभी ही जाती है।

संशोधन में उपकल्पना का स्थान

उपकल्पना का संशोधन में महत्त्वपूर्ण स्थान है। भौतिक या सामाजिक विज्ञान में संशोधक को उपकल्पना पर ही निर्भर रहना पड़ता है क्योंकि उपकल्पना ही संशोधक के लिए "आलोक–स्तम्भ" का कार्य करती है। उपकल्पना ही संशोधक को संशोधन के धोखों और भटकावों से बचाती है एवं निश्चित मार्गदर्शन सहयोगी होती है। इसीलिए उपकल्पना का महत्त्व जानना बहुत जरुरी है। उपकल्पना को निम्नलिखित कारणों से महत्त्व प्राप्त हुआ है :

(1) **उपकल्पना ही अध्ययन को निश्चित करती है।** उपकल्पना ही अध्ययन को एक निश्चित सीमा में बद्ध करती है। इस प्रकार संशोधक को संशोधन का नियोजित प्रारूप प्राप्त हो जाता है। यही नहीं, संशोधक को अध्ययन में क्या करना है, कितना करना है, किस प्रकार के तथ्यों का संकलन करना है या किन तथ्यों को बहिष्कृत करना है इसका सम्यक् बोध भी हो जाता है। दूसरे शब्दों में संशोधन योग्य तथ्यों की निश्चितता उपकल्पना ही करती है। इस तरह संशोधक व्यर्थ तथ्यों, आंकड़ों और सामग्री के संकलन से बचता है, तथा समय और धन की बचत भी करता है।

(2) **संशोधन का क्षेत्र सीमित करती है।** संशोधन के लिये चयनित "विषय–वस्तु" के सभी पहलुओं का अध्ययन करना व्यावहारिक दृष्टि से असंभव सा ही होता है। संशोधन को समय, धन, श्रम आदि का विचार करते हुए ही अध्ययन करना पड़ता है। यही वजह है कि अध्ययन के लिए विपुल सामग्री उपलब्ध होने पर भी उसमें से बहुत कुछ सामग्री संशोधक उपयोग मे नहीं ला पाता। योग्य सामग्री को उपलब्ध सामग्री में से चुनने में उपकल्पना संशोधक को न केवल सहायक होती है अपितु अध्ययन के लिये चुनी "समस्याओं" के प्रति एक पृथक् दृष्टिकोण को भी आदतन प्रदान करती है।

(3) **संशोधक का मार्गदर्शन करती है।** उपकल्पना संशोधक को दृष्टिहीन शोध से सुरक्षित रखती है। संशोधक का ध्यान "विषय–वस्तु" पर केन्द्रित करती है। अतः अनावश्यक बातों से संशोधक को सुरक्षित रखती है और उसका श्रम, धन और समय "विषय–वस्तु" के गहन अध्ययन के लिए प्रयुक्त होता है। इससे उसके आत्मविश्वास में वृद्धि होती हैं। संशोधक का आत्मविश्वास कम या नष्ट होने पर संशोधक चाहे कितना भी विद्वान और मेहनती हो उसके संशोधन में रुचि क्षीण हो जाती हैं। परिणामस्वरूप उसका संशोधन विफल एवं व्यर्थ हो जाता है।

(4) **तथ्य सामग्री के संकलन में उपयोगी होती है।** उपकल्पना में संशोधन धन का क्षेत्र, उद्देश्य और दिशा निर्धारित होने के बाद ही संशोधक तथ्य सामग्री का संकलन ढंग से कर सकता है। संकलित तथ्य सामग्री का उपयोग उपकल्पना की सत्यता या असत्यता परखने के लिए होता है अतएवं संशोधक को अनावश्यक एवं असम्बद्ध तथ्य सामग्री संकलित नहीं करनी चाहिए।

(5) **निष्कर्ष निकालने में सहयोगी होती है।** संकलित तथ्यों के द्वारा परीक्षित उपकल्पना सत्य हो या असत्य फिर भी उसकी उपयोगिता निश्चित है। अनुपयुक्त उपकल्पना संशोधक को उसकी असफलता का पूर्वाभास देती

है। उपयुक्त उपकल्पना सिद्धांत निर्माण करती है। निर्मित सिद्धांत कालान्तर में अनेक उपकल्पनाओं के प्रेरणा–स्रोत बनते हैं।

(6) उद्देश्य को स्पष्ट करती है। उपकल्पना द्वारा स्थापित मापदंड संशोधन के उद्देश्य को विवरण सहित स्पष्ट करते है। किये जाने वाले संशोधन सैद्धांतिक हैं या व्यवहारिक, निदानात्मक हैं या उपचारात्मक, इसका बोध कराते हैं।

उपकल्पना उपयोग की रुकावटें

उपकल्पना का उपयोग करते वक्त संशोधक को विभिन्न प्रकार के अनुभव होते हैं। इसमें से कुछ अनुभव "बेचैन" करने वाले होते हैं तो कुछ संशोधन की गति को ही खंडित करते हैं। कालावधि में संशोधन को गतिहीन करने वाले कारणों को ही रुकावट कहते हैं।

संशोधन से सम्बन्धित अध्ययन का बोध उसके शीर्षक से होना चाहिए। शीर्षक ही उपकल्पना का प्रतिनिधित्व करता है और अध्ययन में जिस सिद्धांत को सत्य प्रमाणित करना है उसका लघु–संस्करण होता है। अतएवं शीर्षक ही उपकल्पना या उपकल्पना में निहित प्रतिध्वनि होती है। शीर्षक में व्याप्त उपकल्पना संशोधक को अध्ययन के लिये तथ्य सामग्री संकलन में सहायक होती हैं। अगर संशोधक लापरवाह हो तो उसकी यह लापरवाही संशोधन के अगले "चरण" में तकलीफदेह हो जाती है, और उसे फिर से प्राथमिक व मौलिक तथ्य एवं आंकड़ों की खोज में समय गंवाना पड़ता है। जिसके कारण संशोधन "जड़" अवस्था में आ जाता हैं। अतः संशोधक की समझ शीर्षक में निहित अर्थ जान सकने वाली भी होनी चाहिए। निहित गूढ़ अर्थ को बिना समझे संकलित किये हुए तथ्यों के आधार पर सिद्ध की हुई उपकल्पना वैज्ञानिक निष्कर्ष निकालने में असमर्थ होती हैं या अध्ययन सत्य, यथार्थ और प्रमाणिकता से कोसों दूर हो जाती है।

उपकल्पा के निष्पक्ष उपयोग में संशोधक का "स्वार्थ" और "भावनात्मक संलग्नता" बहुत बड़ी अड़चन पैदा करती है। यह रुकावट बिना दूर किये यदि संशोधन किया गया तो उसका महत्व कम होता है और निरपेक्षता भंग होती है। इस वजह से संशोधन में निर्धारित उद्देश्यों को साधा नहीं जा सकता।

उपकल्पना सत्य है या असत्य, उपयुक्त है या अनुपयुक्त ऐसा सिद्ध करना संशोधन में समान महत्त्व और घनत्व का है। किन्तु नया संशोधक यह सहज नहीं समझ सकता। अगर वह समझ भी गया तब भी उसे कृत्य में लाना संशयपूर्ण होता है इसीलिए वह अपने लिये अनुपयुक्त रहने वाली उपकल्पना को उपयुक्त बनाने का प्रयत्न करता है। इस प्रयत्न में वह तथ्यों को ऐंठ–मरोड़ कर प्रमाण जुटाता है। इसका परिणाम संशोधन के स्वरूप पर होने से वह विकृत बनता है फलतः निकाले हुए निष्कर्ष लिजलिजे एवं विरूपित लगते हैं। इसीलिए उपलब्ध या परीक्षित तथ्यों के अनुसार ही उपकल्पना के स्वरूप में फेरबदल करनी चाहिए,

इसके विरुद्ध नहीं अन्यथा वह संशोधक ही मूर्खता ही सिद्ध होगी।

उपसंहार

कितनी भी श्रेष्ठ और उपयोगी उपकल्पना रहने पर भी संशोधक में सर्जनता, कल्पना–विलास, चिन्तनशीलता आदि की कमियां अगर रहती हैं तो वह अध्ययन नहीं माना जाएगा। संशोधक में सूक्ष्म और गहन निरीक्षण की क्षमता होती है। उसमें योग्य संशोधन तकनीक व तथ्य चुनने की और उनका यथायोग्य उपयोग करने की क्षमता होनी बहुत जरुरी है।

संशोधक की क्षमता, उपकल्पना की सत्यता और उपयोगिता के त्रिवेणी संगम के बिना संशोधन असंभव है।

समस्या और उपकल्पना

किसी विषय के अज्ञात क्षेत्र से खुरचकर निकाली संदेहास्पद जानकारी के आधार पर संशोधन प्रकल्प का निर्माण किया जाता है। समस्या एवं उपकल्पना में संशोधन के प्रारम्भ से अन्त तक परस्पर सम्बद्ध रहते हैं। अतः इस सम्बन्ध का अध्ययन अत्यन्त महत्त्वपूर्ण माना गया है। समस्या और उपकल्पना में जो भेद है उनके माध्यम से इन दोनों के परस्पर सम्बन्ध का स्पष्ट बोध होता है।

समस्या	**उपकल्पना**
1. जब संदेहास्पद जानकारी यथार्थ में समस्या को जन्म देती है तब उसका परीक्षण–निरीक्षण आवश्यक हो जाता है। यह प्रेरणा ही संशोधक को वैज्ञानिक अन्वेषण के लिए कार्यरत करती है और संदेहास्पद जानकारी का रूपान्तरण समस्या में हो जाता है। समस्या निर्माण के कारण (अ) जनप्रवाद (ब) लोकवार्ता (स) अफवाएँ (ड़) प्रकाशित विधान (ई) बेफिक्री से किया अवलोकन उपरोक्त सभी स्रोत से प्राप्त जानकारी अप्रमाणित, अनिश्चित एवं	जिसका अन्वेषण करना है वह क्या है, उसकी खोज कहां–कहां करनी चाहिए, किस तरह से करनी चाहिए इसकी योजना ही उपकल्पना है। उपकल्पना पूर्णतः संशोधन समस्या से संलग्नित होती है।

संदिग्ध होती है। किन्तु वह एक दिशा की ओर अध्ययन के लिए निर्देशन करती है। इसीलिए उसे टालना अव्यवहारिक होगा यह समझकर संशोधक उसे अध्ययन के लिए लेता है।	
2. संदिग्धता के कारण बनने वाले कारकों को जानने की समस्या ही संशोधक को अध्ययन के लिए बाध्य करती है।	संदिग्धता दूर करने के लिए प्रस्ताव या प्रस्तावों का समूह उपकल्पना में प्रस्तुत किये जाते हैं। परीक्षण–पूर्व प्रस्तुत प्रस्ताव ही उपकल्पना होती है।
3. संदिग्धता पर आधारित समस्या संशोधक को इतना अधिक क्यों प्रभावित करती है कि वह उसका समाधान खोजता है।	समस्या का संशोधक पर प्रभाव ही उपकल्पना निर्माण का कारण बनता है।
4. समस्या का परिणामदायी अध्ययन करने के लिये योग्य वैज्ञानिक प्रणाली का चुनाव एक दुष्कर कार्य है।	निर्धारित उपकल्पना योग्य वैज्ञानिक प्रणाली निश्चित करने में सहायक होती है।
5. वैज्ञानिक जांच के तहत गये अंश अध्ययन की गति बढ़ाते है। इसमें (अ) जो भी तत्व असंतोषजनक हैं उसका परिपूर्ण एवं गहन अध्ययन किया जाता है। (ब) ऐसे अज्ञात तत्त्वों की खोज की जाती है जो समस्या का समाधान कर सकें। (स) परम्परागत "श्रद्धा" जब समस्या के स्पष्टीकरण में असमर्थ होती है तब वैज्ञानिक खोज के अलावा अन्य पर्याय नहीं होता।	संशोधन में उपकल्पना ही अध्ययन का "मार्ग" निश्चित करती है। (अ) असंतोष को संतोष में रूपान्तरण का सुअवसर संशोधक को उपकल्पना ही उपलब्ध कराती है। (ब) वैज्ञानिक स्पष्टीकरण में उपकल्पना ही सहायक होती है। (स) तथ्यों की खोज एवं चुनाव कर, इनका गहन अध्ययन ही सिद्धान्त निर्माण एवं अर्थनिरूपण में संशोधक को सहायक होता है।

समस्या	उपकल्पना
6. जब संशोधक को प्राथमिकता वैज्ञानिक खोज असफल होती है और "विषय–वस्तु" सम्बन्धित तथ्य एवं तत्त्व की जानकारी नहीं मिलती तब वह	संशोधक को वैज्ञानिक खोज में अग्रगामी कर उसकी जिज्ञासा तृप्ती तक पहुंचाने का कार्य उपकल्पना करती है।
(अ) ग्रंथालयीन अध्ययन करता है।	(अ) उपकल्पना ही वैज्ञानिक पद्धति को आत्मसात् कर प्रकाशित ज्ञान को नवीन अर्थ एवं स्वरूप में प्रस्तुत करती है।
(ब) "समस्या" से सम्बन्धित व्यक्तियों से चर्चा करता है।	(ब) अवलोकन, साक्षात्कार का उपयोग कर प्राप्त जानकारी की परख की जाती है।
(स) अमूर्त प्रस्तावों का निर्माण कर उन्हें वैज्ञानिक, प्रक्रिया से निकाल "समस्या" को हल करने की उम्मीद करता है।	(स) प्रस्तावों को सिद्धान्त में रूपांतरित करने में सहायक होती है।
(द) संशोधक ऐसे उपकल्पना का निर्माण करता है जो समस्या के स्परूप को स्पष्ट कर सके एवं जिसका उपयोग अध्ययन में हो सके। इसके पश्चात संशोधक समस्या का गहन अध्ययन कर सके ऐसे तकनीक को चुनता है। यह तकनीक "समस्या" का "तकनीकी– ज्ञान स्पष्ट कर संशोधक के" चिन्तन प्रक्रिया को पुरजोर करता है।	(द) विश्लेषण और अर्थ – निरूपण के पश्चात सिद्धान्त प्रस्थापित कर उसका सामान्यीकरण करने में उपकल्पना सहायक होती है।

समस्या	उपकल्पना
(य) चिन्तन–व्यवहार–चिन्तन समाधान चिन्तन यह वैज्ञानिक चिन्तन प्रक्रिया "समस्या" को प्रकट होने के लिए विवश करती है और "समस्या" पूर्णतः स्पष्ट स्वरूप में संशोधक के सम्मुख खड़ी रहती है।	(इ) संशोधन–प्रतिवेदन में उप–कल्पना केवल सहायक ही नहीं होती तो वह समाज की संपत्ति समाज को लौटाने में संशोधक के साथ सहभागी भी होती है।

6

चर या परिवर्त्य

(Variables)

राजनीति विज्ञान की संकल्पनाओं के बावत किन्हीं भी दो वैज्ञानिकों का एक मत नहीं है। संकल्पनाओं के सम्बन्धों के विषय में शायद ही राजनीतिक पंडितों के सामान्यीकरण साधारण या शाश्वत प्रस्तावनाओं के रूप में समान हो पाते हों। अधिकांश चर जो विश्लेषण के लिए चुने जाते हैं, घटनाओं के सम्बन्धों के विषय में मापन तकनीकों की मांग करते हैं इसलिए चरों के स्वभाव का अध्ययन आवश्यक हो जाता है।

परिभाषाएं

फर्मन एवं लेविन : "चर एक संकल्पना है, किन्तु सम्बन्धित 'संशोधन प्रकल्प' में यह दो या अधिक मूल्य अथवा मात्रा में होती है। ऐसी संकल्पना जो परिवर्तनीय है।"

(A variable is a concept, but a concept which in a given research project takes on two or more values or degrees. It is a concept that varies.)

गालतुंग (Galtung): "चर एक ऐसा मापदंड माना जा सकता है जो हमें विश्लेषण के एक इकाई के मूल्यांकन के लिए आधार देता है।"

(A variable can be regarded as some kine of yardstick that gives us a basis for the evaluation of the single unit of analysis.)

मिल्ड्रेड पर्टिन व एच. पी. फेअर चाइल्ड : "चर में एक ऐसा लक्षण, योग्यता या विशेषता है जो अलग–अलग संदर्भों में परिमाण या मात्रा का निर्धारण करती है।"

उपरोक्त परिभाषाओं से स्पष्ट होता है कि "चर" एक संकेत (Symbol) है जिससे अनेक मूल्य निश्चित किए जा सकते हैं। यह मूल्य गुणात्मक या परिमाणात्मक होते हैं। "चर" को आवश्यकता के अनुसार स्थिर और परिवर्तित

अवस्था में रखा जा सकता है। अतः "चर" वस्तु या घटना की वह विशेषता या श्रेणी या गुण होता है जो उसके लिए निर्धारण किये गये विभिन्न "अंक मूल्यों" को धारण कर सकता है। उदाहरण–धर्म, राष्ट्रीयता, बुद्धि आदि।

प्रत्यक्ष अवलोकन के मामलों में चरों का निर्णय करना सरल होता है। किन्तु जटिल एवं संश्लिष्ट मामलों में चरों का निर्धारण करना कठिन होता है। चर अकेले या अलग–अलग नहीं रहते। चर एक–दूसरे को प्रभावित करते रहते हैं। प्रभाव, तथ्य एवं घटना के सन्दर्भ में चरों को तीन वर्गों में रखा जा सकता है।

(1) स्वतन्त्र चर (Independent Variables)
(2) हस्तक्षेपी या मध्यवर्ती चर (Intervening Variables)
(3) आश्रित चर (Dependent Variables)

स्वतंत्र चरों को कभी–कभी "पूर्वकथन" करने वाले (Predictor) या "प्रयोगात्मक" (Experimental) चर भी कहते हैं। समय क्रम की दृष्टि से स्वतंत्र चर आश्रित चरों से पहले आते है। अगर स्वतंत्र चर, आयु है तो आश्रित चर शिक्षा है।

हस्तक्षेपी चर एक दूसरे पर निर्भर होते हैं। एक चर में थोड़ा परिवर्तन होने का परिणाम दूसरे चर में भी थोड़ा परिवर्तन हो जाना होता है।

आश्रित चरों का स्वरूप उनको प्राप्त शीषर्क से ही स्पष्ट हो जाता है।

चरों का मापन की दृष्टि से तीन वर्गों में रखा गया है :

(1) गुणात्मक चर (Qualitative Variables)
(2) क्रमसूचक चर (Ordinal Variables)
(3) अनुपात संकल्पनाएं/चर (Ratio Concepts/Variables)

(1) गुणात्मक चर : गुणात्मक चरों की संकल्पना को विशेष गुणों या गुणों के समुच्चय द्वारा परिभाषित किया जाता है। इनका निर्धारण सीधे अवलोकन या क्रियात्मक जांच द्वारा किया जा सकता है। गुणात्मक चरों में सांख्यिकीय क्रियाकौशल सीमित रहता है। अधिकांश प्रकारणाएं (Typologies) तथा राजनीति संकल्पनाएं गुणात्मक भेदों पर आधारित होती हैं। इनके गुणों के आधार पर वस्तुओं का मापन संभव हो जाता है। किन्तु उस संख्या से गुणों की मात्रा (Degree) का पता नहीं चलता।

(2) क्रम सूचक चर : क्रम सूचक चर की उपयोगिता उससे प्राप्त शीर्षक ही स्पष्ट कर देता है। इसमें गुणों की निरन्तरता को प्राधान्यता दी गई है तथा गुणों की अपेक्षित मात्रा की दृष्टि से यह सभी वस्तुओं को वर्गीकृत करना संभव बना देती है।

उदाहरण–चुनाव में राम को कृष्ण से अधिक मत मिले और कृष्ण को शिव

से अधिक मत प्राप्त हुए। तो इनकी क्रमसूचक स्थिति इस प्रकार होगी –

इन्हें राम>कृष्ण, तथा कृष्ण>शिव, और राम>शिव इस तरह प्रस्तुत कर सकते हैं। ये तीनों चर संक्रमणशील है अतः अंकगणितीय विधियों से इनका परिमाणात्मक विश्लेषण उपयुक्त नहीं माना जाता।

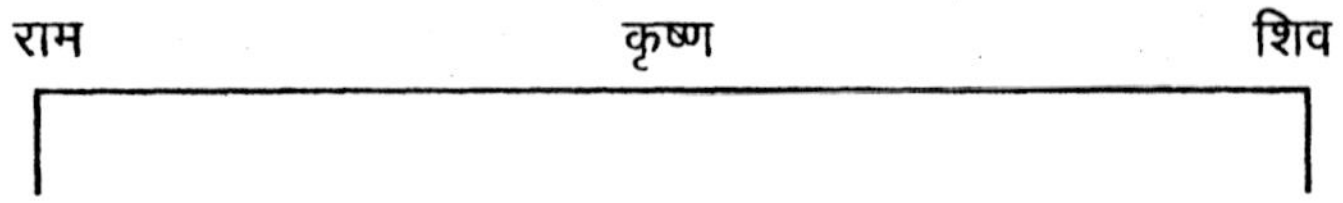

(3) अनुपात संकल्पनाएं/चर : ये चर सांख्यिकीय और गणितीय क्रियाकौशल को अधिकतम अवसर प्रदान करती है। परिमाणन किए जाने के गुणों से ये चर युक्त होते हैं और इनके मापन के लिए मानकीकृत इकाई उपलब्ध होती है। इनके द्वारा सुसम्बन्ध रीति से अनुक्रम स्थापित किया जा सकता है।

उपरोक्त तीनों प्रकार के चर अर्थपूर्ण आनुभाविक संकल्पनाएं विकसित करने के लिए उपयोगी मानी गई है।

चरों के गुण (Attributes)

भिन्न–भिन्न संदर्भों में "चर" भिन्न–भिन्न अर्थ प्राप्त करते हैं :

(1) इनका उपयोग शब्द, संज्ञा एवं चर इन तीनों रूपों में किया जा सकता है, उदहारण–पैसा।

(2) समय–समय पर उनका मापन के लिय उपयोग किया जाए तो उनका मूल्य अलग–अलग होगा, उदाहरण–लोकतंत्र।

(3) आवश्यकता हो तो उनका उपयोग इकाई के रूप में किया जा सकता है।

चरों के दोष (Drawbacks)

(1) चरों का मूल्य कभी भी समान नहीं होता। सभी ओर उसका मूल्य एक दूसरे अलग होता है।

(2) चरों का उपयोग गुणात्मक मापन में "इकाई" के बतौर किया हो तो परिणाम की विश्वनीयता नहीं दी जा सकती।

उपसंहार

चरों का उपयोग करके ही भिन्न–भिन्न संख्यात्मक एवं गुणात्मक मापन पद्धतियों का निर्माण कर प्रयोग किया जा रहा है। "इकाई" संशोधन का आधार है। जब तक चरों से उनकी तुलना नहीं की जाती तब तक उनका निकाला गया मूल्य विश्वसनीय मान मापन के लिए उपयोग में नहीं लाया जा सकता, इसीलिए चरों का संशोधन में महत्त्वपूर्ण स्थान दिया गया है।

7

संकल्पना

(Concepts)

संकल्पना या अवधारणा के पर्यायवाची के रूप में धारणा अथवा संप्रत्यय इन संज्ञाओं का भी उपयोग किया जाता है।

अद्‌भुत अथवा गोचन पदार्थ, अनुभव, घटना, प्रसंग, प्रेरणा अथवा वस्तु का पुनः अवतरण (Re-incarnation) करना अर्थात् प्रारम्भिक अवस्था में संकल्पना की निर्मिती करना है, ऐसा करते समय प्राप्त अनुभूति को शब्दों में रखना पड़ता है। संकल्पना की निर्मिती माने अमूर्त को शब्दों में बाँधने के प्रयत्न हैं, ये प्रयत्न पूर्णतः यशस्वी नहीं होने से संकल्पना अवचेतन सूचक बनती है। संकल्पना अवचेतन सूचक होने से वे मूलतः आववाचक, आदर्श और अव्यवहारिक रहती हैं, उनको ठोस स्वरूप में साकार नहीं कर सकते। जब–जब संशोधन में अमूर्तता अथवा भाववाचकता का उपयोग करना पड़ता है तब–तब संकल्पना का उपयोग करना पड़ता है, इसके अलावा संशोधक को दूसरा पर्याय नहीं है।

ज्ञान के प्रत्येक क्षेत्र में अनेकानेक प्रमाणित संकल्पनाएँ आत्मसात हो गयी हैं। ज्ञान के जिस क्षेत्र में संशोधन करना है उस क्षेत्र की संकल्पनाओं की संपूर्ण और गहन जानकारी संशोधक को होना आवश्यक है। यह जानकारी न होने से संशोधक "भटकेगा" और अन्त में गलत निष्कर्ष निकलेंगे और संशोधन अर्थहीन हो जायेगा।

संकलपना की निर्मिती में करणीभूत हुई अनुभूति को सविस्तार विशद करके उस पर चिन्ता प्रक्रिया को क्रियान्वित करना संशोधक का कर्तव्य है। यह चिन्तन प्रक्रिया संकल्पना में निहित तत्त्व और तथ्यों को सहज बनाने में करणीभूत रहती हैं। ज्ञान के प्रत्येक क्षेत्र का विकास और विस्तार करने में संकल्पनाएँ ही करणीभूत रही हैं। उपकल्पना का रपीत्रण करने का सामर्थ्य संकल्पना में है, संकल्पना ही सिद्धांत का निर्माण करती है इसलिये प्रस्थापित हुई संकल्पनाओं को जानना संशोधक के लिए आवश्यक है।

गुड़े और हॅट (Goode and Hatte) : "संकल्पनाएँ अमूर्त रहती है और वे यर्थाथ के केवल विशेष दृष्टिकोण का ही प्रतिनिधित्व करती हैं।"

मिशेल : "संकल्पना एक विवरणात्मक गुण अथवा सम्बन्धों की ओर संकेत करने वाला एक पद अथवा संज्ञा है।"

शेग और **मिशेल** : "संकल्पना ऐसे शब्द अथवा संकेत हैं जो सिद्धांत को शब्दावली प्रदान करते है और उसकी विषय–वस्तु का ज्ञान करवाते हैं।"

उपरोक्त परिभाषाओं से स्पष्ट होता है कि संकल्पनाएँ

(अ) अमूर्त नहीं रहतीं,

(ब) केवल विशेष तत्त्व का प्रतिनिधित्व करती हैं,

(स) गुणों में से सम्बन्ध स्पष्ट करती हैं,

(द) विषय वस्तु का ज्ञान करती हैं, और

(इ) सिद्धांत को शब्दावली प्रदान करती है।

इसी का अर्थ होता है कि जो अमूर्त और अस्पष्ट है उसे भाषा में संज्ञा से स्पष्ट करने के प्रयत्न ही संकल्पना है।

संशोधन में संकल्पना को अध्ययेन के समय आवश्यकतानुसार अलग–अलग स्तर पर उपयोग में लाना पड़ता है। विज्ञान की प्रत्येक शाखा में संकल्पना का विशदीकरण निम्न दो स्तरों में अत्यावश्यक है :

(1) भाव–वाचक

(2) क्रियात्मक

(1) भाव-वाचक : इसमें संकल्पना का अर्थ स्पष्ट करने के लिए "भाव–सूचक" शब्दावली का उपयोग किया जाता है। "भाव–वाचक" विशदीकरण में और परिभाषा में संकल्पना का केन्द्र हमेशा उस संकल्पना का "भाव" रहता है।

(2) क्रियात्मक : जब संकल्पना एक निश्चित और स्पष्ट समझ देने वाली संरुथना में सबल प्रमाण के साथ और व्यवहारिक रूप में अवतरित होती है तब उसे क्रियात्मक संकल्पना कहते हैं। ऐसी संकल्पनाओं की परिभाषा में प्राधान्यता "क्रिया" को दी जात्ती है।

भाववाचक–संप्रभुता, वाणिज्य, शक्ति, सामाजिक वर्ग आदि।

क्रियात्मक–सरकार, मुद्रा, खरीदी–बिक्री, क्रय–विक्रय आदि।

उपरोक्त उदाहरणों से भाववाचक और क्रियात्मक संकल्पना में अन्तर स्पष्ट होता है।

सामाजिक विज्ञान और स्वाभाविक विद्वान की संकल्पना में अन्तर है। सामाजिक विज्ञान की संकल्पना लोचदार रहती है और उनका उपयोग अलग–अलग उद्देश्यों की पूर्ति के लिये किया जाता है। काल, प्रगति, संशोधन इन कारणों से

सामाजिक संकल्पना का अर्थ बदलता है। स्वाभाविक विज्ञान की संकल्पना का उपयोग स्पष्ट और निश्चित अर्थ में किया जाता है, उन पर काल, प्रगति, संशोधन आदि कारकों के प्रभाव से उसका अर्थ नहीं बदलता। स्वाभाविक विज्ञान की संकल्पनाएँ 'स्थिर' रहती है।

जब संकल्पना का उपयोग उसकी विशेषताओं के आधार पर वर्गीकरण के लिये किया जाता है तब उनको "चर" अथवा "परिवर्तनीय" (Variables) कहते हैं। "चर" यह संकल्पना का मापन परिणाम है।

संकल्पना के चयन करने पर संशोधन की सफलता और असफलता निर्भर है। संकल्पना के चयन में गलती होने से संपूर्ण संशोधन निरूपयोगी बन जाता है और इसीलिये संकल्पना का योग्य चयन संशोधन में महत्त्वपूर्ण बात है। मिसेल ने संकल्पना के चयन में निम्न तीन कसौटियां दी है :

(1) सूक्ष्मता और शुद्धता (Precision and purity)

(2) अनुभवांकित आधार (Empirical anchorage)

(3) क्षमता (Capacity)

(1) सूक्ष्मता और शुद्धता : संकल्पना संशोधन के स्वरूपानुसार रहनी चाहिये। संकल्पना जो स्पष्ट और परिक्षित है, संभाव्य परिमाण देने का सामर्थ रखती है, और उसका उपयोग अध्ययन के लिये करने से सत्य और यथार्थ निष्कर्ष तक संशोधक को पहुंचाने की क्षमता भी रखती है, ऐसे गुणों से युक्त संकल्पना का चयन संशोधन के लिये करना चाहिये।

(2) अनुभवाश्रित आधार : जिन संकल्पना का उपयोग पहले के संशोधकों द्वारा किया गया है और उनकी परिमाणकारकता ज्ञात है अथवा उनका उपयोग संशोधक ने स्वयं किया है ऐसी संकल्पनाओं का चयन करना चाहिए।

(3) क्षमता : संकल्पना का चयन करते समय निम्न दो क्षमताएं है अथवा नहीं इसकी जांच करनी चाहिए।

(अ) संकल्पना में "समस्या को" जटिलता से मुक्त कर सरल करने की क्षमता है अथवा नहीं।

(ब) संकल्पना में सिद्धांत निर्मितों की क्षमता है अथवा नहीं।

जिन संकल्पनाओं में उपरोक्त तीन सारभूत तत्त्व नहीं हैं उनका उपयोग संशोधन में नहीं करना चाहिये। शब्द अथवा संज्ञा के आधार पर संकल्पना का चयन करना अनेक बार धोखादायक सिद्ध होता है। अमेरिकनों के अनुभव से अस्तित्व में आई संकल्पना का उपयोग भारतीय परिवेश में किया गया तो विपरीत अर्थ प्राप्त होने की संभावना अधिक रहती है। उदाहरण–अमेरिकन नागरिकों के सुख प्राप्त करने के अधिकार भारत में विलासिता माने जाते हैं। अमेरिका में आयकर नागरिकों द्वारा किये गए व्यय पर लगाते है इसीलिये अमेरिकन "आय–कर

की" संकल्पना भारतीयों को समझने में कठिन हो जाती है। ऐसी अवधारणाओं को या तो छोड़ देना चाहिये अथवा उनका परिभाषा सहित स्पष्टीकरण देना चाहिए।

संकल्पना की विशेषताएँ

(1) संकल्पना ये वास्तविकता और प्राप्त तथ्यों पर आधारित रहने से यथार्थ की जानकारी देती है।

(2) संकल्पना यह अमूर्त अथवा सामान्यीकरण इन स्वरूपों में रहती हैं।

(3) स्वयं घटना नहीं है, लेकिन घटना क्रम का प्रगटीकरण करती है।

(4) अलग–अलग विषयों में भिन्न–भिन्न उपयोग किये जाने से और विषय के स्वरूप और व्याप्ति के अनुसार इनका अर्थ बदलता है। क्लिष्ट वैज्ञानिक संकल्पनाएँ सर्व सामान्य व्यक्ति के समझ के बाहर हैं।

(5) समय, नये तथ्य, संशोधन, आधुनिक यंत्र साधन आदि कारकों के कारण संकल्पना के अर्थ में परिवर्तन आया और आता रहेगा।

(6) तथ्यों का वर्गीकरण करते समय संकल्पना का उपयोग "चरों के" स्वरूप में किया जाता है।

(7) संकल्पना यह विशदीकरण, विश्लेषण और अर्थ निरूपण में सहायक रहती हैं।

(8) संकल्पना का मापन कर सकते हैं, कम अमूर्त संकल्पना का मापन अधिक अमूर्त संकल्पना की अपेक्षा सरल रहता है।

(9) संकल्पना में वास्तविकता, आदर्श, कल्पना आदि का समावेश रहता है।

(10) संकल्पना स्वयं ही स्वयं की अस्पष्टता तथा संदेह को दूर करती है।

(11) संकल्पना के आधार पर मानव परस्परों से संबंध प्रस्थापित करके विचारों का आदान–प्रदान करता है।

संकल्पना की कमियां

संकल्पना कितने भी श्रेष्ठ स्तर की रही तो भी उसमें कुछ कमियों रहती है। प्रमुख कमियां इस तरह है :

(1) अस्पष्टता : अस्पष्टता यह संकल्पना का प्रमुख अवगुण है। अस्पष्टतः संकल्पनाएँ धोखादायक रहती है इसलिये इनका उपयोग नहीं करना चाहिये। अस्पष्ट संकल्पनाओं का उपयोग करना हो तो उसकी स्पष्टता दूर करनी चाहिये अथवा कम करनी चाहिए।

(2) कालबाह्यता : पहले प्रतिष्ठित लेकिन आज कालबाह्य हुई संकल्पनाओं को टालना चाहिए। विशिष्ट वातावरण में उपयोग में आने वाली संकल्पनाएँ वातावरण बदलने पर अनुपयोगी हो जाती हैं।

(3) विज्ञान की अलग–अलग शाखाओं में संकल्पना का उपयोग एक ही अर्थ में नहीं कर सकते क्योंकि शाखानुरूप संकल्पना का स्वरूप और स्वरूपानुसार अर्थ बदल जाता है।

(4) संकल्पना के अर्थ के संदर्भ में वैज्ञानिकों में एकमत नहीं है। मानवता ने अपने विकास को संकल्पना के माध्यम से "ज्ञान" के स्वरूप में रखा है। मानव के परस्परों से सम्पर्क और "आदान–प्रदान" को संकल्पना ने संभव किया है, कर रही है, और करती रहेगी। संकल्पना में कमियां, दोष और अस्पष्टता को आधुनिक यंत्र–साधन, पद्धति, नयी मापन पद्धति, संशोधन–प्रविधि, सर्वेक्षण, चर्चा–सत्र आदि का उपयोग करके दूर करना चाहिए। एक ही घटना को अलग–अलग समान अर्थों में "संज्ञा" के द्वारा अभिव्यक्त कर सकते है लेकिन ऐसा करते समय एक संज्ञा दूसरी संज्ञा पर "परस्पर–व्याप्त" (Overlap) नहीं होना चाहिये। उपयोग के अनुसार संकल्पना के अर्थ बदलते हैं। "स्तर" के लिये पर्यायी के रूप में "पद" "भूमिका" "स्थिति" इन संकल्पनाओं का उपयोग कर सकते हैं। "भाव–वाचक" संकल्पना की अपेक्षित "क्रियात्मक" संकल्पना आज संशोधकों द्वारा अधिक प्रमाण में उपयोग में लायी जाती है क्योंकि "क्रियात्मक संकल्पना" यह उपकल्पना परीक्षण और सिद्धांत निर्मिती के लिये अधिक उपयुक्त सिद्ध हुई है।

8

संशोधन के प्रकार

(Types of Research)

संशोधन का उद्देश्य निश्चित करने के बाद, उद्देश्य के अनुरूप संशोधन का प्रकार अध्ययन के लिए आत्मसात करना होगा। स्वीकृत संशोधन प्रकार ही संशोधन प्रारूप का निर्धारण करती है इसीलिए "विषय–वस्तु" या "समस्या" अध्ययन के लिए प्रकार का चुनाव अत्यन्त सावधानी से करना चाहिए।

संशोधन के अनेक प्रकार उपलब्ध हैं :

(1) कार्यान्तर तथ्य संशोधन (Ex-past facto Research)
(2) प्रयोगशाला परीक्षाणात्मक संशोधन (Laboratory Research)
(3) क्षेत्र परीक्षण संशोधन (Field Experiments Research)
(4) क्षेत्रीय अध्ययन (Field Studies)
(5) सर्वेक्षण संशोधन (Survey Research)
(6) ग्रंथालय संशोधन (Library Research)
(7) वैयक्तिक अध्ययन (Case Studies)
(8) व्यक्ति–सूची अध्ययन (Panel Studies)

(1) कार्यान्तर तथ्य संशोधन : इसका प्रयोग ऐतिहासिक घटनाओं के अध्ययन के लिए किया जाता है। ऐतिहासिक घटनाओं की पुनरावृत्ति या उनका दोहराना असंभव है। इस संशोधन प्रकार में संशोधक दो या दो से अधिक समूहों का चयन करता हैं। चयनित समूहों में से एक समूह में घटना हो चुकी है और दूसरे में नहीं। उदाहरण भारत और पाकिस्तान "भारतीय स्वतन्त्रता कानून 1947" के अनुसार एक ही वक्त संप्रभू एवं स्वतंत्र राज्य बने। भारत में लोकतंत्र चला आ रहा है, किन्तु पाकिस्तान में कभी लोकतंत्र तो कभी "सैनिकी शासन" होता है। इन दोनों देशों में अनुरूपता है, अतः इन दोनों देशों में तुलनात्मक अध्ययन द्वारा यह खोज की जा सकती है कि वे कौन से कारण थे और जो भारत में लोकतंत्र को सफल करते है और पाकिस्तान में असफल। वे कौन से कारण हैं जो

पाकिस्तान में सैनिक–शासन के कारक बने, क्या वे कारक भारत में नहीं है या यहां वे क्यों असफल हुए?

कार्यान्तर तथ्य संशोधन के अन्तर्गत हम वर्तमान के परिणाम को भूतकाल द्वारा उत्पन्न स्थिति को स्वीकार करते हैं। समान समूहों को खोजना मुश्किल है। तथा कृत्रिम स्थिति को उत्पन्न करना तो और भी कठिन कार्य है। इस संशोधन में अध्ययन भूतकाल से वर्तमान तक पहुंचता किन्तु भविष्य में नहीं जाता। ऐसे चरों की खोज एवं उनका नियंत्रण संशोधक करता है जिनके बारे में उसे पूर्ण जानकारी होती है।

समान विशेष गुणों से युक्त दो समूहों का अध्ययन उस विशेष गुण का प्रभाव उन पर कितना हुआ इसे जानने के लिए किया जाता है। इन दो समूहों में से एक भूतकालीन हो तो, उस समूह के सदस्यों का व्यवहार परस्पर में कैसा था इसकी जानकारी उस वक्त के लिखित सामग्री से प्राप्त की जाती है। वर्तमान समूह को नियंत्रण में कर पहले समूह की परिस्थिति एवं विशिष्ट गुणों से युक्त चर निर्माण कर उनका परस्पर पर पड़े प्रभाव का अध्ययन किया जाता है। इस परीक्षणात्मक–अध्ययन में उपलब्ध तथ्यों का "लिखित सामग्री" के तथ्यों से तुलना की जाती है। तुलनात्मक अध्ययन की सीमा "लिखित सामग्री" में जो उपलब्ध है उसी पर निर्भर होती है। घटना बहुत वर्ष पहले घटी हो तो उस वक्त की पीढ़ी कब्र में पहुंच चुकी होगी, अतः संशोधक अनुभूति युक्त तथ्य–सामग्री से वंचित हो जाता है। इस संशोधन में जिन "चरों" का परीक्षण किया गया है वे तथा उनके प्रभाव का माप अगर संख्या में अभिव्यक्त कर सकें तो उन्हें "परस्पर–संबंध" विश्लेषण पद्धति से पूर्णत स्पष्टीकरण के साथ वे घटनाएं किस तरह किस क्रम में घटीं यह सिद्ध कर सकते हैं। उक्त घटना के फलस्वरूप ही बाद की स्थिति का निर्माण हुआ इसे भी सिद्ध किया जा सकता है।

(2) प्रयोगशाला परीक्षणात्मक संशोधन : आधुनिक समय में विज्ञान का "क्षेत्र" दिनोंदिन विस्तृत और अधिक विस्तृत होता जा रहा हैं। उन सामाजिक विषयों को भी विज्ञान माना गया है जो मनुष्य के सामाजिक जीवन के विविध पहलुओं का अध्ययन करते हैं।

मूलतः विज्ञान यह संज्ञा भौतिक विज्ञान से "एकजीव" हुई हैं। विज्ञान और प्रयोगशाला परस्पर के पूरक माने जाते हैं। भौतिक विज्ञान एवं सामाजिक विज्ञान में मुख्य भेद "विषय–वस्तु" का स्वरूप होता है–भौतिक विज्ञान में अध्ययन के लिए ली हुई विषय–वस्तु पर पूर्ण नियंत्रण, रखा जाता है, जबकि सामाजिक विज्ञान में यह अब तक संभव नहीं हुआ या जो भी प्रयास किये गये उनमें पूर्ण सफलता कभी नहीं मिली। इस सन्दर्भ में मिली अंशात्मक सफलता ने राजनीति विज्ञान के संशोधकों को प्रोत्साहित किया और प्रेरणा भी दी। इसी प्रेरणावश कुछ

संशोधकों ने इस संशोधन पद्धति का उपयोग किया और कर रहे हैं।

प्रथम सामाजिक विज्ञान प्रयोगशाला की स्थापना 1925 ई. में वाशिंगटन विश्वविद्यालय ने की। नियंत्रित वातावरण में "विषय–वस्तु" को रख उसका अध्ययन करना, अध्ययन के वक्त प्रमुख तथ्यों को अन्य तथ्यों से अलग कर उनका संकलन, प्रमाणीकरण एवं विश्लेषण करना। विश्लेषण से निकाले निष्कर्ष सामाजिक जीवन में बदलाव लाने वाले मूलभूत तत्त्वों को स्पष्ट करेंगे। इन तत्वों द्वारा ही सामूहिक जीवन की भिन्न–भिन्न प्रवृत्तियों को समझा जा सकता है और यही उद्देश्य इस संस्था की स्थापना का था।

प्रयोगशाला संशोधन में "व्यक्ति का व्यवहार" अगर उत्तरी ध्रुव मानें तो "सामाजिक मूल्य" को दक्षिण ध्रुव मानना पड़ेगा। इन दो ध्रुवों के बीच विविध विषयों का अध्ययन किया जाता है। उदाहरणार्थ–बोध एवं विचार, प्रेरण और भावना, शिक्षा व स्मृति, भाषा और मूल्यों का विश्लेषण, व्यक्तित्व मापन, छोटे समूह में व्यक्ति का व्यवहार और उसका मापन आदि–आदि। इसी तरह इस संशोधन में साम्राजिक–व्यवस्था का भी अध्ययन किया जाता है।

वाशिंगटन विश्वविद्यालय समाजशास्त्रीय प्रयोगशाला के मार्गदर्शन एवं नियंत्रण में अनेक संशोधन केन्द्र खोले गये हैं। ये सारे विश्व में फैले हैं। ये सभी मिलकर निम्नलिखित कार्य कर रहे हैं :

(1) परस्पर में तथ्यों, अनुभव एवं विचारों का आदान–प्रदान।

(2) उपयोग में लाई गई पद्धतियों की तुलना, तुलनात्मक अध्ययन से परस्पर के अभावों की समझ और अभावों को दूर करने के लिए उपाय–योजना या पद्धति में नये–नये प्रयोग कर उसकी "वैज्ञानिक–प्रक्रिया" को बढ़ाकर उसे अधिक योग्य एवं परिणाम देने वाली बनाना।

(3) विश्व में वैज्ञानिक–चेतना विकसित करना।

(4) अलग–अलग देशों के संशोधकों में बन्धुभाव वृद्धिगत करना आदि।

तथ्यों का संकलन

विश्व में बिखरी हुई प्रयोगशालाएँ, परीक्षण केन्द्रों में कार्यरत संशोधक, पदाधिकारी, कर्मचारी, विद्यार्थी एवं उनसे सम्बन्धित अन्य संस्थाओं के द्वारा तथ्यों का संकलन किया जाता है।

संशोधन केन्द्र के प्रयोगशाला में संकलित किये तथ्यों का प्रमाणीकरण, वर्गीकरण, विश्लेषण कर अर्थ–निरूपण (Interpretation) किया जाता है। यह अर्थ–निरूपण "मांग" (Demand) करने वालों को दी जाती है। विशेषकर यह मांग संशोधकों की एवं संशोधन केन्द्रों की होती है। प्रयोगशाला में सामजिक वं राजकीय तथ्यों पर "प्रक्रिया" कर उससे प्राप्त हुई विश्वसनीय जानकारी को "व्यवस्थित

ज्ञान" में प्रस्तुत किया जाता है।

प्रयोगशालाएँ या परीक्षण केन्द्र संशोधक को अपन अगभूत कुशलता को वृहत स्तर पर अचूकता से उपयोग में लाने का अवसर प्रदान करती है। भारतीय संशोधकों के लिए यह स्वर्णिम अवसर राष्ट्र निर्माण के लिए लाभदायी हुआ है। आज के भारतीय संशोधन की तुलना एक दशक–पूर्व संशोधन से की जाय तो भारत की "प्रगति" अपने आप स्पष्ट हो जाती है। युनेस्को रिपोर्ट 1982 के अनुसार एशियाई देशों में कितने वैज्ञानिक हैं इसे 10 लाख लोगों के अनुपात में दी है। वैज्ञानिक एवं तंत्रज्ञों की इस संख्या को निम्नाकिंत तालिका में दिया गया है :

तालिका

हर 10 लाख व्यक्तियों में वैज्ञानिक एवं तंत्रज्ञों का औसत

देश	वैज्ञानिक एवं तंत्रज्ञ	प्रतिवर्ष प्रति व्यक्ति खर्च
भारत	47	1 डॉलर
इंडोनेशिया	57	———
पाकिस्तान	63	———
फिलिपिन्स	97	———
ईरान	159	———
श्रीलंका	161	———
कोरिया	413	10 डॉलर

एशिया में संशोधन–कार्य से संबंधित कुल लोगों में से लोग ¾ जापानी हैं। एशिया में संशोधन पर खर्च किये जाने वाली राशि में से करीब–करीब 90 प्रतिशत राशि जापान की होती है। संशोधन पर जापान प्रति वर्ष प्रति–व्यक्ति 182 डॉलर खर्च करता है। भारत ने संशोधन को और उच्च शिक्षा को जो प्राधान्यता दी उसके परिणामस्वरूप भिन्न–भिन्न क्षेत्रों में वैज्ञानिक पद्धति का उपयोग कर विकास साधा गया, इसके लिए अनेक देशों से तंत्र ज्ञान और वैज्ञानिक सूत्रों की प्राप्ति के लिए "करार" भी किये गये, आज इसी के फलस्वरूप विकासशील राष्ट्रों में भारत अग्रणी है और विकासशील राष्ट्रों के गुट का नेतृत्व कर रहा है।

प्रयोगशाला परीक्षणात्मक संशोधन के उद्देश्य

(1) समूह जीवन के "तल" में जो "शक्ति प्रवाह" है उसका व्यवस्थित ज्ञान प्राप्त करना और उसी के आधार पर सिद्धांत का निर्माण करना।

(2) समूह के अन्तर्गत व्यक्ति–व्यक्ति के गीच परस्पर सम्बन्धों को प्रभावित

करने वाले, व्यक्तित्व के विकास में सहयोग करने वाले और व्यक्ति ने समूह से की हुई परिस्थितिनुरूप सांठ–गांठ के लिये जो भी प्रक्रिया हो उसका गहन एवं सूक्ष्म अध्ययन करना।

(3) सामाजिक विज्ञान में उपलब्ध जानकारी एवं सामाजिक क्रियाओं में जो भेद है उसे समाप्त करना या कम करना।

(4) संकलित किये हुए समूह–गत्यात्मकता का ज्ञान, संशोधन–कुशलता, नेतृत्व का प्रशिक्षण की प्रविधि, परामर्श सेवा व सामाजिक क्रियाओं से सम्बन्धित ज्ञान को अभ्यास–क्रम में प्रस्तुत करना।

निष्कर्ष - प्रयोगशालाओं ने व्यक्तिगत स्तर पर संशोधक को संशोधन के स्रोत, प्रविधियां, प्रक्रिया, संस्थागत साधन, संरचनात्मक प्रेरणाएँ आदि उपलब्ध कर देने से संशोधक के व्यक्तिगत प्रयासों को इच्छित उद्देश्यों तक पहुंचने में अधिक गति, सुरक्षितता एवं सामर्थ्य प्राप्त हुआ है।

प्रयोगशाला–परीक्षण का ध्येय संशोधक के प्रयासों में सहायक होकर उसे नये ज्ञान की प्राप्त में सुलभता पहुंचाना है।

9

क्षेत्र परीक्षण संशोधन

(Field Experiments Research)

संशोधन में Field शब्द को निम्नलिखित अर्थ प्राप्त हुए है :

(1) Territorial area - प्रादेशिक क्षेत्र।

(2) Characterized by Common interests - सामान्य हेतु से युक्त–समूह।

(3) Common patterns of social and economic relations - सामाजिक एवं आर्थिक सम्बन्धों का समान प्रारूप रखने वाले।

(4) Derives a common bond of socidarity from the conditions of its above - रहिवास परिस्थिति से निर्माण एकता का बोध।

(5) Has a contellation of social institutions - सामाजिक संस्थाओं का समूह रखने वाला।

(6) It subjects to some degree of change - कुछ प्रमाण में परिवर्तनीय।

उपरोक्त अर्थों में से एक अर्थ या कुछ अर्थों में क्षेत्र को लेकर संशोधक जब नवीन ज्ञान की प्राप्ति के लिए अध्ययन करता है तब उसे क्षेत्र परीक्षण संशोधन कहते हैं। इस संशोधन में क्षेत्र को दिवाल–रहित प्रयोगशाला जैसे उपयोग में लाया जाता है।

सन् 1937 ई. में येल विश्वविद्यालय के सांस्कृतिक नृवंशशास्त्र के प्राध्यापक जॉर्ज पी. मरडॉक के नेतृत्व में क्षेत्र परीक्षण संशोधन की शुरुआत की गई। क्षेत्र परीक्षण संशोधन में राजकीय सांस्कृतिक सर्वेक्षण और मानवी सम्बन्धों के सर्वेक्षण से प्राप्त तथ्य एवं जानकारी को व्यवस्थित श्रेणी–बद्ध रूप में संकलित किया गया एवं किया जाता है। समय–समय पर संकलित किए गए तथ्यों एवं जानकारियों को वर्गीकृत कर सम्बन्धित विषयों के सूची–पत्र के अनुसार निर्माण की गई फाईल्स में रखा जाता है। अलग–अलग भू–भाग पर रह चुकी आदिम संस्कृति से आज की आधुनिक संस्कृति तक के लोगों के सम्बन्धों की जानकारी

एवं तथ्यों से परिपूर्ण फाईल्स संशोधकों के उपयोग के लिए संस्था में उपलब्ध हैं।

येल विश्वविद्यालय द्वारा सन् 1950 ई. में सभी मानवी क्रियाओं का 707 विभागों में विभाजन किया जाता है। इनमें से आवश्यक जानकारी सम्बन्धित फाईल से सहज उपलब्ध की जा सकती है।

उद्देश्य

क्षेत्र–परीक्षण संशोधन का प्रमुख उद्देश्य सभी ज्ञात मानव संस्कृतियों की जानकारी, तथ्य एवं आंकड़ों का संग्रह कर उसे संशोधक सहज एवं सुलभता से प्राप्त कर सके ऐसी व्यवस्था करना है। संस्कृतियों में आये परिवर्तन, परिवर्तन के लिए कारक बने कारण और दो या दो से अधिक संस्कृतियों की तुलनात्मक अध्ययन करने के लिये इसी उपलब्ध सामग्री का उपयोग संशोधक करता है। किसी भी विषय से सम्बन्धित फाईल हो, उसे कभी भी बन्द नहीं किया जाता, उसमें नये तथ्य एवं जानकारी को संलग्नित किया जाता है। इस तरह हर एक फाईल को "अद्यावत" रखा जाता है। इस संशोधन संस्था के 16 सदस्य विश्वविद्यालयों को इन फाईल्स की अनुक्रमाणिका प्रत्येक वर्ष भेजी जाती है। इन फाईल्स में 200 से अधिक समाजों का अध्ययन उपलब्ध है। इन फाईल्स को "मूलभूत संशोधन के साधन" यह मान्यता प्राप्त हैं प्रत्येक संस्कृति, उप–संस्कृति और ऐतिहासिक कालखंड के लिए स्वतंत्र फाईल रखी गई है।

गुण

(1) क्षेत्र–परीक्षण संस्था संशोधक को उसके अध्ययन–विषय से संबंधित प्रमाणित तथ्य एवं जानकारी कम समय में उपलब्ध कराती है।

(2) यह संस्था संशोधक को उसके संशोधन के लिए आवश्यक प्रतिवेदन, दस्तावेज एवं सांख्यिकीय आंकड़े त्वरित उपलब्ध कराती है।

(3) यह संस्था संशोधक को अभी तक अनुपलब्ध तथ्य, आंकड़े एवं जानकारी कहां और कैसे उपलब्ध होगी इस बाबत मार्गदर्शन करती है।

(4) यह संस्था संशोधक के "सामान्यीकरण" की प्रक्रिया से सहभाग लेकर नवीन ज्ञान के प्राप्ति में सहायक सिद्ध हुई है और हो रही है।

दोष

क्षेत्र–परीक्षण संशोधन के अन्तर्गत इस संस्था ने संकलित किये हुए तथ्य एवं जानकारी परस्पर से पूर्णतः भिन्न स्वरूप रखने वाले सभाओं की है।

एक ही समाज में भिन्न आर्थिक स्थिति, अलग–अलग उद्देश्य प्राप्ति के लिए प्रयास करने वाले व्यक्ति, पूर्णतः एक–दूसरे से भिन्न नमूने लेकर किये गये अध्ययन से प्राप्त परस्पर विरोधी प्रमाणित जानकारी, तथ्य एवं आंकड़े संबंधित फाईल से संशोधक को उपलब्ध होते है और उसे विवंचना में डालते हैं, वह "योग्य" के चुनाव करने में असमर्थ सा हो जाता है या उसे चुनाव करने में लंबा समय लग

जाता है।

उपरोक्त दोष होने के बावजूद येल विश्वविद्यालय ने क्षेत्र–परीक्षण संशोधन में असाधारण कार्य किया है। संस्कृतियों के मध्य तुलना, संस्कृतियों के विकास सिद्धांत, प्रक्रियाएँ, कारक आदि के बाबत पहले उपलब्ध नहीं थी इतनी अधिक जानकारी मानव समाज को प्राप्त करा देने का श्रेय क्षेत्र–परीक्षण संशोधन को ही जाता है। इसके अलावा नवीन ज्ञान की खोज में रहने वालों को "त्वरित सेवा" एवं सहायता करने का उत्तरदायित्व अच्छी तरह से निबाहने वाली यह संस्था संशोधकों की श्रद्धा एवं आस्था का केन्द्री बनी है।

क्षेत्रीय अध्ययन

(Field Studies)

क्षेत्रीय अध्ययन यह शीर्षक निम्नलिखित दो प्रकार के संशोधन पद्धतियों को दिया है। इन दो के बीच जो भेद है उसे स्पष्ट करने के लिये Field का अर्थ स्पष्ट रूप में शीर्षक के साथ जोड़ दिया जाता है। इन्हें क्षेत्रीय अध्ययन के दो उप–प्रकार भी मान सकते हैं :

(1) क्षेत्रीय अध्ययन–सामाजिक बदल की प्रवृत्ति
Field Studies - Social Trends

(2) क्षेत्रीय अध्ययन–प्रादेशिक क्षेत्र
Field Studies - Territorial area Studies or Area Studies

(1) क्षेत्रीय अध्ययन–सामाजिक बदल की प्रवृत्ति : विलियम एफ. ओगबर्न ने यह स्पष्ट किया कि भौतिक संस्कृति का विकास उत्क्रांती से न होकर चेतना से संकलित किये हुए साधन (Tools) और तकनीकी ज्ञान (Know-how) में हो रही गतिमान वृद्धि है। अपने कथन को सिद्ध करने के लिए उसने रेडियो, ऑटोमोबांईल्स, वैद्यकी में हुए अन्वेषण, सैनिकी–विज्ञान के अन्वेषण आदि उदाहरण दिए हैं और इन अन्वेषणों के परिणामस्वरूप समाज में हुए बदल को अभिव्यक्ति भी दी है–आधुनिक जीवन के सभी पहुलओं में क्रांति ला देने वाले प्रभाव इन अन्वेषणों ने डाले हैं।

ओगबर्न की "सामाजिक प्रवृत्ति" और "सांस्कृतिक एवं संस्थात्मक पिछड़ेपन" की संकल्पना में नये संशोधकों को एक नई अन्तर्दृष्टि और अध्ययन का एक नया दृष्टिकोण सामाजिक घटनाओं के अध्ययन के लिय दिया। उसने विविध प्रकार के तत्वों जिनका मापन और नियंत्रण किया जा सकता है उन्हें अध्ययन करते समय अलग करना आवश्यक बतलाया है क्योंकि ये वही तत्त्व हैं जो समाज में परिवर्तन लाते हैं। उसने विशेषकर लोकसंख्या, उत्पादन एवं उपभोग (Consumption) रोजगार, श्रम एवं सामाजिक विधि, पारिवारिक जीवन, सामाजिक संस्थाएं, शासन एवं विदेश नीति को अपना अध्ययन क्षेत्र बनाया और इनमें आए बदल को कारणों के साथ सिद्ध किया। उसके अध्ययन में प्रथम विश्व–युद्ध का प्रभाव एवं परिणाम

स्पष्ट रूप में बदल के कारण सिद्ध हुए हैं। साथ ही साथ युद्धोत्तर परिस्थिति, आर्थिक मंदी और उस पर विजय आदि भी बदल के कारक ठहराये गये हैं। ओगबर्न के अध्ययन ने प्रमाणित तथ्य, जानकारी एवं आंकड़ों का योग्यता के आधार पर चयन कर विश्लेषित किया और विश्लेषण से प्राप्त हुए नये ज्ञान का उपयोग कर सामान्यीकरण किया और निष्कर्ष में मानव संस्कृति किस तरह बदल रही है और कौनसी दिशा की ओर अग्रसर हो रही है इसे भी सप्रमाण सिद्ध किया है। ओगबर्न का अध्ययन केवल परिवर्तन का स्वरूप, सामाजिक बदल तक सीमित न रहकर सिद्धांतों का परीक्षण और नये सिद्धांतों का निर्माण भी उसके विषय रहे है। उसने प्रस्तावित कुछ सामाजिक परिवर्तन सिद्धांतों की कमियां और दोषों को भी स्पष्ट किया है। जैसे मानव के मस्तिष्क का बढ़ता आकार और विकास की सामाजिक संस्थाओं के विकास का कारण है, इस सिद्धांत को गलत सिद्ध किया है। इसके लिए उसके किए अध्ययन में वह यह सिद्ध करता है कि "बैलगाड़ी" युग के मानव और "हवाई जहाज" युग के मानवों के मस्तिष्क में कुछ खास परिवर्तन नहीं हुआ है। उसने यह भी सिद्ध किया है कि वैज्ञानिक एवं तकनीकी विकास के साथ–साथ समाज न चलने की वजह से समाज में सांस्कृतिक पिछड़ापन आ जाता है।

सामाजिक अध्ययन करने वालों के लिए निम्नलिखित सूचनाएं दी हैं :

ऐसी सामाजिक शक्तियों को जान लो जो समाज में परिवर्तन के लिए सहायक होती हैं और उन्हें भी पहचान लो जो विरोध करते हैं। इसके पश्चात् निम्नलिखित प्रमुख तत्त्वों का अध्ययन करो :

(1) स्वाभावित वातावरण (परिस्थिति)
(2) जैविकी तत्त्व अथवा वंश
(3) वर्तमान संस्कृति

स्वाभाविक वातावरण अत्यन्त धीमी गति से बदलता है, मानव इस बदलाव को कुछ हद तक रोक सकता है। जैविकी तत्त्व में स्पष्ट किया जा सके ऐसा बदलाव नहीं आया। संस्कृति में बदलाव लाना अत्यन्त कठिन कार्य है, किन्तु विकास किया जा सकता है। अगर विकास की योजना से समुदायों और समूहों तक पहुंचाया जाए और सांस्कृतिक पिछड़ेपन को स्वीकार करने की हिम्मत हो तो संस्कृति में परिवर्तन लाया जा सकता हैं

इस क्षेत्रीय अध्ययन में पॉल हेर, इ. एफ. बोरगोट्टा, एवं रॉबर्ट वेल्स ने "क्षेत्रीय अध्ययन–छोटे समूहों का संशोधन" नामक नई पद्धति को संलग्नित किया है।

यह अत्याधुनिक संशोधन पद्धति है। छोटी–छोटी इकाइयों के अध्ययन के लिए उपयोग में लाई जाती है या किसी एक घटना अथवा "आमने–सामने" छोटे समूहों का अध्ययन करने के लिए इसका उपयोग किया जा रहा है। अध्ययन

विषय का आकार छोटा होने से समूहों में जो अन्तक्रियाएँ होती हैं उनका प्रत्यक्ष अवलोकन किया जा सकता है। एक व्यक्ति की दूसरे व्यक्ति के प्रति क्रिया, दूसरे व्यक्ति की प्रतिक्रियाओं का परीक्षण कर उसके प्रभाव को जाना जा सकता है। इतना सटिक अवलोकन एवं परीक्षण बड़े समूहों में असंभव होता है।

इसके अन्तर्गत कामगारों का समूह, विद्यार्थियों का समूह, खिलाड़ियों का समूह, शिक्षकों का समूह अध्ययन के लिए जाते है–अध्ययन से समूह–संरचना, नेतृत्व के गुण, प्रेरक शक्तियां, समस्याओं से साक्षात्कार, समूह गत्यात्मकता आदि के बारे में गहन एवं सूक्ष्म जानकारी प्राप्त की जा सकती है। उदाहरण–एक छोटे से संपूर्ण समूह की रचना अनेक सदस्यों से होती है। इसमें व्यक्तिगत व्यवस्थाएँ कार्यरत रहती है। उनमें परस्पर औपचारिक और अनौपचारिक संसूचन प्रक्रियाएं होते रहती हैं। (जैसे गले लगना, स्मित, घृणा से देखना इत्यादि) इस संसूचन में प्रत्येक व्यक्ति का सहभाग मापा जा सकता है, अतः छोटे समूह परिपूर्ण संशोधन के लिए सुविधाजनक साबित हुए हैं।

आज इस संशोधन पद्धति को अनेक देशों के संशोधकों ने स्वीकारा है और नये ज्ञान की प्राप्ति में सहयोग दिया है।

(2) क्षेत्रीय अध्ययन-प्रादेशिक क्षेत्र
(Field of Area Studies)

क्षेत्रीय अध्ययन में सभी कारकों को ध्यान में रखकर क्षेत्र की किसी व्यवस्था को समझ लिया जाता है। इसी प्रकार की प्रक्रिया अन्य क्षेत्र या क्षेत्रों में दुहराई जाती है। इसके बाद क्षेत्रों की परस्पर तुलना की जाती है। क्षेत्रीय अध्ययन में किसी एक क्षेत्र का ठीक चुनाव कर उसका अध्ययन किया जाता है। वैज्ञानिक पद्धति को क्षेत्रीय अध्ययन में लागू किया जा सकता है, परन्तु यह इस बात पर निर्भर होता है कि क्षेत्र की प्रकृति, स्थिति और गुण क्या हैं। क्षेत्र के स्वरूप भौगोलिक, राजकीय, प्रशासकीय, आर्थिक आदि हो सकते हैं।

क्षेत्रीय अध्ययन की विशेषताएँ

(1) संशोधक घटना–स्थल पर जाकर समस्या की बारीकी से जांच करता है।

(2) ग्रामीण क्षेत्रों का अध्ययन करने हेतु कम यंत्र व उपकरणों का उपयोग कर सफल होता है।

(3) शहरी क्षेत्रों में अधिक यंत्र व उपकरणों का उपयोग अध्ययन में करना आवश्यक हो जाता है।

(4) यह अध्ययन अधिक उपयोगी एवं व्यावहारिक सिद्ध हुआ है।

(5) ग्रामीण क्षेत्र के अनुसार संशोधक संशोधन कार्य स्तर को बनाता है।

(6) संशोधक एवं ग्रामीणों ने परस्पर को समझता संशोधन के लिए लाभदायी होता है।

(7) ग्रामीणों के सम्पर्क में आने से अनेक कौतुहलपूर्ण बातों की जानकारी संशोधक को प्राप्त होती है।

क्षेत्रीय अध्ययन का निर्धारण

(Delimitation of Area Studies)

क्षेत्रीय अध्ययन के विभिन्न पहलुओं को स्पष्ट रूप में परिसीमित कर लेना जरुरी होता है। अध्ययन क्षेत्र का उचित चुनाव और अधिक विस्तृत क्षेत्र की स्थिति में उसे सीमित कर लेना अनिवार्य है। अध्ययन क्षेत्र के निर्धारण के कुछ आधार इस प्रकार है :

(1) भौगोलिक स्तर पर–मैदान, पहाड़, घाटी, तटीय क्षेत्र इत्यादि।

(2) प्रशासकीय स्तर पर–देश, प्रान्त, जिला, नगर, तहसील इत्यादि।

(3) आर्थिक स्तर का–पूंजीपति, गरीब, उद्योगपति, श्रमिक, इत्यादि।

(4) सामाजिक स्तर पर–समाज, जाति, धर्म, परिवार इत्यादि।

क्षेत्रीय अध्ययन में विशेष ध्यान देने योग्य बातें :

(1) संशोधक के रुचि के अनुसार अध्ययन क्षेत्र का चयन।

(2) उसे अध्ययन–क्षेत्र का ज्ञान होना चाहिए।

(3) समस्या, आकार व साधन में समन्वय होना चाहिए।

(4) जनसंख्या, स्थान की दूरी तथा भौगोलिक जानकारी पर विशेष ध्यान देना चाहिए।

(5) ग्रामीण एवं शहरी क्षेत्रों में भिन्नता, भिन्नता का अध्ययन पर असर तथा वहां के निवासियों पर इनका असर भी जानना चाहिए।

(6) क्षेत्र में सजातीय एवं विजातीय का औसत एवं विभिन्न समुदाय किस प्रकार सामाजिक समन्वय स्थापित करते हैं?

(7) क्षेत्र में उद्योग कौनसे और कितने हैं? क्या वे स्थानीय समुदायों के लिए पर्याप्त हैं? अन्य उद्योग केन्द्र किस प्रकार समुदायों द्वारा चलाये जाते हैं?

(8) ग्रामीण क्षेत्र में कौनसे संचार साधन उपलब्ध हैं? समुदाय कौनसे आवागमन के साधन उपयोग में लाता है?

क्षेत्रीय अध्ययन की प्रमुख अनिवार्यताएं

(The Chief Essentialities of Area Studies)

क्षेत्रीय अध्ययन पद्धति के सफल प्रयोग के लिये कुछ प्रमुख अनिवार्यताएं हैं जिनके अभाव में अध्ययन अपूर्ण, अव्यवस्थित और अनिर्धारित रहता है :

(1) **क्षेत्र विशेष में निवास** - संशोधक अगर अध्ययन क्षेत्र का निवासी है तो

उसे प्रमाणिक सूचनाएं व जानकारी आसानी से प्राप्त होती हैं। ये लाभ अध्ययन क्षेत्र के बाहर रहने वाले संशोधक को नहीं मिलती। उसे स्थानीय परिचित लोगों के अनुभव और प्रामाणिक जानकारी से अवश्य ही वंचित होना पड़ता है।

(2) **क्षेत्रीय भाषा का ज्ञान** - संशोधन के लिए क्षेत्रीय भाषा का ज्ञान अनिवार्य है। क्षेत्रीय भाष अवगत होने पर संशोधक और निवासियों में सामीप्य की भावना जागृत होती है जो उसके संशोधन में सहायक सिद्ध होती है।

(3) **पक्षपातपूर्ण धारणाओं पर नियंत्रण** - संशोधक कभी भी भी पूर्व धारणाओं का शिकार न हो। निवासियों के बाबत अच्छे या बुरे की धारणा अनुभव के आधार पर निर्धारित करें। उसका अध्ययन पूर्णतः निष्पक्ष एवं स्वतंत्र हो तथा वह बाह्य प्रभावों से भी मुक्त हो।

क्षेत्रीय अध्ययन के सामग्री स्रोत

प्रतिवेदन, दस्तावेज, रेकार्ड, पूछताछ, अवलोकन, साक्षात्कार अनुसूची, प्रक्षेपी प्रविधियाँ आदि क्षेत्रीय अध्ययन के सामग्री स्रोत हैं।

ग्रामीण क्षेत्रों में शहरी क्षेत्रों की तुलना में सामग्री स्रोत सीमित होते हैं। शहरों में कृत्रिमता अधिक होती है। इसीलिए शहरी अध्ययन में प्रामाणिकता एवं सत्य की खोज के लिए संशोधक को अधिक सजग होना चाहिए और कृत्रिमता को हटा देना चाहिए। अतः यह निष्कर्ष निकाला जा सकता है कि स्रोतों से उचित जानकारी प्राप्त करने के लिए संशोधक को परिस्थितिनुसार उपलब्ध साधनों का उपयोग करने में महारत हासिल हो।

क्षेत्रीय अध्ययन के लाभ

(Advantages of Area Studies)

(1) इस अध्ययन पद्धति से व्यवस्था को अच्छी तरह से समझा जा सकता है, उदाहरण–शिक्षा, स्वास्थ्य, प्रशासन, कृषि आदि।

(2) क्षेत्र की समस्या विशेष का समाधान आसानी से ढूंढा जा सकता है।

(3) यह अध्ययन पद्धति "शिक्षा–विस्तार" का भी एक साधन होती है। लोगों तक नया ज्ञान पहुंचाने का कार्य करती है।

(4) यह अध्ययन पद्धति विशेषीकरण पर बल देती है। यह विशेषीकरण भविष्य के संशोधकों को मार्गदर्शन का कार्य करती है, उन्हें संशोधन के लिए "चिन्ह्" छोड़ती है।

(5) जहां वैयक्तिक अध्ययन व्यक्ति प्रधान है वहीं यह अध्ययन पद्धति "क्षेत्र" को प्रधान मानती है। इसके द्वारा प्राप्त सूचना निष्पक्ष तथा विश्वसनीय होती है और आंकड़ों के रूप में अधिक उपयोगी सिद्ध होती है।

क्षेत्रीय अध्ययन की सीमाएं
(Limitations of Area Studies)

(1) क्षेत्र के विभिन्न कारकों को अज्ञानता के कारण अध्ययन भ्रमपूर्ण सिद्ध हो सकते हैं।

(2) ग्रामीण क्षेत्र में संशोधकों के साथ वहां के निवासी एकता और समन्वय स्थापित नहीं करते। अतः संशोधक इच्छित जानकारी प्राप्त करने में असफल होता है।

(3) क्षेत्रों के स्वरूप एवं कारक भिन्न होने से अध्ययन किये गये क्षेत्र का संशोधन इसी तक सीमित रहता है। उदाहरण—एक हजार से अधिक जनसंख्या वाले महराष्ट्र के जिला अकोला में स्थित राम गांव निवासियों में एक भी मुसलमान या ब्राह्मण नहीं है। यहां के निवासी मांसाहारी हैं, केवल वही आज अपवाद बने हुए हैं जो पंढनत्तुर जाकर तुलसी की माला धारण किये हैं। अकोला जिला में ऐसा अन्य गांव नहीं है, अतः रामगांव का अध्ययन उसी तक सीमित हो जाता है।

(4) संशोधक की सीमाएं भी अध्ययन को प्रभावित करती है। उदाहरण—भाषा की समस्या।

(5) विशेषतः ग्रामीण क्षेत्रों में साधनों की कमी है, जागरुकता का अभाव है, संशोधक को अध्ययन में कठिनाई होती है आदि। इन कारणों से अध्ययन पर अपने आप सीमाएं लग जाती हैं।

सीमाओं, अभावों एवं कठिनाईयों से ग्रस्त होने के बावजूद यह अध्ययन पद्धति संशोधकों में लोकप्रिय है। इसके परिणाम विश्वसनीय और उपयोगी होने से इसे सर्वोत्तम संशोधन पद्धति में से एक माना गया है।

सर्वेक्षण संशोधन
(Survey Research)

सर्वेक्षण संशोधन एक सरल पद्धति है। इसमें संशोधक एवं अध्ययन से संबंधित व्यक्तियों में प्रत्यक्ष संपर्क आवश्यक हेाता है। इसमें "प्रश्नोत्तर प्रणाली" को अध्ययन विषय से सम्बन्धित जानकारी, मत, प्रवृत्ति, मूल्य आदि उत्तरादाता से प्राप्त करने के लिए उपयोग में लाया जाता है। आज सर्वेक्षण संशोधन के दो प्रकार प्रचलित हैं। वे इस प्रकार है :

(1) निदर्शन सर्वेक्षण (Sample Surveys)

(2) जनमत या लोकमत (Public Opinion Surveys)

(1) निदर्शन सर्वेक्षण

"समग्र" के अंशात्मक घटक या कुछ घटकों का अध्ययन ही निदर्शन

सर्वेक्षण कहलाता है। संशोधकों के द्वारा इसका उपयोग आकार में बड़े एवं बिखरे हुए समूहों का अध्ययन करने के लिए किया जाता है। ऐसा करते वक्त अध्ययन विषय में जो उप–समूह या मुख्य "धारा" से हटकर जो "उप–धाराएं" होती है उन्हें भी प्रतिनिधित्व दिया जाता है। इस तरह अध्ययन विषय में सभी को प्रतिनिधित्व देने से संशोधन के लिए अधिक एवं उपयुक्त जानकारी प्राप्त की जा सकती है।

निदर्शन सर्वेक्षण के आधार : संशोधक निम्नलिखित दो तत्त्वों को अपने संशोधन में जब प्राधान्यता देता है तब उसे निदर्शन सर्वेक्षण के लिए आवश्यक हो जाता है। ये तीन प्रमुख तत्व ही इसके आधार कहलाये गये हैं :

(1) बड़े या विशाल समूहों की विशेषताएँ तत्त्व, गुण–दोष, सदस्यों के परस्पर सम्बन्ध एवं परस्पर प्रक्रियाओं का अध्ययन करना हो तो उनका सटीक एवं परिपूर्ण प्रतिनिधित्व छोटे परिणामों में अध्ययन के लिए उपलब्ध कराने की क्षमता ही इस पद्धति को अन्य पद्धतियों की तुलना में अग्रण्यता देने का आधार बनती है।

(2) बड़े समूहों के जीवन में जो क्लिष्टता, जटिलता एवं परस्पर विरोधी तत्त्वों का जाल बिछा होता है। उसका गहन, सूक्ष्म एवं सर्वांगीण अध्ययन करने का अवसर यह पद्धति उपलब्ध कराती है।

(3) इस संशोधन पद्धति में "अन्वेषण" को अधिक उपयोग में लाया जाता है, क्योंकि समूह की प्रवृत्ति, मूल्य, मत आदि जानने के लिए इसका उपयोग करना पड़ता है।

तथ्य संकलन : इस संशोधन पद्धति ने तथ्यों, आंकड़ों एवं जानकारी के संकलन हेतु साक्षात्कार और अनुसूची का प्राधान्यता दी है, जब–जब संशोधक उत्तरदाताओं से प्रत्यक्ष सम्पर्क नहीं कर सकता तब उसे "प्रश्नावली" का उपयोग करना चाहिए। संवाद, चर्चा, प्रश्नोत्तर, मत अभिव्यक्ति, चेहरों पर के भावों का सूक्ष्म परीक्षण शरीर की भाषा आदि का ज्ञान संशोधक के लिए आवश्यक है। इस ज्ञान का उपयोग संशोधक करे तो तथ्य संकलन की प्रक्रिया में उसे अधिक एवं प्रामाणिक जानकारी तो मिलेगी ही और साथ ही संशोधन अधिकाधिक रोचक भी बनाता जाएगा।

एक निदर्शन सर्वेक्षण दूसरे निदर्शन सर्वेक्षण से अलग होता है। इस भेद के कारण निदर्शन सर्वेक्षण की व्याप्ती, उद्देश्य, लोकों से सम्पर्क के साधन, संशोधन का प्रारूप एवं विषय–वस्तु का स्वरूप। उदाहरण के निम्नलिखित चार निदर्शन सर्वेक्षणों को लें :

(1) भारतीयों को राष्ट्रपति शासन चाहिए या संसदीय शासन?

(2) इस चुनाव में कौनसा प्रत्याशी योग्य है और कौन चुनाव जीतेगा?

(3) नर्मदा बांध लाभदायी होगा क्यों?

(4) उच्च माध्यमिक पाठशालाओं ने लैंगिक शिक्षा देना नैतिक होगा या अनैतिक?

उपरोक्त चारों निदर्शन सर्वेक्षण एक दूसरे से इतने अधिक भिन्न हैं कि किसी भी तरह कोई समन्वय उनमें स्थापित नहीं किया जा सकता, अतः एक निदर्शन सर्वेक्षण अपने आप में एक अलग व्यक्तित्व लिए रहता है। उसकी व्याप्ति, स्वरूप, उद्देश्य आदि भी अन्यों से पूर्णतः अलग होते हैं। उनका अध्ययन करते वक्त जिस "वातावरण की निर्मिती होती है वह भी एक दूसरे से पूर्णतः भिन्न होती है।

(2) जनमत सर्वेक्षण

संशोधक "जनमत सर्वेक्षण संशोधन" पद्धति का उपयोग अपने अध्ययन में तब करता है जब उसे लोगों की इच्छाएं, व्यवहार, विश्वास, मत, प्रवृत्ति आदि की जानकारी अत्यावश्यक होती है। लोकशाही राज्यों में समाज के सभी वर्गों की "मांग" जान लेना आवश्यक हैं, इसी "मांग" के तल में अनेक तत्त्वों की क्रिया प्रतिक्रिया अन्तःक्रियाएं होती है। इनकी अभिव्यक्ति को जानने समझने के लिए हेतुपूर्वक प्रयतन केवल जनमत सर्वेक्षण से सफल होते देखे गए हैं, अतएव संशोधन की इस पद्धति का महत्त्व बढ़ता ही गया है। जनमत सर्वेक्षण से प्राप्त नया ज्ञान लोगों से सम्बन्धित शासन की "इच्छानुरूप कल्पना" और "अन्ध विस्तारहीन अनुमान" के आधार पर निर्माण की गई नीतियों में संशोधन के लिए न केवल प्रेरणा देती है अपितु साथ ही साथ दिशा दिग्दर्शन भी करती है। इसीलिए महत्त्वपूर्ण निर्णय लेने से पूर्व लोकशाही राज्यों की सरकारें सम्बन्धित प्रश्नों पर जनमत सर्वेक्षण करती है। इस उद्देश्य के लिए विविध प्रकार के अध्ययन के लिए सर्वेक्षण संस्थाओं का निर्माण भी किया गया है। शासन का अनुकरण कर उद्योग, व्यापार, सामाजिक विज्ञान की संस्थाएं, विधि संस्थाएं आदि ने भी जनमत सर्वेक्षण पद्धति को आत्मसात् किया है।

जनमत सर्वेक्षण के अध्ययन विषय : जनमत सर्वेक्षण में संशोधक मुख्यतः निम्नलिखित तत्त्वों को प्राधान्यता देता है :

(1) विधि समूहों के स्वरूप

(2) समूहों का सामाजिक ढांचा

(3) सामाजिक दबावों का स्वरूप

(4) सम्बन्धित प्रश्नों के बाबत भिन्न–भिन्न मत और स्थान (Position)

जनमत सर्वेक्षण में तथ्य संकलन के उपयोग में आने वाले सभी उचित साधनों का उपयोग किया जाता है। आधुनिक साधन जैसे रेडियो, टी.वी., पत्र–पत्रिकाएं आदि का उपयोग भी लोगों को अपना "मत" अभिव्यक्त करने के लिए "खुली अपील" द्वारा किया जाता है।

निदर्शन सर्वेक्षण और जनमत सर्वेक्षण से प्राप्त जानकारी, तथ्य और आंकड़े अन्य संशोधन पद्धति में जिन प्रक्रियाओं से निकाल कर निष्कर्ष निकाले जाते हैं। लगभग वही प्रक्रिया इन पर भी लागू की जाती है।

भारत में निदर्शन सर्वेक्षण और जनमत सर्वेक्षण संशोधन पद्धतियां लाभकारी सिद्ध हुई हैं। अतः अधिकाधिक संशोधक इसका उपयोग कर रहे है। व्यापारी प्रतिष्ठानों ने भी इन पद्धतियों का उपयोग "बाजार की हालत", "उपभोक्ता की मांग" आदि को जानने के लिये किया है और कर रहे हैं। अन्य क्षेत्रों ने भी इनका उपयोग अधिक जानकारी प्राप्ति के लिए "प्रयोगावस्था" में शुरू किया है।

ग्रंथालयीन-संशोधन

(Library Research)

पूर्णतः लिखित एवं मुद्रित साहित्य पर निर्भर यह संशोधन "आराम कुर्सी विशेषज्ञ" का निर्माण करती है। इस संशोधन में दस्तावेजों, प्रतिवेदनों, शासकीय एवं अशासकीय संस्थाओं द्वारा प्रकाशित सारणियां तालिकाएँ, आलेखों एवं नक्शे, विश्वकोश, ग्रंथों, पुस्तकों, पत्र–पत्रिकाएं, भित्ति–पत्रों आदि का उपयोग किया जाता है। आवश्यकता होने पर संग्रहालयों में सुरक्षित हस्तलिपियां, लेख, ग्रंथ, पाण्डुलिपियां और अन्य सामग्री तथा शासन द्वारा पूर्णतः सुरक्षित दस्तावेजों से आवश्यक सामग्री पूर्वानुमति से प्राप्त की जाती है। मूलतः यह संशोधन ग्रंथालयों में किया जाता है इसलिये इसे "ग्रंथालय संशोधन" कहा गया है। ग्रंथालयों में उपलब्ध मुद्रित साहित्य का उचित एवं योग्य उपयोग कर "विषय–वस्तु" का सूक्ष्म एवं गहन अध्ययन किया जाता है।

ग्रंथालयीन संशोधन में ऐतिहासिक, लोकसंख्या सांख्यिकीय और आशय विश्लेषण पद्धति का अधिक उपयोग किया जाता है। संशोधन के लिए ग्रंथालयीन पद्धति का उपयोग निश्चित करने पर अन्य संशोधकों की तुलना में ग्रंथालय का उपयोग अच्छे ढंग से करने के लिए थोड़ा "ग्रंथालय विज्ञान" का अध्ययन संशोधन ने अवश्य करना चाहिए। उसे ग्रंथालय में रखे पुस्तकों का "विषय वर्गीकरण" (Subject Classification), कार्ड केटलॉग (Card Catalogue), ग्रंथ सूची एवं संदर्भ सूची पत्र (Bibliographic and Reference Indices), पत्र पत्रिकाएं (Periodicals and Journals) एवं शोध–पत्रिकाएं (Research Magazines) और अन्य विशेष सामग्री जैसे माइक्रो–फिल्म्स और माइक्रों फिल्म प्रोजक्टर, टेप रेकॉर्डर एवं कैसेटस्, व्हि. सी. आर.; एवं कैसेट्स आदि का उपयोग योग्यता से करना आना चाहिए।

राजनीति विज्ञान के संशोधन के लिए राजनीति की शोध–पत्रिकाओं से परिचित होना जरुरी है। पोलिटिकल सायन्स रिव्यू, जर्नल ऑफ पॉलिटिक्स, जर्नल ऑफ पब्लिक ॲडमिनिस्ट्रेशन, पोलिटिकल सायन्स क्वार्टली अमेरिकन जर्नल ऑफ इन्टरनेशनल अफेअर्स आदि। इनसायक्लोपीडिया ब्रिटानिका अमेरिकाना,

केम्ब्रिज तथा भारतीय भाषाओं के विश्वकोश का उपयोग करते आना चाहिए। पत्र–पत्रिकाओं में इंडिया टुडे, दिनमान, करन्ट आदि। समाचार पत्रों में इंडियन एक्सप्रेस, दि हिन्दुस्तान, टाईम्स ऑफ इंडिया, अमृत बाजार पत्रिका, लन्दन टाईम्स, आब्सर्व्हर, न्यूयार्क टाईम्स, टोकियो टाईम्स आदि संशोधक के लिए प्रमाणित माने जाते हैं। संयुक्त राष्ट्र संघ एवं उसकी शाखाओं के प्रकाशन, अन्तरराष्ट्रीय न्यायालय द्वारा दिए हुए मामलों के निर्णय, अन्तरराष्ट्रीय संस्था एवं संगठनों के दस्तावेज एवं प्रतिवेदन, इन्टरनेशनल मानिटरी फण्ड, एवं सांख्यिकीय दस्तावेज आदि।

संशोधक ने किसी प्रकाशित या हस्तलिखित सामग्री का उपयोग करने के पूर्व केवल यह ग्रंथालय में उपलब्ध है इसलिए प्रमाणित होगी ही ऐसा नहीं मानना चाहिए। उसे उस साहित्य या सामग्री की पूरी तरह छान–बीन कर उसकी प्रमाणिकता संदेह से दूर हो, इसके लिए :

(1) सभी प्रकाशित साहित्य अधिकृत एवं पंजीकृत प्रकाशन संस्थाओं द्वारा किया गया है या नहीं, प्रकाशित साहित्य में उपलब्ध जानकारी, तथ्य और आंकड़ों के स्रोत प्रमाणित एवं विश्वसनीय हैं या नहीं इसकी जांच करनी चाहिए;

(2) मुद्रण दोष की जांच पड़ताल करें;

(3) अगर मूल–प्रति उपलब्ध हो तो उससे क्रास चेंकिग करें ;

ग्रंथालयीन संशोधन में ऐतिहासिक पद्धति का उपयोग अध्ययन के लिए करते वक्त पाण्डुलिपियां, दुर्लभ ग्रंथ, दस्तावेज, पत्र आदि का अध्ययन कर उस वक्त किस प्रकार की संस्कृति अस्तित्व में थी और समय–समय पर उसमें किस प्रकार बदलाव होते गए। इस तरह के संशोधन से "परिवर्तन के सिद्धांत" या "परिवर्तन के नियम" प्रस्तावित किए जा सकते हैं। "लोकसंख्या सांख्यिकी" (Population Statistics) पद्धति का अवलम्बन कर ग्रंथालयीन संशोधन किया जाता है तब अलग–अलग सांख्यिकीय आंकड़े (लोकसंख्या से सम्बन्धित) इकट्ठे किएं जाते है, प्रकाशित दस्तावेजों एवं प्रतिवदेनों से भी सांख्यिकीय–आंकड़े उपलब्ध होते हैं।

आशय विश्लेषण पद्धति का उपयोग जब ग्रंथालय संशोधन में करते हैं तब जो भी सामग्री ग्रंथालय में होती है उसी का प्रयोग करते हैं। सामग्री में जो भी आशय होता है, सामग्री का स्वरूप, गुण–दोष, उपयोगिता, संसूचन के आयाम, प्रचार की क्षमता आदि को "संशोधन–प्रक्रिया" से निकाल निष्कर्ष तक पहुंचा जाता है।

किसी भी प्रकार के संशोधन में ग्रंथालयीन पद्धति का उपयोग अनिवार्य होत है, क्योंकि इसी पद्धति में विषय वस्तु की प्राथमिक जानकारी हासिल की

जाती है। आवश्यकता के अनुसार इसको प्रयोग में ला कर विषय वस्तु के विशेष स्वरूप एवं गुणों को भी खोजा जाता है। इसी तरह संशोधन में आगे क्या-क्या अड़चनें एवं रुकावटें आ सकती हैं, इसको भी जानकारी प्राप्त की जा सकती है। इस पद्धति का उपयोग कर उपयोगी एवं कार्यकारी उपकल्पना का निर्माण किया जाता है एवं संशोधन प्रारूप का चयन भी किया जाता है।

ग्रंथालयीन संशोधन करने की क्षमता तभी संशोधक में आती है जब वह ग्रंथालय व्यवस्था एवं व्यवस्थापन, संदर्भ सूची, लेखक सूची, शीर्षक सूची आदि के बाबत आवश्यक ज्ञान रखता है। यह पद्धति संशोधकों में लोकप्रिय हो रही है क्योंकि अधिकांश संशोधक "क्षेत्र अध्ययन" से कतराते हैं अतः इसी वजह से "व्हाईट कॉलर" संशोधकों के संख्या में वृद्धि हो रही है।

वैयक्तिक अध्ययन

(Case Studies)

राजनीति विज्ञान में वैयक्तिक अध्ययन प्रणाली महत्त्व प्राप्त किये हुए है। यह प्राचीन अध्ययन प्रणालियों में से एक है और बहुतायत में प्रसिद्ध व्यक्तियों के जीवन का अध्ययन करने के लिये उपयोग में लाई गई है। प्रारम्भ में हर्बर्ट स्पेन्सर ने इस प्रणाली का प्रयोग किया और बाद में लिप्ले ने इसे विकसित किया। आज यह प्रणाली नये स्वरूप में अध्ययन के लिये लागू की जा रही है।

परिभाषाएं : पी. वी. यंग-"वैयक्तिक अध्ययन, किसी एक सामाजिक इकाई, चाहे वह एक व्यक्ति हो, या एक परिवार, संस्था, सांस्कृतिक समूह अथवा संपूर्ण समुदाय ही क्यों न हो के जीवन की खोज तथा विश्लेषण की एक पद्धति है।"

बिर्सेज एवं बिर्सेज-"वैज्ञानिक अध्ययन की पद्धति गुणात्मक विश्लेषण विश्लेषण का एक रूप है जिसमें एक व्यक्ति, परिस्थिति या संस्था का बहुत सावधानीपूर्वक तथा पूर्ण अवलोकन किया जाता है।"

एफ. एच. गिडिंग्स-अध्ययन किया जाने वाला वैयक्तिक विषय केवल एक व्यक्ति अथवा उसके जीवन की एक घटना अथवा विचारपूर्ण दृष्टि से एक राष्ट्र या इतिहास का एक गुण भी हो सकता है।"

गुडे एवं हॉट्ट-"यह सामाजिक तथ्यों को संगठित करने की एक ऐसी विधि है जिससे अध्ययन किए जाने वाले सामाजिक विषय की गुणात्मक प्रकृति की पूर्णतः रक्षा हो सके। दूसरे शब्दों में, यह ऐसा दृष्टिकोण है जिनसे किसी सामाजिक इकाई का उसके संपूर्ण स्वरूप में दिग्दर्शन हो जाता है।"

क्लिफोर्ड आर. शा.-"वैयक्तिक अध्ययन पद्धति संपूर्ण परिस्थिति अथवा कारकों के सम्मिलित रूप, प्रक्रिया के विवरण और घटनाओं के अनुक्रम जिसमें व्यवहार घटित होते हैं, मानव व्यवहार का सम्पूर्ण संरचना में अध्ययन तथा

उपकल्पनाओं के निर्माण वैयक्तिक स्थितियों के विश्लेषण और तुलना पर जोर देती है।"

उक्त परिभाषाओं से स्पष्ट होता है कि वैयक्तिक अध्ययन एक इकाई का चाहे फिर वह छोटी हो या बड़ी सम्पूर्ण विश्लेषणात्मक अध्ययन करने वाली पद्धति है। साथ–साथ इसमें विशेषताएँ भी उजागर होती हैं, जो इस प्रकार है :

(1) विशेष सामाजिक इकाई का अध्ययन (Study of a Specific Social Unit)
(2) सम्पूर्ण अध्ययन (Complete Study)
(3) गुणात्मक अध्ययन (Qualitative Study)
(4) चयनित वर्ग का गहन अध्ययन (Intensive Study of Selected Class)
(5) कारकों के परस्पर अन्तर्सम्बन्ध को जानने का प्रयास (Effort to know the mutual inter-relationship of causal Factors)

इकाइयों के विशेष व्यवहार को प्रेरणा देने वाले या किसी घटना विशेष की 'जड़' (Root) में कई कारक हो सकते हैं। प्रेम, घृणा, आलस्य, भावुकता, प्रतिष्ठा, जिम्मेदारी, शत्रुता, कर्तव्य, ईमानदारी आदि कारक अन्तर्सम्बन्धों को प्रभावित करते हैं। अतः इसके अन्तर्गत कारकों के अन्तर्सम्बन्ध का पता लगाकर निश्चित नियम पर पहुंचा जा सकता है।

एक अच्छे वैयक्तिक अध्ययन के तत्त्व (Elements of a good Case Study)

जिस वैयक्तिक अध्ययन में निम्नलिखित तत्त्व हों वह एक अच्छा वैयक्तिक अध्ययन होता है :

(1) प्रयास किया जाए तो अध्ययन विषय के सम्बन्ध में अधिक से अधिक तथ्य, जानकारी एवं सूचनाएं प्राप्त हो सकती हैं।
(2) अध्ययन विषय के सभी पहलुओं का सूक्ष्म अध्ययन किया जाता है। सम्पूर्ण अध्ययन ही इस पद्धति का लक्ष्य होता है।
(3) व्यक्तिगत स्थिति के विशिष्ट पहलू का अध्ययन सुगमता से किया जा सकता है।
(4) जिस सामाजिक वस्तु का अध्ययन किया जा रहा है, उसकी एकात्मक विशिष्टता को बनाए रखता है।
(5) संशोधन संरचना के आधारभूत सिद्धांतों को ध्यान में रखकर अध्ययन किया जाता है।
(6) व्यक्ति के जीवन के अनेक तथ्यों का विश्लेषण कर सकते हैं।
(7) इस अध्ययन से लाभप्रद उपकल्पनाओं को प्रेरित किया जाता है। ऐसे तथ्यों को भी अन्य से अलग कर सकते जो उपकल्पनाओं के परीक्षण में उपयोगी सिद्ध हो सकते है।

वैयक्तिक अध्ययनों की आधारभूत मान्यताएं (Basic Assumptions in Case Studies)

वैयक्तिक अध्ययनों की प्रमुख पांच आधारभूत मान्यताएं इस प्रकार है –

(1) मानव व्यवहार की मौलिक एकता (Fundamental unity of human behaviour) : यह अध्ययन ये मानकर चलता है कि मानव व्यवहार की मौलिक प्रवृत्तियां समान होती हैं। मनुष्य के स्वभाव, आदतें, रंग, आकार आदि में भिन्नता होते हुए भी मनुष्य जाति कि मूल प्रवृत्तियां नहीं बदल सकतीं। वैयक्तिक अध्ययन में संशोधक यह मानता है कि निश्चित परिस्थितियों में हर व्यक्ति का व्यवहार समान या करीब–करीब समान सा ही होता है।

(2) अध्ययन इकाई का बहुमुखी स्वरूप (Mutti-phased Character of the Study unit) : अध्ययन इकाई का स्वरूप एकल न होकर बहुमुखी होता है। प्रत्येक अध्ययन के अनेक पहलू होते हैं, इनमें से एक पहलू भी लिया हो तो उस पहलू के विभिन्न स्वरूपों के अध्येयन के लिए लेना ही पड़ता है। अगर एक ही पहलू का एक ही स्वरूप अध्ययन के लिये लें और अन्य को टालें तो अध्ययन के परिणामों में अनेक दोष रह जाएंगे। इसीलिए इकाई के एक पहलू के एक स्वरूप का अध्ययन करना हो, तो भी उस पहलू से सम्बन्धित अन्य सभी स्वरूपों का अध्ययन स्वाभाविक हो जाता है और अनिवार्य भी।

(3) परिस्थितियों की पुनरावृत्ति एवं उनका प्रभाव (Repetition of Conditions and their Effects) : परिस्थिति ने मानवी जीवन को प्रभावित किया है। अतः मानव के व्यवहार को परिस्थिति से सम्बन्धित कर ही अध्ययन किया जा सकता है। परिस्थितियों की पुनरावृत्ति ऋतुओं की भांति होती रहती है, अतः इसका अगर गहन अध्ययन किया हो तो विशेष परिस्थिति में मानव व्यवहार कैसा होगा और क्या परिणाम होगा इस बाबत सिद्धांत प्रस्तुत किया जा सकता है।

(4) समय तत्त्व का प्रभाव (Effect of time factor) : बीते समय का प्रभाव अध्ययन इकाई को वर्तमान स्वरूप प्रदान करता है। अगर प्रभाव के कारकों की खोज की जाए एवं उनके समय को जान लें तो कारकों की समयाधिष्टित शृंखला निर्मित होती है जो इकाई को वर्तमान स्वरूप दे रही है, इसी शृंखला की वैज्ञानिक संकल्पना के सहारे अचूक विस्तार किया जाए तो उस इकाई का भविष्य कथन किया जा सकता है।

(5) घटनाओं की जटिलता (Complexity of Events) : मानवी जीवन क्लिष्ट एवं जटिल घटनाओं से परिपूर्ण है, उसे समझना सहज नहीं है। जटिल घटनाओं को समझने के लिए उसमें निहित कारक तत्त्वों एवं तथ्यों को जानना आवश्यक है। घटना में निहित सभी तत्त्वों एवं तथ्यों को इकट्ठा कर एक क्रम में व्यवस्थित किया जाए तो घटना का वैयक्तिक अध्ययन सरल एवं सुलभ होगा और अध्ययन के बाद निकाले निष्कर्ष भी निष्पक्ष होंगे।

वैयक्तिक अध्ययन के स्रोत (Sources of Case Studies)

वैयक्तिक अध्ययन के लिए तथ्य सामग्री मुख्यतः निम्न स्रोतों द्वारा प्राप्त होती है :

(1) मौखिक तथ्य संकलन
(2) लिखित एवं सुरक्षित सामग्री संकलन

(1) मौखिक रूप से तथ्य सामग्री संकलन (Data Collection in the oral form): मौखिक रूप से तथ्य सामग्री संकलन के लिए मौखिक संवाद, विशेष विषय से सम्बन्धित गहन चर्चा, अवलोकन, साक्षात्कार, प्रायोगिक अध्ययन, परीक्षण इत्यादि का उपयोग किया जाता है। आधुनिक संशोधक मनोवैज्ञानिक प्रेक्षपी प्रविधि, बुद्धि परीक्षा, कलात्मक परीक्षा पर अधिक बल दे रहे हैं।

(2) लिखित एवं सुरक्षित सामग्री संकलन (Written and Preserved data Collection) : पत्र, डायरी, आत्मकथा, पुस्तक एवं ग्रंथ, जीवन इतिहास, संस्मरण, प्रशस्ती, पत्रिकाएं, प्रमाण–पत्र, आलोचनाएं, सरकारी एवं अन्य कार्यालयों द्वारा प्रकाशित जानकारी एवं प्रतिवेदन, प्रकाशित एवं अप्रकाशित प्रबन्ध, विश्वकोष, शासन दारा सुरक्षित एवं बिना अधिकृत अनुमति के उपलब्ध न होने वाली तथ्य सामग्री एवं आंकड़े, फोटोग्राफ एल्बम, टेप रिकार्डिंग, मुव्ही कैमरा, केसेट्स आदि से तथ्य सामगी का संकलन किया जाता है।

वैयक्तिक अध्ययन की प्रणाली (Procedure of Case Studies)

वैयक्तिक अध्ययन में व्यक्ति या इकाई के बारे में सम्पूर्ण जानकारी प्राप्त करने का प्रयास किया जाता है। इसमें अध्ययन की प्रकृति जटिल होने से सामग्री संकलन के लिए सुनियोजित "व्यवस्था" लागू की जाती है। इस अध्ययन के लिए स्वीकार की गई प्रणाली प्रक्रिया को निम्नलिखित चरणों में विभाजित किया जा सकता है।

(1) समस्या की संक्षिप्त विवेचना (A Brief Statement of Problem) : अध्ययन समस्या की प्रकृति एवं स्वरूप की संक्षिप्त विवेचना आवश्यक है समस्या के वर्णन एवं परिभाषा किए बिना अगले चरण में नहीं पहुंच सकते।

इसमें निम्नलिंखित बातें समाहित हैं –

(अ) **मामलों का चयन** (Selection of Cases) – मामलों के दो प्रकार होते हैं (1) सामान्य, एवं (2) विशिष्ट

(ब) **इकाइयों के प्रकार** (Types of Units) – इसके अन्तर्गत अध्ययन इकाई व्यक्ति समूह, संस्था समूह या वर्ग हो सकता है। जिस इकाई का अध्ययन करना हो, उसे चयनित कर लिया जाता है।

(स) **मामलों की संख्या** (Number of Cases) – अध्ययन निष्कर्ष तक पहुंचने के लिए मामलों की उचित संख्या आवश्यक होती हैं। पर्याप्त मामलों के

बिना अध्ययन में आगे बढ़ते जाना गलत होगा क्योंकि इसका परिणाम एकपक्षीय निष्कर्ष निकालने में देखा गया है।

(द) **विश्लेषण का क्षेत्र** (Scope of Analysis) – विश्लेषण का क्षेत्र अध्ययन का प्रारम्भ करने के पहले ही निश्चित कर लेना चाहिये–जैसे अध्ययन विषय के एक पहलू का या कुछ पहलुओं का या सभी पहलुओं का विश्लेषण करना है।

(2) घटनाओं के अनुक्रम का वर्णन एवं उनके निर्धारक तत्त्वों की जानकारी हासिल की जाती है।

(3) कारकों का विश्लेषण – संकलित सामग्री का समन्वय कर उसका विश्लेषण किया जाता है। विश्लेषण के दौरान प्रभावशाली, तटस्थ एवं कमजोर कारकों का पता चलता है एवं परिवर्तन में उनकी भूमिका भी स्पष्ट हो जाती है।

(4) निष्कर्ष (Conclusion) – निष्कर्ष इस अध्ययन प्रणाली का अन्तिम चरण है। समस्त तथ्य सामग्री उपलब्ध होने व कारकों के अन्तिम विश्लेषण के बाद ही किसी निश्चित निष्कर्ष पर पहुंचा जाता है। निष्कर्ष में ही संशोधक आलोचना, टिप्पणियां, मत या दृष्टिकोण, अभाव, सूचनाओं के साथ–साथ समस्या का निराकरण करने के लिए उपाय योजना या कार्यक्रम भी प्रस्तुत करता है।

वैयक्तिक अध्ययन के गुण (Merits of Case Studies)

इस अध्ययन प्रणाली के गुण निम्न हैं :

(1) सामाजिक इकाई का सूक्ष्म अध्ययन (Microscopic Study of Social Unit) : इकाई के बारे में पूर्ण जानकारी प्राप्त की जाती है। इकाई के सामान्य और विशिष्ट लक्षणों का सूक्ष्म अध्ययन किया जाता है। यह अध्ययन प्रणाली संशोधकों का "बोध ज्ञान" विकसित कर जीवन के प्रति स्पष्ट अन्तर्दृष्टि प्रदान करती है। यह व्यवहार का अध्ययन अप्रत्यक्ष एवं अमूर्त रूप में नहीं, बल्कि प्रत्यक्ष रूप से करती है।

(2) प्रमाणकारी उपकल्पना का निर्माण (Formation of Evidential Hypothesis) : इकाइयों के विभिन्न पक्षों का अध्ययन करके ही निष्कर्ष पर पहुंचा जाता है, अतः इन निष्कर्षों पर आधारित उपकल्पना प्रमाणिक रूप से सिद्ध होती है।

(3) संशोधक के अनुभव का क्षेत्र व्यापक हो जाता है, क्योंकि उसे जीवन में आने वाली अनेक परिस्थितियों का अवलोकन तथा व्यक्ति की मनोवृत्तियों का अध्ययन करना होता है।

(4) संशोधक वैयक्तिक अध्ययन के अन्तर्गत अनेक प्रणालियों जैसे साक्षात्कार, प्रश्नावलियां, मौखिक प्रश्न, प्रलेख, पत्र, डायरियों द्वारा बड़ी उपयोगी सामग्री प्राप्त होती है।

(5) व्यक्तिगत मामलों के अध्ययन के लिए लिया जाता है—सूक्ष्म एवं गहन अध्ययन जिससे व्यक्ति के गुण, दोष एवं रहस्य आदि की जानकारी प्राप्त होती है।

(6) अध्ययन समस्या को समझने में इकाइयों का वैयक्तिक अध्ययन सहायक होता है।

(7) वैयक्ति अध्ययन से "अध्ययन समस्या" की प्राप्त जानकारी "सामान्यीकरण" का आधार बनती है।

(8) विरोधी इकाइयां जो प्रामाणिक और सुनिश्चित उपकल्पना के विरुद्ध होती हैं का पता लगाकर संशोधन में उनको बाधाएं डालने से वंचित करने का और निष्कर्षों को यथार्थ तक पहुंचाने के लिए वैयक्तिक अध्ययन प्रणाली लाभदायी एवं उपयोगी सिद्ध हुई है।

वैयक्तिक अध्ययन के दोष (Demerits of Case Studies)

वैयक्तिक अध्ययन में निम्नलिखित दोष पाए जाते हैं :

(1) यह पद्धति **परिणामों को प्रदान नहीं कर सकती।** मौखिक रूप में प्राप्त जानकारी के आधार पर निष्कर्ष निकालना गलत भी हो सकता है। अतः परिणामों में दोष निर्माण की संभावनाएं अधिक होती हैं।

(2) **सीमित अध्ययन** - केवल गिनी–चुनी इकाइयों का अध्ययन किया जाता है। इस आधार पर यथार्थता प्रस्तुत नहीं की जा सकती।

(3) **समय का व्यय** - संशोधक हर इकाई को अध्ययन के लिए समय देता है फिर भी अध्ययन के बाद ठोस निर्णय लेने में या निष्कर्ष निकालने में असफल रहता है अतएवं अध्ययन के लिये खर्च किया समय प्रश्नांकित हो जाता है?

(4) यह पद्धति **अवैज्ञानिक, असंगठित एवं अनियंत्रित** है। इसमें इकाइयों के चयन एवं सामग्री संकलन पर कोई नियंत्रण नहीं रहता। विचार सामग्री में वैषयिकता (Objectivity) का दोष भी आ जाता है।

(5) **संशोधक का झूठा आत्म विश्वास** भी एक बहुत बड़ा दोष है। संशोधक यह समझने लगता है कि उसे सब कुछ मालूम है। इस मिथ्या आत्मविश्वास के परिणामस्वरूप वह "संशोधन प्ररचना" के प्रमुख नियमों की जांच करना आवश्यक नहीं समझता और असावधानी में गलती करता है।

(6) प्रायः यह देखा गया है कि **जीवन इतिहास और रिकार्ड में अतिश्योक्ति** होती है जो अध्ययन में त्रुटियां निर्माण की कारक बनती है।

(7) संशोधक में **सामान्यीकरण की आदत या प्रवृत्ति निष्कर्षों में धोखा** देने वाली साबित होती है।

उपसंहार

वैयक्तिक अध्ययन के दोषों को दूर कर उपयोग में लाया जाय तो संशोधन लाभदायक होंगे। संशोधक का अति–आत्मविश्वास अध्ययन में अड़चनें पैदा करता है अतः इसका त्याग ही एकमात्र उपाय है। प्रमाणित सामग्री का संकलन कर उसे ही अगले चरणों का आधार बनाने पर निकाले निष्कर्ष एवं सामान्यीकरण सत्याधिष्ठित हो सकते हैं। यह पद्धति अवैज्ञानिक होने के बावजूद इसके संशोधन में उपयोगिता ही इसकी महता को सिद्ध करती है और इसकी लोकप्रियता को निर्विवाद बनाती है।

10

संशोधन प्रारूप

(Research Procedure)

प्रारूप को अभिकल्प या प्रचना भी कहा जाता है। संशोधन में समस्या के चुनाव, एकरूपता और स्पष्टीकरण के बाद प्रारूप का प्रश्न उपस्थित होता हैं। इस प्रश्न के समाधान पर ही संपूर्ण अध्ययन निर्भर है, इसलिये प्रारूप का चुनाव करते समय संशोधक को जागरुक रहना चाहिए। संशोधक को संशोधन के लिये ऐसे प्रारूप का चुनाव करना चाहिये जो उसके अध्ययन में सहायक, सुविधापूर्ण और लाभदायक हो। प्रारूप संशोधन के समय और धन की बचत करने वाला होने के साथ–साथ उसके अध्ययन में निर्माण होने वाली संदेहात्मक त्रुटियों का निर्धारण करने वाला भी होना चाहिए।

प्रत्येक संशोधन का एक निश्चित लक्ष्य और उद्देश्य रहता है। इस लक्ष्य और उद्देश्य की पूर्ति के लिये संशोधन में विषय–वस्तु के अनेक रूपों की जांच (Investigate) की जाती है। ऐसे जांचों के लिये प्रयुक्त योजना ही संशोधन का प्रारूप है।

आर. एल. स्काफ–"निर्णय क्रियान्वित करने की स्थिति आने के पहले निर्णय निर्धारित करने की प्रक्रिया को प्रारूप करते है।"

पी. व्ही. यंग–"संशोधन का प्रारूप एक तार्किक व व्यवस्थित योजना है।"

अल्फ्रेंड जे. कहान–"संशोधन का प्रारूप ऐसी योजना है जो प्रश्नों के उत्तर देने, स्थिति को स्पष्ट करने, या उपकल्पना का परीक्षण करने आदि से सम्बन्धित है। दूसरे शब्दों में इसका सम्बन्ध नियुक्त कथन से है। प्रारूप एक विशिष्ट कार्यप्रणाली है, जिसमें तथा संकलन एवं विश्लेषण के माध्यम से अध्ययन से विशेष आवश्यकताओं की पूर्ति की आशा की जाती है।

उपरोक्त परिभाषाओं के प्रारूप की उपयोगिता स्पष्ट रूप से अभिव्यक्त हुई है। संशोधन प्रणाली ने प्रारूप (Design) शब्द अभियांत्रिकी (Civil Engineering)

से लिया है। इस शब्द का अर्थ होता है अभिप्राय या आशय अथवा प्रयोजन। (हिन्दी में इन शब्दों को परिष्कृत करके प्रारूप, प्ररचना या अभिकल्प शब्द Design के लिये प्रयुक्त किये गये।) "प्रारूप अर्थात् ऐसी योजना जो विषय–वस्तु के विभिन्न अंगों का अन्वेषन करके संशोधन के पूर्व निर्धारित उद्देश्यों के प्रति क्रियान्वित की जाती है।"

संशोधन में उपयोग करने के लिये विविध प्रकार के संशोधन प्रारूप उपलब्ध हैं। संशोधक को इनमें से उसके संशोधन में जो उपयोगी हो उसका चयन करना चाहिये। योग्य प्रारूप का चयन करने के बाद अध्ययन का स्वरूप और उसके उद्देश्य स्पष्ट हो जाते हैं। उदाहरण – यदि संशोधक ने अध्ययन के लिये अन्वेषणात्मक प्रारूप का चयन किया है तो उसके अध्ययन का स्वरूप और उद्देश्य संशोधन की विषय–वस्तु में कार्य कारण भावों का अन्वेषण करना होता है। संशोधक वो परिभाषा देने वाला है, जो नये सिद्धांतों की खोज करने वाला है या नये दृश्यों का निरीक्षण एवं परीक्षण करने वाला है। वे सब उसके द्वारा चुने हुए प्रारूप से स्पष्ट हो जाता है।

संशोधन प्रारूप के विभाग

प्रारम्भ में अस्तित्व में आया हुआ प्रारूप तात्कालिक स्वरूप का रहता है। जैसे–जैसे अध्ययन में प्रगति होती है वैसे–वैसे, आवश्यकतानुसार उसमें परिवर्तन और सुधार किया जाता है। सुधारित प्रारूप के निम्न विभाग होते है :

(1) साधन (स्रोत) – संशोधन में तथ्यों और सामग्री के लिये अनेक साधन उपलब्ध हैं। संशोधन के लिये जिन साधनों से प्रामाणिक तथ्यों की प्राप्ति की सम्भावना हो ऐसे साधनों का चयन संशोधनकर्ता को करना चाहिए। संशोधन में महत्त्वपूर्ण माने जाने वाले कुछ साधन निम्नलिखित हैं :

(अ) **दस्तावेज** – शासकीय, अर्द्ध–शासकीय, और अशासकीय अहवाल, अंदाज–पत्र, सांख्यिकी सामग्री आदि।

(ब) **पत्रिकाएँ** – संशोधन–पत्रिका, समाचार–पत्र, साप्ताहिक और अन्य आदि।

(स) **ग्रंथालय** – स्रोत–विश्वकोश, शब्दकोश, सन्दर्भ सूची पत्र, पुस्तकें आदि।

(द) **व्यक्ति** – आत्मचरित्र, अनुभव, पत्र, लिखित रोजनामचे आदि।

(2) **अध्ययन का स्वरूप** – पहले ही अध्ययन का स्वरूप निश्चित करना चाहिये अन्यथा बुद्धि, समय और धन का अपव्यय होता है। संशोधक को उपलब्ध अध्ययन की पद्धतियों में से किसी एक का या एक से अधिक का चयन अपने अध्ययन के स्वरूप के अनुसार करना चाहिए। आज संशोधन में व्यक्तिगत, सांख्यिकीय,

तुलनात्मक, विश्लेषणात्मक, और मिश्रित पद्धति अन्य पद्धतियों की अपेक्षा अधिक लोकप्रिय है।

(3) संशोधन के उद्देश्य – संशोधन के उद्देश्य अध्ययन के स्वरूप पर निर्भर करता है। उदाहरण–यदि किसी अध्ययन का स्वरूप समस्या के कारणों से सम्बन्धित हो तो उस संशोधन का उद्देश्य समस्या की हल करने को खोज करना होता है।

(4) अध्ययन का सामाजिक-आर्थिक-सांस्कृतिक सन्दर्भ – सामाजिक संशोधन का केन्द्र मनुष्य रहता है। मनुष्य समाज का अभिन्न अंग है। मनुष्य को समाज के सामाजिक, आर्थिक और सांस्कृतिक जीवन से अलग नहीं किया जा सकता। मनुष्य के व्यवहार का स्थानीय नियमों के सन्दर्भ में अध्ययन करते समय उसमें भौगोलिक और भौतिक घटकों की भी स्थान देना आवश्यक रहता है।

(5) भौगोलिक स्थिति – संशोधक ने अपने अध्ययन को किस भौगोलिक सीमा में रखा है। अध्ययन का स्थान कौन–कौन से अक्षांश और रेखांश के बीच में है, उसका क्षेत्रफल कितना है, उसके चारों और क्या–क्या है? विशेष या विश्लेषणात्क्म अध्ययन के लिये भौगोलिक स्थिति में से किस क्षेत्र का चयन किया है?

(6) निर्धारित कालावधि – संशोधक ने अपने संशोधन के लिये जितनी कालावधि निश्चित की है, उसका अपने संशोधन के विभिन्न चरणों के लिये योग्य रूप में विभाजन करना चाहिये।

उदाहरणार्थ–एम. फिल. के लघु प्रबन्ध के लिये एक वर्ष की कालावधि निश्चित की गयी है। इस एक वर्ष में से कितने दिन प्रारूप के निर्माण के लिये, कितने दिन तथ्य–सामग्री और सांख्यिकी जानकारी इकट्ठा करने के लिये, उसी प्रकार तथ्यों के प्रमाणीकरण, वर्गीकरण, सारणीयन, क्रमबद्धीकरण, विश्लेषण, अथ–निरूपण, सिद्धांत–निर्मिती और संशोधन के अहवाल के लिये कितने–दिन निश्चित किये है, इसका स्पष्टीकरण देना पड़ेगा।

दूसरी कालावधि अध्ययन के लिये ली हुई "विषय वस्तु का" "विषय–वस्तु के" अध्ययन के लिये चुनी हुई कालावधि 20 वर्ष, 10 वर्ष या 5 वर्ष अथवा संशोधक की इच्छा पर या विषय–वस्तु के स्वरूप पर निर्भर रहेगी। संशोधक ने अपने संशोधन के लिये जो कालावधि निश्चित की है उसे उसका स्पष्टीकरण देना पड़ेगा। निश्चित की हुई कालावधि का कौनसा भाग विश्लेषण, अर्थ–निरूपण और निष्कर्ष के लिये निश्चित किया है इसका स्पष्टीकरण भी आवश्यक है।

(7) **अध्ययन के विभिन्न घटक** – अध्ययन के अनेक घटकों में से कितने घटकों का अध्ययन किया जा सकता है यह संशोधक की क्षमता, उपलब्ध

कालावधि और धन पर निर्भर हैं। विभिन्न घटकों का अध्ययन करने के पहले अध्ययन के "फंड" की जानकारी संशोधक को रहनी चाहिए। संशोधन में संख्यात्मक की अपेक्षा गुणात्मक अध्ययन का अधिक महत्त्व है।

(8) तथ्य सामग्री का चुनाव करने के आधार – अध्ययन के लिये चुनी हुई विषय–वस्तु से सम्बन्धित तथ्य–सामग्री और सांख्यकीय सामग्री को महत्त्व देना चाहिये। संशोधक को तथ्य सामग्री सहित इस प्रकार की सामग्री का संकलन करना चाहिये जो उसे अध्ययन के विभिन्न मोड़ों पर आवश्यकतानुसार स्पष्टीकरण दे सके और वैज्ञानिक चिन्तन को गतिमान करके "अर्थ–निरूपण" में सहायक हो सके।

(9) तथ्य सामग्री संकलन की विधियाँ – संशोधन में प्रमुख रूप से अवलोकन, प्रश्नावली, अनुसूची, साक्षात्कार आदि का तथ्य–सामग्री संकलन में उपयोग किया जाता है। संशोधक उपलब्ध तथ्य–सामग्री, परिस्थिति, आवश्यकता और समय के अनुसार अपने प्रारूप में परिवर्तन कर सकता है।

उत्कृष्ट संशोधन के प्रारूप के निर्माण का मार्गदर्शन -

संशोधन–प्रारूप के निर्माण के सम्बन्ध में अनेक संशोधकों के अलग–अलग विचार हैं। वर्तमान में छोटे संशोधन प्रारूप को श्रेष्ठ माना जाता है, लेकिन इसमें शर्त यह है कि उसमें निम्नलिखित मार्गदर्शक तत्त्वों को होना ही चाहिए :

(1) लचीलापन या कोमलता,
(2) सत्यता,
(3) विश्वसनीयता,
(4) पुस्तकालयों का उपयोग,
(5) सारभूत संकल्पना के चुनाव की होशियारी, और
(6) चर तत्त्वों की परिभाषा और मूल्य–कथन।

(1) लचीलापन (Flexibility) : प्रारूप के स्वरूप में अनेक तत्त्वों का समावेश रहता है, सभी तत्व परिस्थिति के अनुसार परिवर्तित होते है, इसलिये प्रारूप में उन्हें थोड़ा बहुत विशेष ध्यान देना आवश्यक है। इस प्रक्रिया से प्रारूप अपने आप कोमल या लचीला बन जाता है। बहुत बार अध्ययन के समय नये तथ्यों का समावेश प्रारूप में किया जाता है और कुछ समय पहले उपयुक्त समझे गये लेकिन आज अनुपयुक्त और अनावश्यक दिखाई पड़ने वाले तथ्यों को प्रारूप से निकालने के लिये उसमें लचीलापन या कोमलता का होना आवश्यक है।

(2) सत्यता (Accuracy) : सत्यता प्रारूप की आत्मा है। प्रारूप यदि सत्य हो तो संशोधन और पर्यायी दृष्टि से निष्कर्ष भी सत्य रहता है। प्रारूप का निर्माण करते समय अत्यधिक सावधानी की आवश्यकता रहती है। किसी भी प्रकार का दोष

या कमी उसमें नहीं करनी चाहिए। असावधानी से यदि उसमें कुछ दोष और कमी रह गयी हो तो उन्हें दूर करना चाहिए या उनकों कम करने का प्रयत्न करना चाहिये, अन्यथा अध्ययन में अनेक कठिनाइयों में उलझना पड़ेगा।

(3) विश्वसनीयता (Reliability) : सामाजिक विज्ञान में विशेष रूप से जिसका उपयोग अध्ययन में किया हो ऐसी तथ्य–सामग्री और सांख्यिकीय जानकारी की प्रामाणिकता और विश्वसनीयता की जांच करना आवश्यक है। उसी प्रकार संशोधन के द्वारा निकाला हुआ निष्कर्ष उसके संशोधन के प्रयोजन से समरूप है या नहीं इसकी भी जांच आवश्यक है। संशोधन के प्रयोजन से समरूप निष्कर्ष हो तो संशोधन की विश्वसनीयता प्रस्थापित होती है अन्यथा वह संशोधन अविश्वसनीय माना जा सकता है।

(4) पुस्तकालय का उपयोग (Use of Library) : पुस्तकालय के उपयोग से संशोधक अपने संशोधन के लिये बहुमूल्य जानकारी प्राप्त कर सकता है। संशोधक की यदि अपने प्रारूप को "विशेष–स्थान" देने की इच्छा हो तो इसके लिये उसे संशोधन पत्रिकाओं में आये अपने विषय से सम्बन्धित लेखों का उपयोग करना होगा। प्रारूप को "विशेष स्थान प्रदान" करने पर संशोधन के मूल्य में वृद्धि होती है।

सामाजिक–विज्ञान के संशोधक ने अपने विषय की संशोधन पत्रिकाओं का अध्ययन करना चाहिए। यदि उसे स्वाभविक विज्ञान की संशोधन पत्रिकाओं को पढ़ने का शौक है तो यह उसकी विशेषता होगी जिससे उसके ज्ञान में वृद्धि और अपने इस ज्ञान का उपयोग वह अपने संशोधन में कर सकेगा।

(5) सारभूत संकल्पना के चुनाव में होशियारी (Carefulness in Selecting Partinent Concepts) : प्रारूप के निर्माण के समय और अपने संशोधन के लिए सारभूत संकल्पना का चुनाव करते समय विशेष सावधानी रखनी आवश्यक है। प्रारूप के निर्माण में परीक्षित ज्ञान और सारभूत संकल्पनाओं का ही उपयोग करना चाहिए। अज्ञानता से अध्ययन के लिये ऐसी कल्पना का चुनाव नहीं करना चाहिए जो अस्पष्ट हो अन्यथा उसका परिणाम संशोधन पर पड़ेगा। उपकल्पना ही आलोचना करने की क्षमता रखने वाली कल्पना को संशोधन प्रारूप में स्थान देना चाहिए।

(6) चरों की परिभाषा और मूल्यकथन (Defining Variables and Mentioning their Values) : संशोधन–प्रारूप के इस स्तर पर अध्ययन से सम्बन्धित चर घटना और उद्देश्य आदि की परिभाषा की जाती है। ये परिभाषाएँ संशोधन की मार्गदर्शक होती है। संशोधन के स्वरूप के अनुसार चरों के स्थिर या परिवर्तनीय मूल्य का स्पष्टीकरण करना होगा। चरों का स्वरूप बदलना चाहिए या नहीं यह संशोधन की समस्या से सम्बन्धित स्थिति की व्याप्ति पर निर्भर

रहता है।

संशोधन प्रारूप में उद्देश्यों की प्राप्ति के लिये जिन्हें अधिक महत्त्व दिया है उनका समावेश करना चाहिए। समाविष्ट की जाने वाली सामग्री के सन्दर्भ में संशोधक को उसकी उपयुक्तता, शुद्धता, सत्यता और गहन अध्ययन के समय सहयोगी बनने की क्षमता आदि बातों की जानकारी होनी चाहिए। उपरोक्त मार्गदशकों का उपयोग नहीं किया तो संशोधन का परिणाम विश्वसनीय और उपयोगी होने की संभावना कम रहेगी। विस्तृत अध्ययन के क्षेत्र को संशोधक की क्षमता के अनुसार मर्यादित करना चाहिए। संक्षिप्त रूप से संशोधन प्रारूप परिस्थिति, आवश्यकता, उद्देश्य और संशोधक की क्षमता पर आधारित होना चाहिए और उसमें व्यावहारिक मार्गदशकों को स्थान दिया जाना चाहिए।

संशोधन प्रारूप के प्रकार (Kinds of Research Design)

ज्ञान की विभिन्न शाखाओं के स्वरूप और उद्देश्यों के अनुसार संशोधन प्रारूप का जन्म हुआ और वह अध्ययन के लिये आवश्यक बना। सामाजिक संशोधन में मुख्य रूप से निम्न चार प्रकार के प्रारूप अन्यों की अपेक्षा अधिक प्रचलित है –

(1) अन्वेषणात्मक या निरूपणात्मक संशोधन प्रारूप (Exploratory Research Design)

(2) वर्णनात्मक संशोधन प्रारूप (Descriptive Research)

(3) निदानात्मक संशोधन प्रारूप (Diagnostic Research Design)

(4) परीक्षणात्मक संशोधन प्रारूप (Experimental Research Design)

(1) अन्वेषणात्मक या निरूपणात्मक संशोधन प्रारूप : जब संशोधक का उद्देश्य "कार्य–कारण" सम्बन्धों की खोज करना होता है तब अन्वेषणात्मक संशोधन –प्रारूप का उपयोग विषय–वस्तु के अध्ययन के लिये किया जाता है। "कार्य–कारण" सम्बन्धों की खोज करके उन्हें प्रकट करने के लिये जिस व्यवस्थित योजना का उपयोग किया जाता है उसे अन्वेषणात्मक या निरूपणात्मक संशोधन प्रारूप कहते हैं।

संशोधन के लिये "विषय–वस्तु" का चुनाव करने के बाद उस "विषय–वस्तु" के लिये इस प्रारूप का चुनाव करने पर यह प्रारूप उस "विषय–वस्तु" की उपकल्पनाओं के निर्माण में सहयोगी बनकर "कार्य–कारण सम्बन्धों" की खोज में मार्गदर्शक बनता है। उदाहरण–अभियोग, "अभियोग–गरीबी" सम्बन्ध प्राचीनकाल से अस्तित्व में है। प्रत्येक अभियोग के पीछे अनेक कारणों की अपेक्षा गरीबी सर्वाधिक महत्त्वपूर्ण और व्यापक कारण है। यह सम्बन्ध प्रस्थापित कर, इसे सिद्ध करने पर "कार्य–कारण" सम्बन्ध प्रस्थापित किया जा सकता है। अन्वेषणात्मक संशोधन प्रारूप संशोधन में सबसे व्यापक माना जाता है। जब अध्ययन में अन्य प्रारूप अनुपयोगी

हो तब इस प्रारूप का उपयोग किया जाता है। इस प्रारूप का यशस्वी रूप से उपयोग करने के लिये इसमें निम्नलिखित तत्त्वों का होना आवश्यक है –

(1) योग्य प्रकाशित साहित्य का पुनर्निरीक्षण (Review of the Pertinent Literature)

संशोधन की "विषय–वस्तु" के गहन अध्ययन के लिये चुने हुए योग्य प्रकाशित साहित्य का पुनर्निरीक्षण करना अत्यावश्यक एवं लाभकारी रहता है। पुनर्निरीक्षण से प्राप्त योग्य और उपयुक्त तथ्यों और जानकारी का उपयोग अध्ययन में किया है, यह देखा गया है और वे तथ्य अधिक परिष्कृत और सत्य सिद्ध होकर प्रारूप के सैद्धांतिक क्रियान्वयन में महत्त्वपूर्ण भूमिका निबाहते है। सैद्धांतिक आधार के सिवाय किसी भी प्रारूप की गवाही नहीं दी जा सकती या इसके बिना किया हुआ संशोधन अंधेरे में खोई हुई किसी छोटी वस्तु को खोजने के समान है। सैद्धांतिक आधार संशोधन में अत्यावश्यक हैं उसे अनदेखा नहीं कर सकते। संशोधन का यह भूतकाल है जिसमें वर्तमानकाल निर्भर है और जिसमें भविष्य के संशोधन की क्षमता है।

(2) अनुभव सर्वेक्षण (Experience Survey)

अनुभव सर्वेक्षण में ऐसे व्यक्ति से सम्बन्ध प्रस्थापित किया जाता है जिसे "विषय–वस्तु" के क्षेत्र का अनुभव या ज्ञान हो। भारत में अनुभव प्राप्त व्यक्तियों में से अनेक का अनुभव लिपिबद्ध नहीं किया गया है और इससे जो लाभ उनके अनुभवों से होना चाहिए था उससे हम वंचित रह गये है। इसके पीछे प्रमुख कारण निरक्षरता है।

व्यक्ति के व्यावहारिक अनुभव संशोधन में मार्गदर्शक के रूप में उपयोगी रहते है। संशोधन प्रारूप में "विषय–वस्तु" के अध्ययन में संशोधक को ऐसे उत्तरदाताओं का चुनाव तथ्यों और जानकारी के संकलन के लिये करना चाहिए। जिन्हें "विषय–वस्तु" का ज्ञान और अनुभव हो। अनुभव प्राप्त उत्तरदाता अधिकारी है या चतुर्थ श्रेणी का कर्मचारी या अलग विचार रखने वाला है या अलग प्रवृत्ति का है या आलोचक हैं या और कुछ हैं जिनका चुनाव करके उनसे संकलित जानकारी से ही "कारणों की" और उनके मूल स्वरूप की खोज की जा सकती है।

(3) अन्तर्दृष्टि प्रोत्साहिक घटनाओं का विश्लेषण (Analysis of Insight Stinnlating Cases) -

संशोधन में "विषय–वस्तु" के अध्ययन में कुछ घटक ऐसे आते है जिनका विश्लेषण करने के बाद प्राप्त जानकारी से संशोधक की अन्तर्वृष्टि को गति मिलती है। वह जानकारी संशोधक को केवल उपकल्पना के निर्माण में ही नहीं बल्कि आगे

उसके अध्ययन में भी मदद करती है।

प्रत्येक समुदाय या समूह में कुछ न कुछ घटनाएँ निरन्तर घटित होती है, उनमें से कुछ घटनाएँ व्यक्तियों को आकर्षित करती हैं, कुछ स्पष्ट और सरल रहती है, कुछ समस्याएँ रोगनिदानात्मक रहती है, कुछ मानव गुणों की दृष्टा रहती हैं, ये घटनाएँ आगे संशोधक की अन्तर्दृष्टि के विकास का कारण बनती हैं और संशोधक को संशोधन में गतिमान रहने के लिए प्रोत्साहित करती हैं।

1. **अन्वेषणात्मक संशोधन प्रारूप के महत्त्वपूर्ण कार्य** (Main Functions of the Exploraiory Design)

यह संशोधन प्रारूप निम्नलिखित सात महत्त्वपूर्ण कार्यों को पूरा करता है :

(1) पूर्व निर्धारित उपकल्पना का परीक्षण आज की स्थिति में करता है।

(2) संशोधन की विभिन्न पद्धतियों के उपयोग की संभावना व उनके द्वारा प्राप्त होने वाले यश–अपयश को स्पष्ट करता है।

(3) समाज की महत्त्वपूर्ण समस्याओं की ओर संशोधक का ध्यान आकर्षित करता है।

(4) उपकल्पना की यथार्थता और सत्यता को समर्थन देकर ऐसे तथ्यों की खोज में अपर्यवेक्षित क्षेत्रों का संशोधन करके गम्भीर अध्ययन के लिए "विषय–वस्तु" को परिपूर्ण बनाता है।

(5) आश्वासन से संशोधन की शुरुआत करने में सहायता करता है।

(6) विज्ञान का क्षेत्र बढ़ाने में सहायक और अध्ययन का क्षेत्र विकसित करता है।

(7) सर्वाधिक महत्त्वपूर्ण विषय पर अपनी एकाग्रता केन्द्रित करने से संशोधक को प्रोत्साहित करता है।

संशोधकों में यह प्रारूप लोकप्रिय हो रहा है क्योंकि इसके द्वारा सामाजिक संशोधन करना अन्य प्रारूपों की तुलना में सरल है।

इसी प्रकार किसी विषय–वस्तु के अध्ययन के लिये अन्य सभी प्रारूप यदि अनुपयोगी हों तो संशोधक के लिये इस प्रारूप के उपयोग के अलावा कोई दूसरा पर्याय नहीं रहता इसीलिये इस प्रारूप को संशोधन प्रारूपों के प्रकारों में पहला क्रमांक दिया गया है। यह बात इसके महत्त्व को भी स्पष्ट करती है।

2. **वर्णनात्मक संशोधन प्रारूप** (Descriptive Research Design) -

उपलब्ध तथ्यों, जानकारी और सांख्यिकीय अंकों के आधार पर अध्ययन की "विषय–वस्तु" का विस्तारपूर्वक स्पष्टीकरण करना वर्णनात्मक संशोधन–प्रारूप

का उद्देश्य हैं। इसके लिये "विषय–वस्तु" की पूरी जानकारी होना आवश्यक है, और यह जानकारी सत्य और वास्तविक रहने पर ही वैज्ञानिक अध्ययन हो सकेगा अन्यथा उसका स्वरूप दार्शनिक बन जाएगा।

वर्णनात्मक संशोधन प्रारूप का आधार है विश्वसनीय तत्त्व और यथार्थता। इन तत्त्वों और विश्वसनीय जानकारी का विश्लेषण किया जाता है और उसमें से उपलब्ध हुई नयी जानकारी के आधार पर अर्थ निरूपण किया जाता है। इस प्रक्रिया को "वर्णनात्मक विश्लेषण" कहा जाता है और जिस प्रारूप में "वर्णनात्मक विश्लेषण" को केन्द्र बनाया जाता है उसे वर्णनात्मक संशोधन प्रारूप कहते हैं।

इस प्रारूप में तथ्यों के संकलन के लिये किसी भी वैज्ञानिक प्रविधि का उपयोग किया जा सकता है, जैसे

(1) साक्षात्कार या मुलाकात,
(2) अनुसूची या प्रश्नावली,
(3) प्रत्यक्ष अवलोकन या निरीक्षण,
(4) सहभागी निरीक्षण, और
(5) समुदाय लेख प्रमाण (Community Records) आदि।

उपरोक्त या अन्य वैज्ञानिक प्रविधियों में से संशोधन को ऐसी विधि का चुनाव करना चाहिये जो उसे अध्ययन के लिये यथार्थ और प्रमाणित तथ्यों और सामग्री उपलब्ध कर दे। संशोधक को अनावश्यक और अनुपयोगी विधियों का उपयोग नहीं करना चाहिए। संशोधक "विषय–वस्तु" के अध्ययन के लिये यदि वर्णनात्मक संशोधन प्रारूप का चुनाव करता है तो उसे निम्नलिखित लक्ष्यों पर अपना ध्यान केन्द्रित करना चाहिए –

(1) संशोधन के लिये शीर्षक का चुनाव करते समय विशेष सावधानी रखनी चाहिए। ऐसे शीर्षक का चुनाव करना चाहिये जिस पर अधिक सामग्री उपलब्ध हो और जिस पर संशोधक अध्ययन के लिये निर्भर रह सके।

(2) उपयुक्त वैज्ञानिक विधियों का उपयोग करके उपयोगी और आवश्यक सामग्री का संकलन करना चाहिए।

(3) संशोधक का पक्षरहित रहना चाहिए, उसको अपने विचार तटस्थ रखना चाहिए और न ही किसी से प्रभावित होना चाहिए। उसे अलिप्त रहकर अध्ययन करना चाहिए। उसकी तटस्थता और निरपेक्षता ही उसे यश प्राप्त करा सकती है। इसी प्रकार उसे अपने अध्ययन को रोचक बनाने के लिय यथार्थता को अतिशयोक्ति में अभिव्यक्त नहीं करना चाहिए।

(4) परिणाम का विश्लेषण–इसमें वर्गीकरण, सारणीयन, सांख्यिकीय स्पष्टीकरण आदि आते हैं। संशोधक इनका विश्लेषण अच्छी तरह से कर सकता है।

इस स्तर पर अध्ययन में शुद्धता को अधिक महत्त्व दिया जाता है।

(5) अह्वाल–अह्वाल में संशोधन के सभी स्तरों का विस्तृत रूप से विशुद्धीकरण किया जाता है। तथ्यों का यथार्थ स्पष्टीकरण और सर्वसाधारण निष्कर्षों को स्पष्टीकरण में महत्त्वपूर्ण स्थान देना चाहिए। इस स्तर पर भाषा को प्रधानता देनी चाहिए। भाषा सरल और समझने योग्य होनी चाहिए। अंलकारिक और कठिन भाषा का उपयोग अह्वाल में नहीं करना चाहिए।

उपसंहार - वर्णनात्मक संशोधन प्रारूप का उपयोग सैद्धांतिक संशोधन के लिये या विषय–वस्तु के स्पष्ट विशुद्धीकरण के लिये किया जाता है। इसमें 'संज्ञा' और 'परिभाषा' को अधिक महत्त्वपूर्ण माना जाता है। इसमें संशोधन में समस्या का स्पष्टीकरण और उसके प्रश्नों के उत्तर प्राप्त करने की प्रक्रिया और इस प्रक्रिया से निष्पन्न तथ्य सामग्री विश्लेषण के बाद अर्थ निरूपण, सिद्धांतीकरण, और निष्कर्षों का अत्याधिक स्पष्ट रूप से सरल और समझने लायक भाषा में विशुद्धीकरण को प्राधान्यता दी जाती है क्योंकि अह्वाल संशोधन के प्रचार और प्रसिद्धि प्राप्त करने का प्रमुख साधन है ऐसी इस प्रारूप की मान्यता है।

(3) निदानात्मक संशोधन प्रारूप (Diagnositc Research Design)

जब संशोधन का उद्देश्य "विषय–वस्तु" को समस्या के कारणें की खोज करके उन्हें दूर करने की योजना विस्तृत करना हो तब ऐसे अध्ययन के लिये निदानात्मक संशोधन प्रारूप का उपयोग किया जाता है।

यह प्रारूप वैद्यकीय शास्त्र से जैसे का तैसा लिया गया है। जिस प्रकार इस शास्त्र में किसी रोग को खोजकर उसका उपचार किया जाता है उसी प्रकार सामाजिक विज्ञान में संशोधक किसी समस्या के उपचार के लिये उपचारात्मक उपाय योजना प्रस्तुत करता है लेकिन उसे लागू नहीं करता और वैसे प्रयत्न भी नहीं करता।

यदि संशोधक को ऐसा महसूस होता है कि समस्या ने गम्भीर रूप धारण कर लिया है तो वह इस प्रारूप से उसका निदान करके उसे दूर करने की योजना प्रस्तुत करने के उद्देश्य से "विषय–वस्तु" के अध्ययन का प्रयत्न करता है। संशोधक उपलब्ध तथ्यों और सामग्री के आधार पर ऐसी उपकल्पना की निर्मिती करता है जो उसके मतानुसार समस्या के हल करने में सहायक हो।

निदानात्मक संशोधन प्रारूप की विशेषता (Specialities of the Diagnostic Research Design)

(1) "विषय–वस्तु" के वैज्ञानिक अध्ययन के लिये निश्चित संशोधन प्रक्रिया निदानात्मक संशोधन प्रारूप में लागू की जाती है और उनके आधार पर उपकल्पना की निर्मिती की जाती है।

(2) आज की व्यवस्था और सम्बन्धों में उत्पन्न समस्या को जल्दी दूर करने के लिये उपाय योजना की खोज के लिये इस प्रारूप की आवश्यकता है और यहां इसके महत्त्व को स्पष्ट करती है।

(3) अध्ययन के समय अस्तित्व में आये कारणों में से यथार्थ और महत्त्व के कारणों को अन्य कारणों से अलग करके उनका गम्भीर अध्ययन जल्दी करके अस्तित्व में आयी हुई समस्या का समाधान खोजने में मदद करता है।

(4) इस प्रारूप के उपयोग से समस्या को दूर किया जाता है, उपाय योजना की खोज की जाती है और अध्ययन के निष्कर्ष में इसका उपयोग किया जाता है इसलिये इस प्रारूप का स्वरूप सैद्धांतिक ही नहीं बल्कि व्यावहारिक भी है।

(5) संशोधक इसके द्वारा खोजी गई समस्या के समाधान का उपयोग करके समाज को सही मार्ग पर नहीं ला सकता।

वर्णनात्मक और निदानात्मक प्रारुप में अन्तर

वर्णनात्मक	निदानात्मक
1. यह प्रारूप, "विषय वस्तु" का उसी रूप में अध्ययन करता है।	समाज की समस्या को अपनी विषय वस्तु बनाकर उसका अध्ययन करता है।
2. यह प्रारूप समस्या को प्रत्यक्ष रूप से सुलझाने में कभी भी सहायता नहीं करता।	समस्या के समाधान की खोज के लिये ही इस प्रारूप का उपयोग किया जाता है।
3. तथ्यों के स्पष्टीकरण के लिए कारणों की खोज की जाती है।	यही समाधान के लिये कारणों का गहन अध्ययन किया जाता है।
4. ज्ञान की प्राप्ति इसका लक्ष्य है।	सही समाधान की खोज के लिये ज्ञान प्राप्ति की जाती है।

(4) परीक्षणात्मक संशोधन प्रारूप (Experimental Research Design) -

अध्ययन को अधिक यथार्थवादी बनाने के लिए इस प्रारूप का उपयोग किया जाता है। इस संशोधन प्रारूप को प्रयोगशाला पद्धति भी कहते हैं। प्रयोगशाला में सामाजिक विज्ञान का संशोधन करने की पद्धति सन् 1925 में वाशिंगटन विश्वविद्यालय ने शुरू की।

नियंत्रित परिस्थिति में सामग्री का संकलन, परीक्षण, और विश्लेषण करके परिवर्तित परिस्थितियों का ज्ञान प्राप्त करना व उसके प्रभाव से समाज की प्रवृत्ति में हुआ परिवर्तन और उसके कारण सामाजिक जीवन में आये हुये स्थित्यंतर का

अध्ययन करना, ये कार्य इस प्रारूप द्वारा किये जाते है। यह अध्ययन पूर्णतः प्राकृतिक विज्ञानों के समान ही रहता है।

परिभाषा

चपिन (Chapin) –"नियंत्रित परिस्थिति में अवलोकन के द्वारा मानवीय सम्बन्धों के व्यवस्थित अध्ययन की ओर निर्देश करने वाली संकल्पना यानि परीक्षणात्मक संशोधन प्रारूप।"

वर्तमान में तीन प्रकार के परीक्षणात्मक संशोधन प्रारूप उपलब्ध हैं। संशोधन के विषय को आवश्यकतानुसार योग्य प्रकार का चुनाव संशोधनकर्ता को करना चाहिए।

(अ) परीक्षणानुसार प्रारूप (After only Experiment Research Design)

(ब) परीक्षण के पहले और बाद में संशोधन प्रारूप (Before and after Experiment Research Design)

(स) कार्यान्तर तथ्य परीक्षण (Ex-Post Facto Experiment Research Design)

(अ) परीक्षणानुसार संशोधन प्रारूप

स्वरूप और अन्य सभी बातों में समानता रखने वाले दो समूह संस्था, संगठन या उपयोग एक ही समय संशोधन की "विषय–वस्तु" के रूप में इस प्रारूप में अध्ययनार्थ लिये जाते हैं। इसमें एक को पूर्णतः नियंत्रित रखा जाता है अैर दूसरे को बाह्य प्रभावों से प्रभावित होने के लिये अनियंत्रित रखा जाता है। नियंत्रण में रखी हुई में कोई भी परिवर्तन नहीं होने दिया जाता। अनियंत्रित पर किस प्रभाव से क्या परिवर्तन हुआ है यह देखा जाता है। इससे परिवर्तन लाने वाले कारणों का ज्ञान होता है। उदाहरण–कामगारों के दो समूह, पहला नियंत्रित और दूसरा अनियंत्रित। अनियंत्रित समूह कामगार संगठन के अभाव में, कामगार संगठन के प्रभाव में अनियंत्रित कामगारों की प्रवृत्ति में परिवर्तन आया। इससे यह निष्कर्ष निकाला जा सकता है कि परिवर्तन लाने से कामगार संगठन कारणीभूत है।

(ब) परीक्षण के पहले और बाद में संशोधन प्रारूप

इस प्रारूप में एक ही "विषय–वस्तु" का अध्ययन भिन्न–भिन्न परिस्थितियों में किया जाता है। पहले विषय वस्तु का अध्ययन मूल या वर्तमान स्थिति में किया जाता है और उसके बाद उसी "विषय–वस्तु" का गहन अध्ययन पूर्णतः परिवर्तित परिस्थिति में किया जाता है। उदाहरण–भारत की संयुक्त कुटुम्ब पद्धति अस्तित्व में थी। औद्योगिकरण के साथ–साथ संयुक्त कुटुम्ब पद्धति समाप्त होने की ओर अग्रसर हुई और आज पूर्णतः औद्योगिक बने हुए भारत के क्षेत्र में संयुक्त कुटुम्ब पद्धति अस्तित्वहीन हो चुकी हैं। संयुक्त कुटुम्ब पद्धति की विभक्ति का कारण है

औद्योगिकरण। इसीलिए ऐसा निष्कर्ष निकाला जा सकता है कि औद्योगिकरण से ही संयुक्त कुटुम्ब पद्धति अस्तित्वहीन होने के मार्ग पर अग्रसर है।

(स) कार्यान्तर तथ्य परीक्षण संशोधन प्रारूप

इस प्रारूप का उपयोग ऐतिहासिक घटनाओं के अध्ययन के लिये किया जाता है। ऐतिहासिक घटनाओं की पुनरावृत्ति अशक्य है इसीलिये संशोधक अध्ययन के लिये दो या अधिक समूहों को लेता है, उसमें से एक समूह जिसमें घटना घटित हुई है और दूसरा जिसमें घटना घटी नहीं। उदाहरण–सैनिक क्रांति। समान स्वरूप और अवस्था वाले दो राज्यों में से एक में सैनिक क्रांति हुई और दूसरे में कुछ नहीं हुआ। इन दोनों राज्यों का तुलनात्मक अध्ययन करके क्रांति के कारणों की खोज की जाती है अथवा उन कारणों को खोजा जाता है जो सैनिक क्रांति नहीं होने देते।

कार्यान्तर तथ्य संशोधन के अन्तर्गत वर्तमान परिणामों को भूतकालीन परिस्थिति से निर्मिती "स्थिति" मान लिया जाता है। इस प्रारूप के अनुसार अध्ययन की सबसे बड़ी समस्या है–समूहों की खोज। कृत्रिम रूप से दो समूहों में समान स्थिति निर्माण करना यह तो उससे भी अधिक कठिन काम है। इस प्रारूप का उपयोग करके संशोधक भूतकाल से वर्तमान काल में पहुंचता है लेकिन भविष्य का ध्यान नहीं रखता। इसमें संशोधक ऐसे चरों का चुनाव कर उन्हें नियंत्रित करता है, जिनमें सम्बन्धित पूर्ण जानकारी उपलब्ध है। समान विशिष्ट गुण रखने वाले दो समूहों का अध्ययन करके उन विशिष्ट गुणों के प्रभाव में मापन किया जाता है। इसके लिये दस्तावेजों का उपयोग करके उन समूहों का व्यवहार कैसा था यह जाना जाता है और उसके आधार पर परीक्षणात्मक संशोधन किया जाता है और उसके बाद दूसरे समूह को नियंत्रित करके, समान परिस्थिति और विशिष्ट गुणों से युक्त चरों की निर्मिती करके समूह और चरों का गहन अध्ययन किया जाता है। इस अध्ययन से उपलब्ध तथ्यों की तुलना दस्तावेजी तथ्यों से की जाती है।

इस प्रारूप के अध्ययन का क्षेत्र और सीमा दस्तावेजों की उपलब्धि पर पूर्णतः निर्भर हैं। यदि पुरानी घटना अध्ययन के लिये ली तो घटना के समय अस्तित्व में रही पीढ़ी के अनुभव से प्राप्त हो सकने वाली तथ्य सामग्री से संशोधन वंचित रहता है। इस अध्ययन के परिक्षणात्मक "चर" और उनके मापन का लेखन अंको में किया गया हो तो उनका पररस्पर सम्बन्ध विश्लेषण पद्धति से प्रस्तुत कर सकते है। थोड़े शब्दों में ऐतिहासिक घटना चक्र इस प्रारूप के अध्ययन का विषय रहता है और उसके अध्ययन से संशोधक आधुनिक युग निर्माण करने वाले कारणों की खोज करता है।

उपसंहार - सामाजिक विज्ञान का संशोधक चाहे वह राज्यशास्त्र का हो

या वाणिज्य का, संशोधन की "विषय–वस्तु" को नियंत्रण में नहीं रख सकता अथवा नियंत्रण में रखना उसके लिए कठिन रहता है। यदि उसे इस प्रारूप का उपयोग अपने अध्ययन में करना हो तो उसे पूर्व तैयारी करके विविध संस्थाओं की सहायता उपलब्ध कर लेनी चाहिए। उदाहरण–शासन, अर्द्धशासकीय संस्था, और अशासकीय संस्था। इनके लिये संशोधक को सहायकों को प्रशिक्षित करके टीम का निर्माण करना पड़ेगा और उसमें से प्रत्येक को विशिष्ट कार्य की जिम्मेदारी सोंपनी पड़ेगी। इसी प्रकार संशोधन के साहित्य को उपयुक्त बनाना पड़ेगा। पूर्व परिणामों की जांच करने के लिये वह परीक्षण और पूर्व परीक्षण पद्धति को लागू करेगा। इस जांच में पूर्ण समानता नहीं दिखाई देगी लेकिन यदि उसमें समानता और समदृश्यता दिखाई दे तो अध्ययन यशस्वी हुआ, यह समझना चाहिए। कुछ समय इस प्रारूप के द्वारा इच्छित लक्ष्य की प्राप्ति नहीं होती, ऐसे समय परीक्षण प्रक्रिया में परिवर्तन करना चाहिए या प्रारूप में सुधार करना चाहिए।

11

क्रियात्मक परिभाषा

(Operational Definition)

इसे परिचालनात्मक परिभाषा भी कहते हैं।

राजनीति विज्ञान का विस्तार "मन" से "अंतरिक्ष" तक हुआ है। Psyco-Politices to Astro Politices तक इस विज्ञान की शाखाएं फैली हैं। अतः नये शब्दों, संज्ञाएँ एवं परिभाषाएँ कालबाह्य हो गईं और इनके पुराने अर्थ अपर्याप्त हो गए। अतः इनकी पुनः व्यवस्था अथवा परिभाषा नये संदर्भों में करना आवश्यक हो गया।

राजनीति विज्ञान में प्रयोग में लाई जाने वाली संकल्पनाएँ मानव के राजकीय जीवन तक सीमित न रह कर संपूर्ण मानव जीवन को स्पर्श करती हैं और उसको प्रभावित भी करती है। शासन एवं राजनीति से सम्बन्धित कल्पनाएँ आज अधिक महत्त्व की हो गई। संकल्पनाओं का उपयोग विश्लेषण, संशोधन और सिद्धांत निर्माण के लिए किया जाता है। ऐसा करने के लिए संकल्पना को "परिभाषा" (Definition) या "विस्तारण" (Explication) की प्रक्रिया में ढालना पड़ता है।

परिभाषा - "अनुभव–सिद्ध संकल्पनाओं का अर्थ विस्तार से स्पष्ट करने को परिभाषा कहते हैं।"

राजनीति विज्ञान में सबसे बड़ी कठिनाई यह है कि इसमें अधिकांश वस्तुएँ प्रेक्षणीय नहीं होती और उनके अर्थ भी सुनिश्चित एवं स्पष्ट नहीं होते। लोक–तंत्र, समाजवाद, लोक–कल्याण, प्रभाव आदि की परिभाषा प्रेक्षणीय वस्तुओं की विशेषताओं के आधार पर देना अत्यन्त कठिन कार्य है। इसलिए ऐसी संकल्पनाओं को क्रियात्मक (Operational) ढंग से परिभाषित करना होता है।

एकॉफ एवं अन्य–"पूर्णतः निर्धारित परिस्थितियों में निश्चित वस्तुओं पर की गई प्रक्रिया से सम्बन्धित संकल्पना को क्रियात्मक परिभाषा कहते है।"

"शक्ति" – यह संज्ञा अनेको संज्ञाओं में से एक है जिसे क्रियात्मक परिभाषा से ही अभिव्यक्ति देकर सन्दर्भ में स्पष्ट कर सकते है। उदाहरण–सरदार वल्लभभाई पटेल ने संस्थानिकों पर "शक्ति" का प्रयोग किया। परिणामस्वरूप संस्थानों का भारत में विलिनीकरण सुगमता से हो गया। उपरोक्त उदाहरण में "शक्ति" की क्रियात्मक परिभाषा की गई है। इस प्रकार से किये जाने वाले सभी कार्य शक्ति की क्रियात्मक परिभाषाएँ मानी जाएंगी। अर्थपूर्ण अनुभविक संकल्पना को विकसित करने के सभी "प्रयास" क्रियात्मक परिभाषा से सम्बन्धित है। ब्रिजमैन ने उन तथ्यों के जिनकी विशेषताओं का प्रत्यक्षतः अवलोकन संभव नहीं था, विश्लेषण के लिए विकसित किया। इस प्रक्रिया के अनुसार, अनुभविक प्रेक्षणों पर आधारित विशेषताओं की संकल्पना या परिभाषा को, किसी पद या संकल्पना से, जो प्रेक्षणीय हो, जोड़ दिया जाता है। क्रियात्मक परिभाषा की दशाओं को इस प्रकार निर्दिष्ट किया जाता है कि यदि विशिष्ट परिणाम या विशेषता को देख लिया जाता है, तो उस घटना को अस्तित्वयुक्त मान लिया जाता है।

क्रियात्मक परिभाषा के गुण

(1) क्रियात्मक परिभाषा में "चितवत्ति" सम्बन्धित गुण का होना आवश्यक है। "चित्तवृति" को समझने के लिए जिसे आम आदमी मन कहता है वह संशोधकों के लिए अन्तःकरण चतुष्ठय है। (क) मन, (ख) बुद्धि, (ग) चित्त, और (घ) अहंकार।

(क)	**मन**	–	जिस पर बाह्य एवं अन्तर (External & Internal) संवेदनाओं के तरंग उठते है, संकल्प–विकल्प उठते हैं।
(ख)	**बुद्धि**	–	उपरोक्त तरंगों–सम्बन्धी निश्चयात्मक विचार करने वाली।
(ग)	**चित्त**	–	निश्चयों को कृति में लाने वाला।
(घ)	**अहंकार**	–	उपरोक्त संकल्प, निश्चय और कृति मेरी है, इसका बोध।

संसार के हर एक वस्तु में फिर वो घटना, व्यक्ति, जड़–पदार्थ या कुछ भी हो "चित्तवत्ति" होती ही है। इसे सरल एवं सुगमता से आम आदमी समझें इसलिए "प्रवृत्ति" कहते हैं। हर एक में प्रवृत्ति को अभिव्यक्त करने में क्षमता होती है। जैसे वर्ग, सरकार, अणु बम्ब आदि–इनमें से हर एक की "शक्ति" का अदृश्य रूप में बोध होता ही है, या इनके "शक्ति" की क्षमता का बोध होता है।

(2) क्रियात्मक परिभाषा का दूसरा गुण है "परिकल्पनात्मक या उपकल्पनात्मक विरचना" (Hypothetical Construct) जिसका अवलोकन नहीं किया जा सकता, फिर भी उसकी सैद्धांतिक निश्चितता आवश्यक होती है। उदाहरण–"प्रभाव" का

अवलोकन नहीं किया जा सकता किन्तु "प्रभाव" के परिणाम का अध्ययन किया जाता है। अतः क्रियात्मक विरचना को राजनीतिक विश्लेषण में अत्यन्त महत्त्व का स्थान प्राप्त हुआ है।

उपकल्पनात्मक विचरना को परिभाषात्मक संकल्पना भी कहा जाता है। क्रियात्मक विरचना सिद्धांतों के विकास सम्बन्धी प्रयासों में मध्यवर्ती "विचार बन्ध" प्रदान करती है जैस व्यवस्था, शक्ति, सत्ता आदि।

(3) क्रियात्मक परिभाषा के दाएं भाग में शब्दों की परिभाषा रहती है, इसे परिभाषित भाग (Definiens) कहते हैं तथा उसके गुणों को परिभाषण (Definiendum) कहते है। इसके अलावा क्रियात्मक परिभाषा में "समय–क्रम," "सिद्धांत–शब्द सम्बन्ध" और अर्थ की प्रामाणिकता को महत्त्व दिया जाता है। उदाहरण– "आदमी सामाजिक प्राणी है।" इस क्रियात्मक परिभाषा में "आदमी" परिभाषित भाग है और "सामाजिक प्राणी" उसका गुण है।

राजनीतिक संशोधन में "समय" को सर्वाधिक महत्त्वपूर्ण "कारक" माना गया है। अभिवृत्तियां, शक्ति–संबंध, व्यक्ति–कार्य आदि में बदलते रहते हैं। इसलिए परिभाषित भाग एवं परिभाषण में "समय–तत्त्व" के प्रभाव को "चर" रूप में स्थान दिया जाता है। किन्तु राजनीति विश्लेषणों का निष्कर्ष "समय–साक्षेप" नहीं होने चाहिए क्योंकि क्रियात्मक दशा बदलती ही रहती है और कालांतर में "समय–साक्षेप" परिभाषा अर्थहीन हो जाती है। इसलिए क्रियात्मक परिभाषाएँ समय–साक्षेप या स्थान–साक्षेप नहीं होनी चाहिए। ऐसी अवस्था में "क्रियात्मक परिभाषा" करना अत्यन्त कठिन कार्य हो जाता है। परिभाषा को "क्रियाबद्ध" करने से उसका स्वरूप तकनीकी हो जाता है और वह सैद्धांतिक नहीं रहती। परिभाषा करने वाले ने स्वयं को इस दोष से बचाना चाहिए।

संरचना की दृष्टि से वैज्ञानिक सिद्धांत एवं गणितीय व्यवस्था को समान माना गया है, किन्तु "विषय–वस्तु" की दृष्टि से वैज्ञानिक सिद्धांत का अनुभविक होना आवश्यक है। इसीलिए क्रियात्मक परिभाषा में संरचना की तुलना में "विषय–वस्तु" को अधिक महत्त्व दिया गया है। अतः क्रियात्मक संकल्पना के निर्माण में प्रत्यक्ष अवलोकित गुणों को आधार बनाना चाहिए। इसकी जांच एक ही तथ्य को लेकर दो या अधिक सिद्धांत या सैद्धांतिक संकल्पना निर्माण से कर सकते हैं।

क्रियात्मक परिभाषा में तकनीकी, वैज्ञानिक परिभाषा को प्रयोग में लाना चाहिए। क्रियात्मक परिभाषा शाब्दिक (Nominal) होती है और वह संशोधन एवं सिद्धांत सम्बन्धित आवश्यकता की पूर्ति के लिए निर्माण की जाती है।

12

लघु - अध्ययन
(Pilot Study)

वृहद् व्याप्ति के लम्बे समय तक चलने वाले संशोधन की शुरुआत करने के पूर्व "अध्ययन–विषय" के बाबत जानकारी प्राप्त करने के लिए लघु स्तर पर सीमित परिमाण के किए गए अध्ययन को "लघु–अध्ययन" या "पायलट स्टडी" कहते हैं। इस अध्ययन से प्राप्त जानकारी "बड़े अध्ययन" के लिए निर्माण की जाने वाली योजना का आधार होती है। लघु–अध्ययन में विषय–वस्तु के समग्र का प्राथमिक सर्वेक्षण या अध्ययन "अध्ययन–समस्या" का सामान्य ज्ञान संशोधक को उपलब्ध कराता है। यह सामान्य ज्ञान समस्या का स्वरूप एवं उसके विविध तत्त्वों को समझने में सहायक होता है।

लघु-अध्ययन की आवश्यकता

किसी भी उपकल्पना को प्रस्तुत न कर समस्या का अध्ययन किया जाता है। समग्र का लघु प्रतिनिधित्व करता हो ऐसे नमूने का चयन अध्ययन के लिए किया जाता है। इस स्तर पर अध्ययन का स्वरूप "साक्षात्कार–मार्गदर्शक" का होता है। साक्षात्कार (Interview) के दौरान संशोधक इस प्रयत्न में होता है कि साक्षात्कार देने वाला उसे ऐसे सूत्र दे जो समस्या को जानने और समझने में सहायक हो सके–जैसे संज्ञाएँ, शब्द, वाक्य या वस्तु को निश्चित अर्थ प्रदान करने वाले परिच्छेद आदि। इसी तरह अन्वेषण के लिए क्षेत्र को निश्चित करने वाले वाक्य या उत्तर, एक ही प्रश्न के उत्तर में दी हुई अलग–अलग जानकारी और उन उत्तरों में भेद जो समस्या की बहुविधता को उजागर करती है और कभी–कभी अध्ययन विषय के अज्ञान क्षेत्र का बोध कराती है। उपरोक्त जानकारी के पश्चात् ही उपकल्पना निर्माण की क्षमता संशोधक में आती है। इसके लिए उसे साक्षात्कारों से उपलब्ध जानकारी के लिखित निष्कर्षों का विश्लेषण अनिवार्य होता हैं। इस विश्लेषण से प्राप्त मुद्दे प्रश्नावली निर्माण के आधार बनते हैं। प्रश्नावली जितनी अधिक समस्या से जुड़ी होगी उतनी ही वह लघु–अध्ययन को सफल बनाने में

कारगर सिद्ध होगी। सफल लघु–अध्ययन संशोधक के श्रम, समय एवं धन की बचत करेगी और अनुपयोगी उपकल्पना निर्माण के धोखे से बचायेगी।

संशोधन में चरों को पहचानने में लघु-अध्ययन की भूमिका

"सामग्री" एवं उसकी "लोकसंख्या" (Univeres and its Population) बाबत कुछ प्रमाण में व्यवस्थित ज्ञान प्राप्त कराने में लघु–अध्ययन सहायक होता है। इसी ज्ञान का उपयोग "मुख्य अध्ययन" के लिए "संशोधन प्रारूप" निर्माण में किया जाता है। लघु–अध्ययन से प्राप्त विषय–वस्तु का अंशात्मक ज्ञान संशोधन के "चरों" को पहचानने में एवं समस्या का स्वरूप स्पष्ट समझने में, साक्षात्कार में आने वाली रुकावटें और साक्षात्कार को कितना एवं कैसा प्रतिवाद मिलेगा इसकी सम्भाव्यता स्पष्ट करता है। संभाव्यता को आधार बनाकर आगे का अध्ययन किया जाता है। इसमें प्रश्नावली एवं अनुसूची पद्धति का प्रयोग किया जाता है। अध्ययन के इस स्तर पर कभी–कभी ऐसे भी "तथ्य" प्राप्त होते हैं जिनकी कल्पना में संशोधक नहीं करता।

लघु-अध्ययन का मूल्य

लघु–अध्ययन एवं "पूर्व–परीक्षण" (Pre-test) का उपयोग संशोधन सर्वेक्षण में बहुत बड़े प्रमाण में किया जाता है। लघु–अध्ययन से निम्नलिखित लाभ होते हैं –

(1) नमूनों का चयन करने के लिए "नमूना–समूहों" को निश्चित करता है।

(2) "चर" के किस गुण को अन्य गुणों की तुलना में प्राधान्यता देकर सर्वेक्षण किया जाए, इसका निर्धारण करता है।

(3) अध्ययन में कितने प्रतिशत नमूनों से संशोधक सम्पर्क प्रस्तावित नहीं कर सकेगा इसका अनुमान निकाला जा सकता है।

(4) सामग्री संकलन के साधन निश्चित करता है।

(5) प्रश्नावली, अनुसूची एवं साक्षात्कार–अनुसूची को स्पष्ट, सरल, सुलभ एवं त्रुटीरहित बनाने में सहायक होता है।

(6) साक्षात्कार–प्रक्रिया का अनुक्रम निश्चित करता है। जैसे :

    (अ) सूचना
    (ब) उद्देश्य
    (स) अपेक्षा
    (द) सहयोग आदि।

(7) प्रश्नावली के प्रश्न एवं उनके उत्तर निश्चित किए जाते हैं। उत्तरों में से जो उत्तर उत्तरदाता सही मानता हो उसके √ चिन्हांकित करने के लिए सूचना दी जाती है।

(8) लघु–अध्ययन ही संशोधन में सर्वेक्षण की कालावधि एवं खर्च निर्धारण में मददगार होता है। इसी पर नमूनों की संख्या आधारित होती है।

(9) लघु–अध्ययन ही संशोधन क्षेत्र में संगठन एवं संशोधन कार्यालय में संसूचन किस प्रकार रखा जा सकता है इसका "बोध" कराता है।

रहस्यमय समस्या के रहस्यों को भेद कर उसकी क्लिष्टता को कम करता है और समस्या की गहनता का बोध संशोधक को करवाने में "लघु–अध्ययन" अहम् भूमिका निभाता है। इस तरह पहले की तुलना में "स्पष्ट समस्या" का कालांतर में अध्ययन के बाद समाधान या समस्या से मुक्ति के लिए उपाय खोजने में संशोधक सफल होता है।

लघु–अध्ययन का प्रारूप एवं व्याप्ती संशोधक के पास उपलब्ध समय, धन, सुविधाएँ एवं श्रम पर निर्भर रहता है।

लघु–अध्ययन की सफल समाप्ति के बाद संशोधक का यह कर्तव्य बनता है कि वह खुद से ही अनेक प्रश्न कर उनके उत्तर ईमानदारी से दे। ये प्रश्न हैं –

(1) क्या संशोधन–प्रकल्प योजनानुसार पूर्ण करे या छोड़ दे?

(2) संशोधन से होने वाली प्राप्ति योग्य और उचित है क्या?

(3) क्या "संशोधन–प्रकल्प" पूर्ण होने के पश्चात् "सत्य की प्राप्ति" एवं नये ज्ञान की प्राप्ति होगी?

इन प्रश्नों के उत्तर सकारात्मक आए तो संशोधक बेधड़क "संशोधन–प्रकल्प" पर काम करना शुरू करे। लघु–अध्ययन ही संशोधक का अन्तिम आश्रय–स्थान होता है जहां वह संशोधन–प्रकल्प ही परिणाम कारकता के लिए निर्भर होता है।

13

अनुमान अथवा संभावना और नमूना

(Probability and Sampling)

ज्ञात ज्ञान के आधार से अज्ञात को जानने के लिये "संभावना" अथवा "अनुमान" की मदद प्रत्येक संशोधक को लेनी पड़ती है। इस कारण संभावना को संशोधन में महत्त्व प्राप्त हो गया है। संशोधन में सांख्यिकी अध्ययन के लिये संभावना का गहन अध्ययन आवश्यक है। संख्यात्मक संशोधन प्रणाली पूर्णतः "संभावना" की कल्पना पर निर्भर है।

"संभावना" याने किसी घटना, प्रसंग, विचार, प्रभाव, अभिप्राय, भावना आदि की पुनः प्रकटन होने की आशा अथवा ईश्वरीय योग अथवा संयोग है। "संभावित घटना" वह घटना है जिसके घटने के योग अधिक है। "संभावना," "आशा," "संयोग," "ईश्वरीय योग" आदि का गणितीय विश्लेषण माने "संभावना के सिद्धांत" है। संभावना के सिद्धांत ये "विषय–वस्तु" में अनिश्चितता के तत्त्वों का अध्ययन करके उसकी अनिश्चितता के उपचार की खोज करने का प्रयत्न करते हैं। "संभावना के सिद्धांत" से संशोधन में सांख्यिकी विश्लेषण अधिकाधिक जनप्रिय और महत्त्वपूर्ण बन गया है। सांख्यिकी विश्लेषण ने संभावना को इतना अधिक प्रभावित किया है कि आज "सांख्यिकी नियमीतपन" के नियम प्राथमिक स्वरूप में संभावना के आधार बन गए है।

संशोधन में "नमूना" के चयन की समस्या को हल करने के लिये संभावना अत्यधिक उपयोगी रहती है और इसीलिए संभावना को आधार मानकार नमूना का चयन किया जा रहा है। इससे संभावना को संशोधन में महत्त्वपूर्ण स्थान प्राप्त हो गया है।

नमूनों में "होना वह है" यह आशा ही अभिव्यक्त की गई है। यह "होना वह है" रहने वाले नमूनों में जितने तथ्य और जानकारी प्राप्त करने की आशा रहती है, उसके आधे तथ्य और जानकारी मिली तो भी चलेगा, यह पहले ही मान लिया जाता है।

निदर्शन अथवा नमूना "समस्त का" प्रतिनिधित्व करने वाला एक लघु रूप है। चयनित नमूना यह "समस्त (Universe) का" वास्तविक और यथार्थ प्रतिनिधित्व करेगा ऐसा माना जाता है। नमूना चयन के लिये अनेक पद्धतियां उपलब्ध हैं। संशोधक इन पद्धतियों में से कुछ का चयन अध्ययन स्वरूप के आधार पर करता है। इन चयनित पद्धतियों का उपयोग करके "नमूना" का चयन किया जाता है। ऐसा करने पर ज्यादा से ज्यादा प्रमाण में समस्त का प्रतिनिधित्व कर सकें ऐसे नमूनों के चयन की संभावना बढ़ाई जाती है।

संभावना को संशोधन में महत्त्व देकर उपयोग में लाने का अध्ययन चयनित नमूनों से प्राप्त हुए तथ्यों और जानकारी के आधार पर किया जाता है। यह जानकारी संशोधन को विविध प्रक्रिया से निकालकर अन्त में उसका विश्लेषण करके निष्कर्ष निकाले जाते हैं। जब संभावना का उपयोग करके संशोधन कम समय, पैसों और श्रम में किया जा सकता है और निकाले गये निष्कर्ष अचूक और विश्वसनीय रहते हैं, तब सम्पूर्ण विषय–वस्तु का अध्ययन करना अनावश्यक होगा। यह लाभ सम्भावना के द्वारा होने से सभी और संशोधक विस्तृत "विषय–वस्तु का" अथवा "समस्त का प्रतिनिधित्व करने वाले लघु स्वरूप का अध्ययन कर रहे हैं। इस प्रकार लघु स्वरूप का अध्ययन करके निकाले गये निष्कर्ष समस्त पर उसी रूप में लागू किये जाते है, इसमें युक्तिवाद ऐसा है कि "प्रतिनिधित्व के सन्दर्भ में" जो सत्य है वह जिसका प्रतिनिधित्व कर रहा है उसके सन्दर्भ में भी सत्य है और यह कल्पना सभी और अलिखित स्वरूप में मान्य हो गई है। यही कल्पना सम्भावना को संशोधन में मान्यता प्राप्त करने में कारक हुई है।

सम्भावना के संभवनियता के वृद्धि के लिए

सम्भावना के सम्भावनीयता में वृद्धि करने के लिये संशोधक ने नमूना चयन के लिये निम्न मुद्दों (Criteria) को लागू करना चाहिए :

(1) संशोधक ने किसी प्रकार का पक्षपात न करके नमूनों का चयन करना चाहिए।

(2) चयनित नमूनों द्वारा इच्छित जानकारी और तथ्य प्राप्त होंगे इतना उनका आकार, व्याप्ति और संख्या रखनी चाहिए।

(3) चयनित नमूना अन्य पर्यायी पद्धतियों की अपेक्षा अधिक कारक होना चाहिए इस व्यावहारिक दृष्टिकोण से उसका चयन करना चाहिए।

नमूने का चयन करते समय संशोधक के सामने अनेक समस्यायें आती हैं, लेकिन इनमें से केवल वो ही समस्याएँ अधिक प्रभावी रहती हैं और उनका निराकरण किए बिना अध्ययन की सफलता को स्वीकार नहीं किया जा सकता।

ये दो समस्याएँ निम्नानुसार हैं :

(अ) संशोधन की विषय–वस्तु में कौनसे तत्त्वों को नमूना रूप में और कितने प्रमाण में चयन करें, इस गहन समस्या का निराकरण संशोधन को संशोधन विषय का अध्ययन शुरू करने के पहले ही करना पड़ता है।

(ब) नमूनों द्वारा उपलब्ध जानकारी और तथ्य कितने विश्वसनीय हैं और उन पर अध्ययन के लिये कितना निर्भर रह सकते है इसका मापन नहीं कर सकते अथवा यह अत्यधिक कठिन कार्य है।

इन दोनों समस्याओं के निराकरण के लिए संशोधक को सम्भावना की मदद लेनी पड़ती है क्योंकि सामने दूसरा कोई भी पर्याय नहीं रहता है। संशोधक सम्भावना के संभवनियता पर निर्भर रहकर ही संशोधन करता है। सम्भावना को आधार मानकार ही वस्तु का सांख्यिकी और गुणात्मक मापन सरल और सुलभ होता है। संभावना के निष्कर्ष इकाई के निकाले गये "मूल्यों पर" निर्भर रहता है।

14

संशोधन कार्य पद्धति
(Revised Work Method)

संशोधन कार्य मुख्यतः निम्नलिखित दो पद्धतियों के आधार पर किया जाता है :

(1) जनगणना पद्धति,

(2) निदर्शन अथवा नमूना पद्धति।

जनगणना पद्धति के द्वारा अध्ययन विषय की सभी इकाइयों का अध्ययन किया जाता है और इस अध्ययन के आधार पर संशोधन के निष्कर्ष निकाले जाते है। नमूना पद्धति में सभी इकाइयों का अध्ययन न करके समग्र में ऐसे कुछ इकाइयों का चयन किया जाता है जो सभी इकाइयों के अध्ययन के आधार पर निष्कर्ष निकाले जाते है और उन्हें ही समग्र का निष्कर्ष माना जाता है। नमूना पद्धति में संशोधक समग्र को अपने अध्ययन का केन्द्र न बनाकर नमूनों को बनाता है, इससे वह विषय–वस्तु का गहन अध्ययन करता है। इससे समय, श्रम और धन की बचत होती है।

समग्रों का चयन

जिसमें नमूना निकाला जाता है ऐसे संपूर्ण समूह को "समग्र" (Universe) कहते हैं। सर्व साधारणः "समग्र" यह सम्पूर्ण समूह अथवा जनसंख्या के लिए उपयोग में लाई जाती है इसमें सभी इकाइयाँ समाविष्ट होती हैं। प्रो. काल्विन स्मिथ के अनुसार "सांख्यिकी समग्र" जनसंख्या के गुण अथवा स्वभाव अथवा अचल पदार्थ (गांव, कारखाने का प्रतिदिन उत्पादन, जनमत आदि) रह सकता है याने व्यक्ति के समूह के साथ–साथ, गुण और जड़ पदार्थ भी संशोधन के विषय में समाविष्ट हो तो उन्हें भी "समग्र" मोना जाएगा।

समग्रों का चयन कैसे करना? इस समस्या को संशोधक ने सावधानी से हल करना चाहिए। सामग्री का चयन करते समय संशोधन की आवश्यकतानुसार उनके अनेक प्रकारों में से एक या कुछ का चयन करना चाहिए। चयनित प्रकार

संशोधन और उसके परिणाम को विश्वसनीय, वैज्ञानिक और वैयक्तिक बनाने में सक्षम होना चाहिए।

समग्र के चार प्रकार हैं –

(1) निश्चित,

(2) अनिश्चित,

(3) वास्तविक, और

(4) काल्पनिक।

(1) निश्चित : जिस समग्र में सभी इकाइयों को पूर्ण रूप से निश्चित किया जाता है उस समग्र को निश्चित समग्र कहते हैं। उदाहरण शहर, श्रमिक, यूनियन, कॉलेज आदि। कॉलेज को समग्र के रूप में अध्ययन के लिये लिया तो प्राचार्य से चपरासी और सभी विद्यार्थी निश्चित रहते हैं, और वे इकाई के रूप में अध्ययन के लिये जा सकते हैं, इसमें केवल अध्ययन को कालबद्ध करना पड़ेगा।

(2) अनिश्चित : अनिश्चित समग्र में निरन्तर परिवर्तन आते हैं। इसीलिए उसके इकाई निश्चित नहीं किये जा सकते। उदाहरण – 1988 में रविवार को सुबह दूरदर्शन पर प्रदर्शित होने वाले "रामायण" कार्यक्रम को देखने वालों की संख्या निश्चित नहीं कर सके, प्रत्येक रविवार की संख्या निश्चित नहीं कर सकते थे। प्रत्येक रविवार को संख्या में परिवर्तन होता था। ऐसे समग्र का अध्ययन करते समय ऐसी इकाइयों को खोजना होगा जिन्होंने प्रत्येक रविवार को "रामायण" देखा हो या फिर इकाई को बदलते रहना पड़ेगा।

(3) वास्तविक : वास्तविक समग्र के इकाइयों की संख्या को वास्तविक ज्ञान उपलब्ध रहता हैं। उदाहरण–अकोला की एम. टी. सी. मील सांवतराम सामप्रसाद में 1,300 श्रमिक कार्यरत हैं। इनमें से प्रत्येक श्रमिक के कार्य, वेतन और भत्ते, कार्य का समय आदि की पूर्ण जानकारी संशोधक को सप्रमाण उपलब्ध है।

(4) काल्पनिक : ऐसे समग्र में वास्तविक संख्या का ज्ञान संशोधक को नहीं हो सकता। संशोधक अनुमान के आधार पर यह निश्चित करता है। उदाहरण –शहर की जनसंख्या मालूम है, लेकिन संशोधक को यह जनसंख्या आयु के गट के अनुसार अध्ययन के लिये लेना है। ऐसे समय आयु के गटों की गिनती असंभव होने से संशोधक कल्पना, अंदाज या अनुमान के आधार पर उन्हें निश्चित करता है।

उपरोक्त प्रकारों में से अध्ययन के लिये किसी एक प्रकार का चयन करना अत्यावश्यक है। संभव हो तो उसने निश्चित और काल्पनिक प्रकारों का चयन नहीं करना चाहिए अन्यथा अनेक व्यावहारिक कठिनाइयाँ अध्ययन में आएंगी और धन, श्रम और समय अधिक प्रमाण में खर्च करके भी परिणाम, स्पष्ट, निश्चित और लाभदायक नहीं होंगे।

समग्रों का चयन करने के बाद संशोधक को इकाइयों का निर्धारण करना पड़ता है। इकाइयों का चयन किसमें से करना चाहिए, कितनों का चयन करना चाहिए और कैसे चयन करना है, यह संशोधक निश्चित करता है। यदि मानव का अध्ययन कर रहा हो तो इकाई मानव ही होगा लेकिन इसके साथ वह जहां काम करता है, रहता है उसका व्यवसाय आदि भी इकाई बन जाएंगे। मानव को इकाई बनाकर किये गए संशोधन की अपेक्षा, "मानव इकाई नहीं" के संशोधन अधिक हुए हैं इसलिए संशोधक ने यदि मानव को इकाई बनाया हो तो भी जिन जड़ पदार्थों से वह इकाई सम्बन्धित है उनका स्थान भी अध्ययन में रहता है।

(1) भौगोलिक

शहर, तहसील, जिला, राज्य आदि।

(2) वस्तु सम्बन्धी

कुटिया, कच्चा मकान, क्वार्टर, फ्लैट, बंगला, महल आदि।

(3) सामाजिक समूह

परिवार, पाठशाला, धार्मिक संस्था, क्लब आदि।

(4) व्यक्ति

पुरुष, स्त्री, बच्चे, हिन्दू, मुसलमान, विदेशी आदि।

इकाई का चयन करते समय निम्न बातों का ध्यान रखना चाहिए –

(अ) इकाई स्पष्ट, निश्चित और नियोजित होनी चाहिये उदाहरण : कर्तव्यनिष्ठ और ईमानदारी व्यक्ति अध्ययन के लिये योग्य और अच्छी इकाई मानी नहीं जाती।

(ब) अध्ययन की इकाई विषयानुकूल होनी चाहिए—श्रमिकों के अध्ययन के लिए शारीरिक श्रम करने वाला श्रमिक अच्छी इकाई रहेगा।

(स) इकाई से किसी भी समय सम्पर्क प्रस्थापित होना चाहिए।

(द) इकाई प्रमाणिक होनी ही चाहिए, जिस इकाई की प्रमाणिकता के सम्बन्ध में शंका हो उसे टालना चाहिए।

समग्रों के इकाइयों में परस्पर भिन्नता देखी गई है। उनकी प्रवृत्ति भी भिन्न–भिन्न रहती हैं। इसलिए चयन करते समय ऐसी इकाइयाँ चुननी चाहिए जिनमें एकरूपता हो, जिनकी जानकारी उपलब्ध हो सकें, जो स्पष्ट और जिनका आकार अध्ययन के लिए योग्य हो।

नमूना (Sample)

सम्पूर्ण इकाइयों का अध्ययन करना आवश्यक होता है क्योंकि उनके घटकों के गुण धर्म एक समान रहते हैं। प्रतिशत से नमूनों का चयन कर उनका गहन अध्ययन किया जाता है और उसमें से निकाले हुए निष्कर्ष सम्पूर्ण इकाइयों के निष्कर्ष माने जाते है। इसमें संशोधन के अध्ययन में विश्वसनीयता तो रहती है और साथ–साथ उसका अनावश्यक व्यर्थ जाने वाले समय, श्रम, बुद्धि और धन की भी बचत होती है इस बचाये हुये समय का उपयोग वह विषय–वस्तु के गहन अध्ययन के लिये कर सकता है।

परिभाषा

गुड़े और हॉट : "नमूना यह नाम ही स्पष्ट करता है कि वह एक विस्तृत समूह का अपेक्षाकृत छोटा प्रतिनिधि है।"

बोगाईस : "नमूना यह पूर्व निर्धारित योजनानुसार इकाई के एक समूह में से एक निश्चित प्रतिशत का चयन है।"

श्रीमती पी. व्ही. यंग : "एक सांख्यिकी नमूना एक सम्पूर्ण का अथवा उसके योग (aggregate) का अत्यधिक छोटा चित्र है। जिसमें से नमूना लिया गया है।"

भिल्ड्रेड पार्टन : "समग्र विशेष में से निश्चित संख्या में व्यक्ति, घटना अथवा निरीक्षणों को अलग निकालने की प्रक्रिया अथवा पद्धति अध्ययन के लिये एक समग्र समूह में से एक भाग का चयन करना ही नमूना पद्धति है।"

प्राकृतिक वस्तु में जो समानता दिखाई देती है वह मानवीय विश्व में नहीं है। भौतिक विश्व की वस्तुओं के उत्पादन प्रणाली में समानता होगी ही, मानवीय विश्व में सामाजिक, राजकीय, सांस्कृतिक आदि घटना, मानव प्रवृत्ति, आदतें, परम्परा और स्वभाव में समानता नहीं होने से नमूनों का चयन करना कठिन है। मानवीय जीवन के प्रत्येक पक्ष में विविधता है और इस विविधता के घटकों को एक–दूसरे से अलग करना असंभव है, इसके बाद भी संशोधक ने इन सभी कठिनाइयों को हल कर ऐसे नमूनों का चयन करना चाहिये जो ज्यादा से ज्यादा अपने प्रतिनिधित्व को न्याय प्रदान कर सकें।

नमूना चयन की शर्तें

इन शर्तों को आधार के रूप में भी सम्बोधित किया जाता है। नमूनों के चयन पर तथ्यों का संकलन किया जाता है और इनमें से परिक्षित तथ्यों पर ही संशोधन की आगे की प्रक्रिया की जाती है और सिद्धांत का निर्माण और निष्कर्ष भी निकाले जाते है इसलिए संशोधक को निम्न शर्तों का पालन अवश्य करना ही चाहिए :

(1) समग्र से एकरूपता

(2) प्रतिनिधित्व की अन्यों की अपेक्षा अधिक क्षमता

(3) अधिक परिशुद्धता की सम्भावना

(1) समग्र से एकरूपता : समग्र के विभिन्न इकाइयों में यदि अधिक अन्तर न हो तो जिन इकाइयों का चयन किया जाएगा वे समग्र का प्रतिनिधित्व करेंगी। यदि समग्र के इकाइयों में वर्ग अस्तित्व में हो तो उनके प्रतिशत में इकाइयों का चयन करना चाहिए याने नमूना समग्र का योग्य प्रतिनिधित्व कर सकेगा। यदि समग्र के इकाइयों में पूर्णतः विरोधाभास हो तो परस्पर विरोधी इकाइयों में अध्ययन के लिए इकाई का चयन करते समय विरोधियों को योग्य प्रतिनिधित्व दिया जाना चाहिए। इस प्रकार से चयन किए हुए इकाइयों के आधार पर किए हुए अध्ययन के परिणाम लाभदायक और विश्वसनीय रहकर संशोधन को न्याय प्रदान कने में सहायक होंगे।

(2) प्रतिनिधित्व की अन्यों की अपेक्षा अधिक क्षमता : समग्र के इकाइयों के गुण विशेष के आधार पर विभाजन एक समय विविधता को आत्मसात किये है। उदाहरण – श्रमिकों में से ऐसे श्रमिकों का चयन करना चाहिये जो कार्य करता हो, यूनियन से सम्बन्धित हो, अनकल्याणकारी कार्य करता हो, विद्याभ्यासी हो, मनोरंजन एवं खेलों में सहभाग लेता हो और कभी–कभी शराब भी पीता हो, ऐसा नमूना अन्यों की अपेक्षा अधिक प्रमाण में समग्र के प्रतिनिधित्व के लायक है।

(3) अधिक परिशुद्धता की सम्भावना : नमूना में सौ प्रतिशत शुद्धता रहना असंभव है। इसलिये नमूना चयन करते समय ऐसी इकाइयों को अन्यों से अलग करना चाहिए जो अन्यों की अपेक्षा अधिक योग्य प्रतिनिधित्व परिशुद्ध स्वरूप में कर सकें। प्रतिनिधिपूर्ण नमूना वास्तविकता का प्रतिबिम्ब होता है और ऐसे नमूने अध्ययन के लिये लेने पर संशोधन के निष्कर्ष यथार्थ होते हैं। उदाहरण–किसी कार्यालय में अनुपस्थिति का अध्ययन करना हो तो, नमूना पद्धति का उपयोग कर नमूने प्राप्त किये जा सकते हैं। इस पद्धति के अनुसार 4 प्रतिशत कर्मचारियों की अनुपस्थिति रहने की आतद है, ऐसा निष्कर्ष निकला। इसके बाद समग्र का अध्ययन किया, इसमें यह निष्कर्ष निकला कि 3.8 प्रतिशत कर्मचारी अध्ययन की निश्चित कालावधि में अनुपस्थित थे। इन दोनों पद्धतियों में से निष्पन्न हुये निष्कर्षों में नगण्य अथवा अधिक अन्तर नहीं है। नमूना पद्धति में प्रयुक्त नमूने समग्र का परिशुद्ध स्वरूप में प्रतिनिधित्व करने वाले थे, ये बात सिद्ध हो जाती है।

नमूना पद्धति के लाभ

"जनगणना पद्धति" कष्टदायक और अनुपयुक्त होने से नमूना पद्धति का अधिकाधिक उपयोग किया जा रहा है। इस पद्धति से किये गये अध्ययन में गलतियों की संभावना कम रहने से यह पद्धति संशोधकों में अधिकाधिक जनप्रिय बन रही है। नमूना पद्धति के लाभों के "गुण" इस संज्ञा में भी अभिव्यक्त किए जा सकते हैं।

(1) परिणाम की शुद्धता : इस पद्धति में समग्र के कुछ ही नमूनों का

चयन कर उनका गहन अध्ययन किया जाता है। अध्ययन परिणम नमूनों पर निर्भर होने से उनका सावधानीपूर्वक चयन करना चाहिए।

(2) गहन अध्ययन : जनगणना पद्धति में संशोधक का ध्यान सभी इकाइयों पर रहता है। उसे सभी का अध्ययन करना होता है, और परिणामस्वरूप वह उनके सूक्ष्म अध्ययन से वंचित रहता है। नमूना पद्धति में चयन किये हुये नमूनों का वह एकाग्रता से गहन अध्ययन कर सकता है।

(3) लचीलापन : साधारणतः समग्र में से उतने ही इकाइयों का चयन किया जाता है, जो समग्र का अध्ययन करने में पर्याप्त हो। नमूनों की संख्या समग्र की प्रकृति और संशोधन के स्वरूप पर निर्भर रहती है। संशोधन के समय यदि नमूनों की संख्या कम अथवा ज्यादा करनी पड़ी तो वह सहजता से की जा सकती है। यह सुविधा जनगणना पद्धति में नहीं है क्योंकि उसमें समग्र के सभी इकाइयों का अध्ययन करना पड़ता है।

(4) समय की बचत : जनगणना पद्धति में समग्र का अध्ययन करने में अधिक समय लगता है और नमूना पद्धति में कुछ नमूनों का ही अध्ययन करने से समय कम लगता है।

(5) धन की बचत : इस पद्धति में कुछ इकाइयों का अध्ययन करने से उसे सीमित व्यक्तियों से ही सम्पर्क प्रस्थापित करना पड़ता है और कुछ स्थान और सीमित जड़वस्तु अथवा उनके प्रतिनिधित्व तक ही अध्ययन मर्यादित रहता है, इससे इसका धन कम खर्च होता है। इसके विपरीत जनगणना पद्धति में सभी इकाइयों जैसे व्यक्ति, स्थान और जड़ पदार्थ का अध्ययन करना होता है, ऐसा करना अत्यधिक खर्चीला है, कभी—कभी तो धन के अभाव में संशोधन परिपूर्ण नहीं हो सकता, इसलिए इस पद्धति द्वारा अध्ययन करने से धन की बचत निश्चित रूप में होती है।

(6) श्रम की बचत : नमूना पद्धति में जनगणना की तुलना में वास्तविक अध्ययन कम रहता है, इस प्रमाण में श्रम अपने आप ही कम होता है। श्रम में बौद्धिक और शारीरिक ये दोनों श्रम समाविष्ट हैं, लेकिन श्रम की बचत करने के उद्देश्य से संशोधक—प्रेरित नहीं होना चाहिए, अन्यथा वह गहन अध्ययन को भी सीमित करके श्रम की बचत की इच्छा करेगा और अध्ययन की परिशुद्धता में कमी होगी।

(7) संशोधन व्यवस्थापन में सुविधा : नमूना पद्धति में अध्ययन के लिए कम इकाइयाँ रहने से संशोधक को कम सहकारियों की आवश्यकता रहती है। इससे संशोधन का व्यवस्थापन सरल हो जाता है। इसके विपरीत जनगणना पद्धति में सभी इकाइयों का अध्ययन आवश्यक होने से अधिक सहयोगियों की आवश्यकता होती है और विषय वस्तु का कार्य क्षेत्र विस्तृत होने से अधिक यंत्र सामग्री और साधनों की भी आवश्यकता होती है और उनका व्यवस्थापन भी जटिल हो

जाता है।

(8) जनगणना पद्धति की असमर्थता : कभी–कभी ऐसी परिस्थितियां भी निर्माण होती हैं जिनमें जनगणना पद्धति का उपयोग विषय वस्तु के अध्ययन के लिये असंभव हो जाता है। उदाहरण–जब संशोधन के लिये ली हुई विषय वस्तु भौगोलिक दृष्टि से बिखरी हुई हो और दूर के प्रदेशों में पहुंचने के लिये साधन उपलब्ध न हो अथवा अध्ययन का समग्र अधिक जटिल हो, तो जनगणना पद्धति कार्यान्वित नहीं की जा सकती। ऐसे समय नमूना पद्धति का उपयोग करना आवश्यक हो जाता है।

नमूना पद्धति के दोष

नमूना पद्धति में अनेक लाभ के साथ–साथ कुछ दोष भी है। नमूना पद्धति का उपयोग एक सीमा में ही किया जा सकता है। इसके निम्न दोष है :

(1) नमूना को "स्थायी" रखने की समस्या : इस पद्धति में कुछ नमूनों के आधार पर संशोधन का निष्कर्ष निकालने के बाद सिद्धांत निर्मिती में अनेक असुविधाओं और कठिनाइयों को पार करना पड़ता है। सबसे महत्त्व की कठिनाई है नमूना को स्थायी रखने की समस्या। अनेकानेक कारणों से संशोधक चयनित नमूनों से सम्पर्क प्रस्थापित नहीं कर सकता अथवा चयनित नमूनों से तथ्य सामग्री प्राप्त होने की आशा भी असफल रहती है अथवा नमूना अयोग्य उत्तर देता है अथवा नमूना संशोधक को "क्या सिर दर्द है" कहकर 'नहीं' कह देता है। ऐसे समय उस नमूने का रद्द करना पड़ता है या बदलना पड़ता है। इसका प्रभाव संशोधन पर होता है।

(2) आधारभूत और विशेष ज्ञान की आवश्यकता : नमूनों का चयन कठिन कार्य हैं। जिन इकाइयों का चयन कर रहे हैं उनकी प्रकृति और समस्त की प्रकृति समदृश्य या अधिक प्रमाण में समान होनी चाहिए। उसी प्रकार नमूने के सन्दर्भ में कुछ आधारभूत तथ्यों की जानकारी भी होनी चाहिए। नमूनों के चयन के लिये संशोधक में ज्ञान, समझ, अनुभव और धैर्य आदि गुण होने चाहिए। ये गुण सभी संशोधकों में समान रूप में होना असंभव है इसलिये कुछ ही संशोधक विशेषज्ञ के रूप में इन पद्धतियों का सफलतापूर्वक उपयोग कर सकते है।

(3) यथोचित प्रतिनिधित्व की समस्या : आज के युग में जीवन इतना क्लिष्ट और जटिल बन रहा है कि इससे सामान्य व्यक्ति भी अप्रभावित नहीं रहा है। किसी भी विषय का चयन संशोधन के लिये किया हो, उसकी इकाइयां परस्पर भिन्नता रखती हैं। उनकी विविधता से संशोधक अधिक परेशानी में पड़ता है और नमूनों का चयन अधिक कठिन हो जाता है। यदि नमूना यथोचित अथवा उचित न हो तो संशोधन के निष्कर्ष कम विश्वसनीय और कम प्रमाणिक निकलेंगे।

(4) पक्षपात की संभावना : बहुधा इस पद्धति में नमूनों का चयन पक्षपातरहित नही होता इसलिए निष्कर्ष भी पक्षपातपूर्ण रहते हैं। तटस्थता को

छोड़ने से यह दोष निर्माण होता है, ऐसे संशोधन अवास्तविक, अविश्वसनीय और भ्रांतिपूर्ण निष्कर्ष निकालने वाले रहते है।

(5) अध्ययन की असंभावना : जहां अध्ययन की 'विषय वस्तु' ही छोटी हो वहां नमूना पद्धति कार्यान्वित नहीं की जा सकती। उदाहरण—ग्राम पंचायत अथवा किसी लघु उद्योग का अध्ययन करना हो तो इस 'विषय वस्तु' में इकाइयां गिनकर पन्द्रह या बीस होंगे, तो इस अध्ययन के लिए नमूना पद्धति कार्यान्वित नहीं की जा सकती। उसी प्रकार जिस अध्ययन में एकरूपता न हो अथवा जिसके इकाइयों में परम विरोधाभास हो वहां भी यह पद्धति कार्यान्वित नहीं की जा सकती।

नमूना पद्धति के गुण और दोषों का तुलनात्मक अध्ययन करने पर यह दिखाई देता है कि इसमें दोषों की अपेक्षा गुण अधिक हैं और यह पद्धति जनगणना पद्धति की अपेक्षा अधिक उपयुक्त है। नमूना पद्धति के द्वारा निकाले गए निष्कर्ष अधिक प्रमाण में परिशुद्ध और सत्य होने से इस पद्धति के महत्त्व में निरन्तर वृद्धि हो रही है।

नमूना पद्धति

नमूना पद्धति की सहायता से प्रतिनिधित्वपूर्ण नमूनों का चयन किया जाता है। नमूना समग्र का योग्य और पर्याप्त प्रतिनिधित्व करने वाला हो तभी निष्कर्ष विश्वसनीय और यथार्थ रहेंगे अन्यथा संशोधन के निष्कर्ष अवास्तविक, अविश्वसनीय और भ्रांति निर्माण करने वाले निकलेंगे और संशोधन पर बुद्धि, श्रम और धन का खर्च व्यर्थ होगा। इसलिए संशोधक के मार्गदर्शन के लिये कुछ प्रमुख नमूना प्रणालियां नीचे दी गयी है :

नमूना प्रणाली

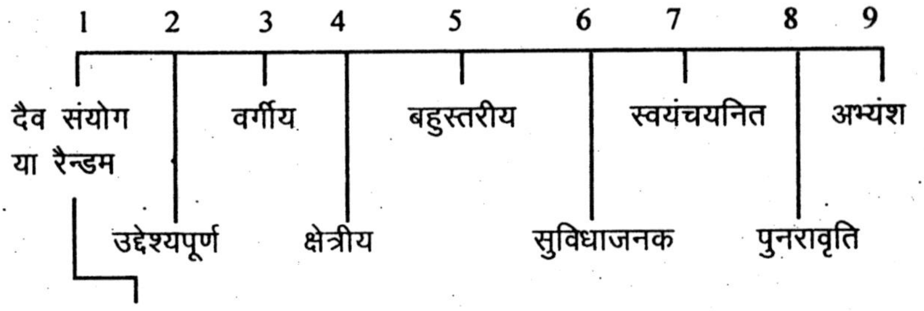

(1) लॉटरी
(2) कार्ड
(3) नियमित अंकन
(4) अनियमित अंकन
(5) टिप्पेट
(6) गिड

निम्नांकित नमूना प्रणालियां उपयोग में लाई जाती है –

(1) दैव संयोग नमूना प्रणाली (Random Sampling Method) – इसे भाग्य संयोग या रैन्डम नमूना प्रणाली भी कहते हैं। चयन के वक्त समग्र के सभी इकाइयों को समान महत्व एवं 'चान्स' या सन्धि देना। इसी उद्देश्य से यह प्रणाली अस्तित्व में लायी गयी है। इस प्रणाली का दूसरा असामान्य गुण याने यह प्रणाली संशोधक की इच्छा से अथवा पक्षपात से प्रभावित नहीं होती। समग्र में से नमूनों का चयन संयोग पर निर्भर है। इसी का अर्थ यह होता हैं कि नमूनों का चयन व्यक्ति के हाथ से निकलकर भाग्य पर निर्भर है।

भाग्य संयोग नमूना प्रणाली की चयन पद्धतियां : (1) लॉटरी, (2) कार्ड (3) नियमित अंकन, (4) अनियमित अंकन (5) टिप्पेट (6) ग्रिड

लॉटरी पद्धति : "विषय वस्तु" की सभी इकाइयों के नाम अथवा नम्बर कागज की "चिट" पर लिख एक बर्तन में डाल उसका ढक्कन लगाया जाता है। बर्तन ऊपर, नीचे अथवा गोल घुमाकर अन्दर की सभी चिटें नीचे ऊपर की ओर जाती हैं। उसके बाद जितने नमूनों का चयन करता है उतनी 'चिट' उस बर्तन में से किसी अबोध बालक के हाथ से अथवा किसी भी व्यक्ति के द्वारा (दोनों आंखों का बन्द कर) निकाली जाती हैं। इस प्रकार नमूनों का चयन किया जाता है। विषय वस्तु में ज्यादा इकाइयां रहने पर यह पद्धति उपयुक्त नहीं है।

कार्ड पद्धति : एक ही रंग, एक ही आकार के कार्डों में से प्रत्येक पर एक–एक इकाई का नाम अथवा नम्बर अथवा चिन्ह् अंकित किया जाता है। बाद में उन सभी को एक ड्रम में रखा जाता है। उस को लगे हेन्डल से उसे घुमाया जाता है, उसके बाद उसमें से जितने नमूनों की आवश्यकता है उतने कार्ड एक–एक करके निकाले जाते हैं। निकाले गए कार्ड पर जिसका नाम हो वह नमूना निश्चित किया जाता है। इस तरह आवश्यक संख्या के नमूनों का चयन होता है।

नियमित अंकन पद्धति : विषय वस्तु के सभी इकाइयों को क्रम देकर एक सूची तैयार की जाती है। उसके बाद जितने नमूनों का चयन करना है, उसके लिये अंकों को नियमित किया जाता है। उदाहरण 50 नमूनों में से 5 का चयन करना हो तो 10, 20, 30, 40, और 50 इस क्रम से चयन किया जा सकेगा।

अनियमित अंकन पद्धति : विषय वस्तु के सभी इकाइयों को क्रम दिया जाता है। बाद में जितने नमूनों का चयन करता है उतने ही क्रमों का चयन सूची में से किया जाता है। नमूनों का चयन करते समय पहले और अंतिम अंक को छोड़कर बाकी किसी भी अंक पर संशोधक चिन्ह् लगाया है और इस प्रकार नमूनों का चयन होता है। इस पद्धति में पक्षपात की संभावना रहती है।

टिम्पेट पद्धति : इस पद्धति की खोज प्रो. टिम्पेट ने की है। उन्होंने 10,400 अंको की एक सूची बनाई। इसमें संख्याओं को बिना क्रम के अनेक पृष्ठों

पर लिखा जाता है। संशोधक इन पृष्ठों में से किसी एक पृष्ठ से आवश्यक नमूनों का चयन करता है। इस पद्धति को रैण्डम नमूना पद्धतियों में विश्वसनीय और वैज्ञानिक वद्धति माना है।

ग्रीड पद्धति : इस पद्धति का उपयोग क्षेत्र के चयन के लिये किया जाता है। "विषय वस्तु" का भौगोलिक मानचित्र तैयार किया जाता है। ग्रीड के निर्देश के अनुसार बनाई हुई पारदर्शक तालिका मानचित्र के ऊपर रखी जाती है। इस तालिका पर वर्गाकार खाने रहते है और प्रत्येक को नम्बर दिया रहता है। जितने नमूनों का चयन करना है उतने खानों का चयन कर इसके नीचे मानचित्र पर चिन्ह् लगाये जाते हैं। इस मानचित्र पर जहां–जहां चिन्ह् लगाये गये है उन भौगोलिक क्षेत्रों का चयन नमूनों के रूप में किया जाता है।

रैण्डम नमूना प्रणाली के गुण

(1) इस प्रणाली में समग्र की प्रत्येक इकाई को नमूने के रूप में चयनित होने की समान संधि रहती है। यही निष्पक्षता इस प्रणाली का सर्वोत्तम गुण है।

(2) यह प्रणाली अधिक प्रतिनिधित्व पूर्ण मानी जाती है क्योंकि चयनित नमूनों में समग्र के सभी लक्षण होते हैं।

(3) यह प्रणाली सरल होने से गलती होने की संभावना नगण्य होती है।

(4) इस प्रणाली से नमूनों की अशुद्धता को खोजा जा सकता है।

(5) श्रम, समय और धन की बचत होती है।

रैण्डम नमूना प्रणाली के दोष

(1) इकाइयों के चयन में संशोधक का नियंत्रण रहता है। चयनित इकाइयों के दूर रहने पर उनसे सम्पर्क प्रस्थापित होना कठिन है।

(2) बहुत बड़े समग्र में से नमूनों का चयन करना जटिल प्रक्रिया है।

(3) समग्र के इकाइयों में पूर्ण विरोधाभास रहने पर यह प्रणाली अनुपयुक्त होती है।

(4) चयनित नमूनों के अध्ययन में उपयोगिता नहीं होने पर उनके पर्यायियों का चयन करने की सुविधा इसमें नहीं है, याने नमूनों में परिवर्तन नहीं किया जा सकता। ऐसी परिस्थिति में संशोधन से कुछ भी प्राप्ति नहीं होगी।

(2) उद्देश्यपूर्ण नमूना प्रणाली (Purposive Sampling Method)

जब संशोधक समग्र में से किसी विशेष उद्देश्य पूर्ति के लिए कुछ इकाइयों का नमूनों के रूप में चयन करता है तब वह उद्देश्यपूर्ण अथवा सविचार प्रणाली के नाम से जानी जाती है। संशोधन में उचित निर्णय लेने के लिये ऐसी इकाइयों का चयन करना जो संतोषजनक परिमाण देगी ऐसी उनसे आशा है, और यदि इस आशा को वे पूरी करते हैं तो ऐसी इकाइयों को विकसित करना ही चाहिए।

उद्देश्यपूर्ण नमूना प्रणाली के लक्षण

(1) इस प्रणाली में संशोधक अपनी इच्छानुसार इकाइयों का चयन करता है इसलिये नमूनों के चयन में पक्षपात की संभावना बढ़ती है।

(2) समग्र के सभी इकाइयों से संशोधक पूर्व परिचित होता है।

(3) इस प्रणाली से नमूनों का चयन करने पर यथोचित रूप से संशोधन के उद्देश्यों की पूर्ति की जाती है।

उद्देश्योंपूर्ण नमूना प्रणाली के गुण

(1) संशोधक के अनुसार इसमें समग्र के अधिक प्रतिनिधित्व की संभावना चयनित नमूनों में रहती है।

(2) कम नमूनों का चयन करने से गहन अध्ययन किया जा सकता है, इससे धन और समय की भी बचत होती है।

(3) इस प्रणाली की उपयोगिता तब बढ़ती है जब चयनित इकाइयों में से कुछ इकाईयां अन्य की अपेक्षा अधिक महत्त्वपूर्ण होती है।

उद्देश्यपूर्ण नमूना प्रणाली के दोष

(1) इसमें इकाइयो का चयन संशोधक स्वतंत्र रूप में स्वयं की इच्छानुसार करने से नमूनों का चयन पक्षपातपूर्ण रहता है।

(2) समग्र के सभी इकाइयों की जानकारी और समझ संशोधक को रहना असंभव है इसलिये उसने सभी इकाइयों को समझकर चयन किया है ऐसा कहना गलत होगा। इससे अपने आप ही चयनित इकाइयो में अशुद्धता आ जायेगी।

(3) वर्गीय नमूना प्रणाली (Stratified Sampling Method)

संशोधक समग्र की सभी विशेषताओं की जानकारी प्राप्त करता हैं और इस आधार पर इकाइयों के अलग–अलग वर्ग तैयार करता है। प्रत्येक वर्ग में इस नमूना प्रणाली का उपयोग करके नमूनों का चयन करता है और अन्त में चयनित सभी इकाइयों का उपयोग सामूहिक रूप से अध्ययन में करता है।

वर्गीय नमूना प्रणाली के प्रकार

इस प्रणाली के प्रमुख प्रकार इस तरह है :

(1) समानुपातिक वर्गीय नमूना (Proportionate Stratified Sampling)

(2) असमानुपातिक वर्गीय नमूना (Disproportionate Stratified Sampling)

(3) भारयुक्त वर्गीय नमूना (Weighted Stratified Sampling)

(1) समानुपातिक वर्गीय नमूना (Proportionate Stratified Sampling): इस पद्धति के अनुसार समग्र में जितने वर्ग होगें,उनका समग्र से जो अनुपात होगा उस अनुपात में उस वर्ग से नमूनों का चयन किया जाएगा। उदाहरण : एक समग्र

में पांच वर्ग हैं— अ, ब, स, द, ई। अ में 20 इकाईयां है, ब में 20 इकाईयां, स में 60 इकाईयां, द में 80 और ई में 20 इकाईयां, ऐसे कुल 200 इकाईयां है। अ, ब और ई वर्गों का समग्र से अनुपात 10 प्रतिशत, क वर्ग का 30 प्रतिशत, और द वर्ग का 50 प्रतिशत है। अ, ब और ई वर्ग से एक–एक, क वर्ग से 3 और द वर्ग से 4 ऐसे कुल 10 इकाइयों का चयन किया जायेगा।

(2) असमानुपातिक वर्गीय नमूना (Disproportionate Stratified Sampling) : इस पद्धतिनुसार समग्र के सभी वर्गों में से समान संख्या में नमूनों का चयन किया जाता है। फिर उस वर्ग में इकाइयों की संख्या कितनी भी हो। उदाहरण – एक समग्र में तीन वर्ग हैं, अ, ब और स। अ वर्ग में 25 इकाई, ब वर्ग में 67 इकाई और स वर्ग में 90 इकाई हैं और अध्ययन के लिए कुल 12 नमूनें लेने है तो प्रत्येक वर्ग में से चार–चार ऐसे 12 नमूनों का चयन किया जायेगा।

(3) भारयुक्त वर्गीय नमूनें (Weighted Stratified Sampling) : समग्र में जितने वर्ग होंगे उनमें से समान संख्या में नमूनों का चयन किया जायेगा लेकिन अध्ययन के समय जिस वर्ग में अधिक संख्या में इकाइयां है उस वर्ग के चयनित नमूनों को अधिक भारीय महत्त्व देकर उनके अध्ययन पर पड़े प्रभाव में वृद्धि की जाती है।

वर्गीय नमूना प्रणाली के गुण (Merits)

(1) समग्र के सभी वर्गों का नमूनों में स्थान दिया जाता है अथवा किसी भी वर्ग को टाला नहीं जाता।

(2) इसमें सम्पूर्ण समग्र का प्रतिनिधित्व होता है।

(3) क्षेत्रीय दृष्टिकोण से वर्गीकरण करने पर नमूनों से आराम से सम्पर्क प्रस्थापित किया जा सकता है, इससे धन और समय की बचत होती है।

(4) यदि किसी वर्ग के किसी नमूने से सम्पर्क प्रस्थापित न हो सके तो उसके बदले उसी वर्ग की दूसरे इकाइयों को नमूने के रूप में लिया जा सकता है।

वर्गीय नमूना प्रणाली के दोष (Demerits)

(1) चयनित नमूनों में यदि विशिष्ट वर्ग की इकाइयों को बहुत ज्यादा अथवा बहुत कम स्थान दिया गया हो तो नमूना प्रतिनिधित्व पूर्ण नहीं होगा।

(2) समग्र के विभिन्न वर्गों के इकाइयों की संख्या में भिन्नता हो तो समानुपातिक पद्धति लागू नहीं की जा सकती। उदाहरण–दो वर्ग अ और ब, अ वर्ग में 6 इकाइयां और ब वर्ग में 108 इकाइयां है तो अ वर्ग से 1 और ब वर्ग से 18 नमूनों का चयन योग्य नहीं होगा और अध्ययन के निष्कर्ष भी वास्तविक नहीं निकलेंगे।

(3) भारयुक्त पद्धति को लागू करना याने एक वर्ग को अन्यों की तुलना में अधिक महत्त्व देकर पक्षपात करना होगा।

(4) वर्गों का स्पष्टीकरण नहीं होने से इकाई संदिग्ध बनती हैं। वर्गीय नमूना प्रणाली का उपयोग करते समय निम्नलिखित सावधनियां बरतनी चाहिएः

(अ) संशोधक को समग्र के गुणों का ज्ञान होना चाहिए, अन्यथा वर्गों के विभाजन में वह गलती करेगा।

(ब) वर्गों का समग्र से जो अनुपात हो उस अनुपात में संशोधक द्वारा नमूनों का चयन करना चाहिये।

(स) वर्ग के सभी इकाइयों में समरूपता है अथवा नहीं इसकी जांच करनी चाहिए।

(4) क्षेत्रीय नमूना प्रणाली (Area Sampling Method) **:** अध्ययन के समग्र को संशोधक द्वारा छोटे–छोटे क्षेत्रों में विभाजित किया जाता है। इन छोटे क्षेत्रों में से किसी एक का चयन संशोधक अपनी इच्छा और अध्ययन के दृष्टिकोण से करता है। इन चयनित क्षेत्रों की सभी इकाइयां उसके अध्ययन के नमूने बनती हैं और इस प्रकार वह उस सम्पूर्ण, छोटे और चयनित क्षेत्र का अध्ययन करता है।

(5) बहुस्तरीय नमूना प्रणाली प्रणाली (Multi-Stage Sampling Method)**:** इस प्रणाली में समग्र के इकाइयों में से नमूनों की चयन प्रक्रिया अनेक स्तरीय होती है :

(1) संशोधन के अध्ययन क्षेत्र को अनेक सजातीय क्षेत्रों में विभाजित किया जाता है।

(2) इसके बाद सजातीय क्षेत्र की इकाइयों में से रैण्डम नमूना प्रणाली का उपयोग करके नमूनों का चयन किया जाता है। उदाहरण–जितना यह सजातीय क्षेत्र हो तो उसके कुछ गांव अथवा नगर का चयन अध्ययन के लिये नमूनों के रूप में किया जाता है।

(3) फिर से रेंन्डम नमूना प्रणाली का उपयोग करके चयनित गांव से अथवा शहरों में से कुछ परिवारों का चयन नमूनों के रूप में किया जाता है।

(4) अन्तिम स्तर पर चयनित परिवारों में से कुछ इकाइयों का चयन अध्ययन के नमूनों के रूप में किया जाता है।

इस प्रकार चार स्तरों में प्रक्रिया पूर्ण कर नमूनों का चयन किए जाने से इस प्रणाली को बहुस्तरीय नमूना प्रणाली कहते हैं।

(6) सुविधाजनक नमूना प्रणाली (Facility or Convenience Sampling Method) **:** संशोधक अध्ययन के लिये समग्र में से नमूनों का चयन करने के लिए

अपनी सुविधा को प्राथमिकता देता है। यह प्रणाली वैज्ञानिक नहीं होने पर भी इसका आधार संशोधक की इच्छा, योग्यता, समय और धन की बचत रहता है। इस प्रणाली को अवसरवादी भी कहा जाता है। इस प्रणाली का जब समग्र स्पष्ट न हो, उसकी इकाइयां स्पष्ट न हो और तथ्य प्राप्ति के स्रोतों की सूची प्राप्त न हो, तब उपयोग में लायी जाती है।

(7) स्वयं चयनित प्रणाली (Self Selected Sampling Method) : अनेक बार अध्ययन के लिये नमूनों का चयन नहीं किया जाना अध्ययन विषय वस्तु से सम्बन्धित व्यक्ति स्वयं उस अध्ययन का घटक बनकर नमूनों में रूपान्तरित होता है। उदाहरण–जवाहरलाल नेहरू की उद्योग नीति पर संशोधन करने वाले संशोधक ने संसुचन साधनों के माध्यम से जनता को आह्वान किया कि भारत की उद्योग नीति से सम्बन्धित पत्र व्यवहार यदि जवाहरलाल नेहरू ने किसी से किया हो तो वह उससे सम्पर्क प्रस्थापित करे। उस पत्र की जांच करने पर वह सत्य और उपयोगी दिखाई दे तो व्यक्ति अपने आप ही अध्ययन का नमूना बंनता है : इस प्रकार व्यक्ति जब स्वयं आगे बढ़कर अध्ययन का नमूना बनता है है तब उस प्रणाली की स्वयं चयनित नमूना प्रणाली कहते हैं।

(8) पुनरावृत्ति नमूना प्रणाली (Repetitive Sampling Method): संशोधन में विषय वस्तु के अध्ययन के लिये नमूनों का चयन एक समय में न होकर अनेक समयों में किया जाता है। अध्ययन के मार्ग के स्तर पर बहुत बार अनेक नमूने अनुपयोगी होते हैं। तब इन नमूनों के स्थान पर अन्य नमूनों का चयन किया जाता है। संशोधन के जिस स्तर पर जो नमूने उपयोगी होंगे उनको रखकर अनुपयोगी नमूनों के स्थान पर अन्य नमूनों जिनकी उपयोगिता की संभावना ज्यादा है, का चयन किया जाता है।

इस प्रणाली को उपयोगी नमूनों की त्रुटियों को समाप्त करने अथवा कम करने के लिये उपयोग में लाया जाता है।

(9) अभ्यंश नमूना प्रणाली (Quota Sampling Method) – इस प्रणाली में समग्र को अनेक वर्गों में विभाजित किया जाता है। इसके बाद प्रत्येक वर्ग में से कितने नमूनों का चयन करना है, यह निश्चित किया जाता है, निश्चित संख्या को अभ्यंश कहते हैं समग्र में से इस प्रकार नमूनों का चयन करने वाली प्रक्रिया को अभ्यंश प्रणाली कहते हैं। इस प्रणाली का उपयोग करने का उद्देश्य समग्र को लघु स्वरूप में प्रतिनिधित्व करना है।

उपरोक्त प्रणालियों में से किसी एक का चयन कर उसके द्वारा अध्ययन के लिये नमूनों का चयन किया जाता है। अध्ययन विषय का पूर्ण अध्ययन करने के लिए संशोधक द्वारा दो अथवा अधिक प्रणालियों का उपयोग कर पर्याप्त नमूनों का चयन करना चाहिये।

नमूना, समस्या और समाधान (Sampling, Problems and their Remedies)

आज नमूना प्रणाली पहले से भी अधिक जनप्रिय हो गयी है। नये संशोधन इस प्रणाली का उपयोग अध्ययन के लिये नमूनों के चयन में कर रहे है। इस प्रणाली में कुछ कमियां और दोष हैं जो समस्या को जन्म देते हैं। समस्या दूर करने के उपाय पहले से ही करना चाहिए।

आकार की समस्या (Problem of Size)

अध्ययन के लिए नमूनों का आकार अर्थात् नमूनों की संख्या और उनकी व्याप्ति कितनी हो यह निश्चित करना महत्त्वपूर्ण है। नमूनों के आकार का प्रत्यक्ष सम्बन्ध समय, धन, श्रम और परिणाम की विशुद्धता से है। नमूनों का आकार विस्तृत हो तो उनका प्रशासन योग्य रीति से नहीं होता। बहुत छोटे नमूनों में समग्र का पूर्ण प्रतिनिधित्व नहीं होता। इसलिये नमूनों की इन समस्याओं के हल के लिये निम्न तत्त्वों को प्रधान्यता देना चाहिये :

(1) समग्र अथवा विषय वस्तु की प्रकृति (Nature of Universe) : सजातीय इकाई वाले समग्र से कम नमूनों का चयन भी अध्ययन के लिए समग्र का प्रतिनिधित्व करने में पर्याप्त रहते हैं। यदि समग्र में विभिन्न वर्गों की इकाइयां हो तो उन सभी का योग्य प्रतिनिधित्व हो ऐसी नमूनों की संख्या होनी चाहिए, अर्थात नमूनों का आकार बड़ा होगा।

(2) अध्ययन की पद्धति (Nature of Study) : अध्ययन की पद्धति विषय वस्तु का गहन अध्ययन करने से सन्दर्भित हो तो नमूनों का "आकार" छोटा रखना पड़ेगा और विस्तृत अध्ययन के लिए बड़ा "आकार" रखना पड़ेगा।

(3) समग्र के वर्गों की संख्या (Number of Stratas) : समग्र में सजातीय और कम वर्ग होंगे तो नमूनों का आकार छोटा और ज्यादा वर्ग रहने पर उसकी अपेक्षा बड़ा होगा। समग्र में विभिन्न वर्गों की संख्या कम होगी तो जरा बड़ा "आकार" और विभिन्न वर्गों की ज्यादा संख्या होगी तो और बड़ा और विरुद्ध प्रकृति के वर्ग होंगे तो नमूनों का "आकार" बहुत बड़ा होगा।

(4) उपलब्ध साधन और स्रोत (Available Means & Resource) : यदि संशोधक को अध्ययन के लिये सामग्री प्राप्ति के अनेक स्रोत, सहायक, साधन, समय और धन बड़े प्रमाण में उपलब्ध हों तो नमूनों का आकार बड़ा रखकर कुशलता से उसे संचालित कर सकता है इसके विपरीत हो तो उसे नमूनों का आकार छोटा रखना पड़ेगा।

(5) नमूना प्रणाली (Sampling Method) : यदि रैण्डम नमूना प्रणाली का उपयोग करना है तो नमूनों का "आकार" छोटा रखना पड़ेगा और अभ्यंश प्रणाली का उपयोग किया तो वर्गों की संख्या के प्रमाण में "आकार" रखना पड़ेगा।

(6) अचूकता की मात्रा (Degree of Accuracy) : जिन नमूनों से अध्ययन

अचूक हो ऐसे नमूनों का "आकार" निर्मित होना चाहिए। अनेक बार छोटे "आकार" के नमूने भी विश्वसनीय और प्रतिनिधित्व पूर्ण रहते हैं, लेकिन साधारणतः बड़े "आकार" के नमूने की अधिक प्रमाण में अचूक परिणाम देते है।

(7) चयनित इकाइयों की पद्धति (Nature of Selected Units) : नमूनों का आकार निश्चित करने में इकाइयों की पद्धति भी एक कारण रही हैं। यदि इकाइयाँ विस्तृत क्षेत्र में फैली हो तो नमूनों का "आकार" छोटा रखना पड़ेगा क्योंकि नमूनों से सम्पर्क प्रस्थापित करके सामग्री संकलित करने के लिये समय और धन को भी ध्यान में रखना होता है। इसके विपरीत हो तो नमूनों का "आकार" बड़ा रखना पड़ेगा।

(8) सामग्री संग्रह के साधन (Tools of Data Collection) : यदि अनुसूची अथवा साक्षात्कार का उपयोग करना हो तो नमूनों का "आकार" छोटा रखना पड़ेगा और यदि प्रश्नावली का उपयोग करना हो तो नमूनों का "आकार" बड़ा रखना पड़ेगा।

उपरोक्त आठ तत्त्व नमूनों का "आकार" निश्चित करने के कारक हैं, तो भी अध्ययन के समय की परिस्थिति भी उतनी ही महत्त्वपूर्ण होती है। अभी तक निश्चित रूप में नमूनों का आकार कितना होना चाहिये इस सन्दर्भ में कोई निश्चित नियम अथवा सिद्धांत अस्तित्व में नहीं आया है।

पक्षपाती नमूनों की समस्या (Problem of Biased Sample)

समग्र के इकाइयों में से यदि नमूनों के चयन के समय पक्षपात हुआ है तो वे नमूने प्रतिनिधिपूर्ण नहीं हो सकते, ऐसे नमूनों को अभीनित नमूने कहा जाता है। अभीनित का निम्न कारणों से निर्माण होता है :

(1) उद्देश्यपूर्ण नमूना (Purposive Sample) : इस प्रणाली में संशोधक की नमूनों के चयन में पूर्णत स्वतंत्रता रहती है, इस स्वतंत्रता का वह सदुपयोग करेगा इसका विश्वास रहता है। उदाहरण – ऐसी इकाइयों का चयन वह नमूनों के रूप में नही करता जिनसे सम्पर्क करना कठिन हो अथवा जिनका व्यक्तित्व उसे अच्छा नहीं लगता, इससे उसकी चयन पद्धति में अपने आप पक्षपात आ जाता है।

(2) नमूनों का छोटा आकार (Small Size of Sample) : नमूने का आकार छोटा रखने से नेक, योग्य और महत्त्वपूर्ण इकाइयों को अध्ययन में स्थान प्राप्त नहीं होता और इससे समग्र का भी प्रतिनिधित्व पूरा नहीं होता।

(3) दोषपूर्ण वर्गीकरण (Defective Stratification) : वर्गीकरण पद्धति से यदि वर्गीकरण दोषपूर्ण हो गया है तो नमूनों में भी दोष आ जाएंगे। उदाहरण–वर्ग सयदि अस्पष्ट और असमान "आकार" के होंगे तो चयनित नमूनों में पक्षपात आ जायेगा। यदि कम और ज्यादा संख्या वाले वर्गों को समान प्रतिनिधित्व और समान अध्ययन में देने से उसमें दोष आ जायेगा।

(4) अपूर्ण स्रोत सूची (Incomplete Sources List) : सामग्री संकलन के लिये सभी स्रोत उपलब्ध न हो अथवा सामग्री संकलन के साधनों में कमी हो अथवा उपलब्ध हुई जानकारी काल बाह्य, अपूर्ण और अनुपयुक्त हो तो चयनित नमूनों में संशोधक को अपरिपक्वपन दिखाई देगा और इस दोष से ही नमूनों की कमियां स्पष्ट दिखाई देती हैं।

(5) सुविधानुसार नमूना (Facility Sampling) : इस प्रणाली के अन्तर्गत संशोधन को अपनी सुविधानुसार अध्ययन करने के लिए सम्पूर्ण स्वतंत्रता नमूना चयन के लिए दी जाती है। संशोधक उसे प्रदान किए गए इस अधिकार का उपयोग इस प्रकार करता है कि उसने निर्धारित किए निष्कर्ष नमूनों के द्वारा पूर्ण हो सकें, इसके इस पूर्वाग्रह से वह अनायास ही नमूनों के चयन में पक्षपात करता हैं।

(6) संशोधक के सहायक द्वारा नमूना (Selection of Samples by a Co-workers) : जब संशोधक अपने सहयोगी पर नमूनों के चुनाव की जिम्मेदारी सौंपता है तब सहयोगी अपनी सुविधानुसार और इच्छानुसार इकाइयों में से नमूनों का चुनाव करता है। उसकी इस वृत्ति से नमूनों में अपने आप दोष आ जाता है।

(7) रैण्डम नमूना प्रणाली में दोष (Defects in Random Sampling Methods) : इकाइयों के जिन चिट्ठियों पर नाम अथवा अनुक्रमांक लिखे जाते है उनके असमान आकार, अथवा चिट्ठियां पूर्ण रूप से नीचे ऊपर अथवा परस्पर नहीं मिलाना आदि कारणों से अप्रत्यक्ष रूप में पक्षपात होने की संभावना बढ़ती है।

बहुत बार अध्ययन की विषय–वस्तु इतनी जटिल होती है कि उसके अनेक गुटों को, समूहों को अथवा वर्गों को योग्य प्रमाण में प्रतिनिधित्व देना संशोधक के लिये असंभव हो जाता है। ऐसे समय उसे पक्षपाती बन नमूनों का चयन कर अध्ययन पूर्ण करना पड़ता है। ऐसे स्थान पर संशोधन की नमूनों के चयन में पक्षपात करने की इच्छा नहीं रहने पर भी परिस्थिति उसे पक्षपाती बनाती है।

संशोधक को नमूनों के चयन में होने वाले पक्षपात से बचने के लिये जागरुक रहना चाहिए। उसे अपनी इच्छा की अपेक्षा संशोधन का स्वरूप, व्याप्ति, उद्देश्य, नमूनों का "आकार" प्रवृत्ति, संकलन के साधन और प्रणाली को अधिक महत्त्व देना चाहिए।

नमूनों का मापन (Measurement of Samples)

नमूनों के विश्वसनीयता की जांच करने के लिये निम्न उपायों को उपयोग में लाया जाता है :

(1) समानान्तर नमूना (Parallel Sample)

(2) सम्पूर्ण समग्र से तुलना (Comparison with Universe)

(3) सर्वेक्षण की पुनरावृत्ति (Repetition of the Survey)

(1) समानान्तर नमूना : नमूनों के जांच करने के लिये अन्य नमूना प्रणाली का उपयोब करके एक नमूने का चयन किया जाता है। इन दोनों का मापन सांख्यिकी परिणामों के द्वारा किया जाता है। यदि दोनों में बड़े प्रमाण में समानता दिखाई दे तो नमूने को विश्वसनीय माना जाता है। संशोधन को ध्यान में रखना चाहिए कि पूर्ण समानता कोई भी दो नमूनों में दिखाई नहीं देती।

(2) सम्पूर्ण समग्र से तुलना : नमूनों के अध्ययन से प्राप्त हुए तथ्य और समग्र के अध्ययन से प्राप्त हुये तथ्यों में बड़े प्रमाण में समानता हो तो नमूना विश्वसनीय होता है।

(3) सर्वेक्षण की पुनरावृत्ति : जहां तक एक जैसी प्रकृति के सर्वेक्षण की गई तो उसमें प्रयुक्त नमूनों की सत्यता की विश्वसनीयता का मापन किया जा सकता है।

आज सामाजिक संशोधन में इस पद्धति का ज्यादा उपयोग किया जाता है क्योंकि इस पद्धति को संशोधक की दूरदर्शिता और अनुभव का साथ मिलने से अधिक विश्वसनीयता नमूना अध्ययन के लिये उपलब्ध करके देने की उसकी क्षमता बढ़ती है।

15

तथ्य –सामग्री

(Data)

संशोधन का आधार तथ्य–सामग्री को मानकर संशोधक अपना संशोधन कार्य करता है। तथ्य–सामग्री के अभाव में संशोधक संशोधन नहीं कर सकता। आज सामाजिक विज्ञान का संशोधन वैज्ञानिक पद्धति से किया जाता है और उसमें प्रयुक्त साधन तकनीकी है, इसीलिये तथ्य–सामग्री की प्रकृति भिन्न–भिन्न है। आज तथ्य–सामग्री "दस्तावेज" और अनेक क्षेत्रों में उपलब्ध है। संशोधन की सफलता तथ्य–सामग्री के साधनों की विश्वसनीयता पर निर्भर है। विश्वसनीय तथ्य–सामग्री संकलन के साधनों के अभाव में तथ्य–सामग्री का संकलन दोषपूर्ण होगा। इस कारण संशोधक को अपना अध्ययन शुरू करने के पहले तथ्य–सामग्री संकलन के साधनों की सम्पूर्ण जानकारी होनी चाहिये। उसी प्रकार उनमें निहित अन्तर, प्रकार और उपयोगी साधनों की जानकारी भी होनी चाहिये। सामाजिक संशोधन में तथ्यों के विभिन्न प्रकार और उन्हें प्राप्त करने के विविध साधन उपलब्ध हैं। संशोधक को अपने अध्ययन की प्रकृति के अनुसार जिस तथ्य–सामग्री का अन्यों की अपेक्षा अधिक महत्त्व हो, उसे प्राधान्य देना चाहिये। प्राधान्य प्राप्त तथ्य–सामग्री को दो भागों में विभाजित किया गया है :

(1) प्राथमिक तथ्य–सामग्री (Primary Data), और

(2) दुय्यम तथ्य–सामग्री (Secondary Data)

इन्हें तथ्य–सामग्री के साधनों के प्रकार भी कहते हैं।

प्राथमिक तथ्य-सामग्री (Primary Data)

जब संशोधक स्वतः घटनास्थल पर उपस्थित रहकर अवलोकन, अनुसूची, प्रश्नावली और साक्षात्कार के माध्यम से जानकारी और आंकड़ों का संग्रह करता है तब इस प्रकार वस्तु और व्यक्ति से उपलब्ध हुई तथ्य–सामग्री को प्राथमिक तथ्य–सामग्री कहते हैं। इस तथ्य–सामग्री को प्राथमिक तथ्य–सामग्री कहने के पीछे दूसरा कारण यह है कि संशोधक स्वयं क्षेत्रों में उपस्थित रहकर अवलोकन

और व्यक्तियों से सम्पर्क प्रस्थापित कर तथ्य–सामग्री का संकलन करता है।

प्राथमिक तथ्य–सामग्री का संकलन करते समय संशोधक जिस व्यक्ति का निरीक्षण कर रहा है उसे उसका आभास भी नहीं होने देना चाहिये। तथ्य–सामग्री का संकलन पक्षपात रहित, व्यवस्थित और जितना आवश्यक हो उतना ही करना चाहिये।

दुय्यम तथ्य-सामग्री (Secondary Data)

दुय्यम तथ्य–सामग्री ऐसी सांख्यिकी जानकारी है जिसे संशोधक प्रकाशित या अप्रकाशित दस्तावेजों, पाण्डुलिपियों, जीवनियों, डायरियों, और पत्रों आदि के माध्यम से प्राप्त करता है। इस प्रकार प्राप्त हुई तथ्य–सामग्री को भी संशोधन में महत्त्व प्राप्त है। ऐसी तथ्य सामग्री प्राप्त करते समय संशोधक को प्रत्येक तथ्य की विषय–वस्तु से सजातीयता देखनी चाहिए। उसी प्रकार अध्ययन के लिये तथ्यों की उपयोगिता और पर्याप्तता भी देखनी चाहिए।

तथ्य-सामग्री के साधन (Sources of Data)

तथ्य–सामग्री के संकलन के लिए अनेक साधनों का उपयोग किया जाता है। अनेक उपलब्ध साधनों में से कौन–कौन से साधनों से जानकारी और सांख्यिकी इकट्ठा करना चाहिये इसका निर्णय संशोधक को करना चाहिए। संशोधक संशोधन के विषय के आधार पर साधनों से सरलता से उपलब्ध होने वाली जानकारी एवं सांख्यिकी विश्वसनीय तथा विषयानुकूल होगी, ऐसी आशा करता है।

लुण्डबर्ग के अनुसार दो प्रमुख साधन

(1) **ऐतिहासिक साधन** (Historical Sources) : इसमें दस्तावेज शिलालेख, पाण्डुलिपि, बरख, आत्म–चरित्र, डायरी, पत्र आदि का समावेश होता है।

(2) **क्षेत्रीय साधन** (Field Sources) : इसमें व्यक्तियों से प्रत्यक्ष सम्पर्क और उनके व्यवहारों का अवलोकन आदि का समावेश होता है।

प्रो. बैगले के अनुसार दो प्रमुख साधन :

(1) **प्राथमिक साधन** : इसमें समस्या से सम्बन्धित व्यक्ति एवं अवलोकन का समावेश होता है।

(2) **दुय्यम साधन** : इसमें शासकीय और अशासकीय संस्थाओं के द्वारा प्रकाशित या अप्रकाशित दस्तावेज, सांख्यिकी, आदेश आदि का समावेश होता है।

श्रीमती पाऊलीन यंग के अनुसार दो प्रमुख साधन :

(1) **दस्तावेजी साधन** : इसमें दस्तावेज, पाण्डुलिपि, डायरी, पत्र आदि का समावेश होता है।

(2) **क्षेत्रीय साधन** : इसमें व्यक्तियों का समावेश होता है।

प्राथमिक साधनों के प्रकार (Types of Primary Sources)

श्रीमती यंग ने प्राथमिक साधनों को निम्नलिखित दो भागों में विभाजित किया है –

(1) प्रत्यक्ष साधन (Direct Sources)

(2) अप्रत्यक्ष साधन (Indirect Sources)

(1) प्रत्यक्ष साधन (Direct Sources) : संशोधक स्वयं अध्ययन क्षेत्र में जाकर अपने अध्ययन की विषय–वस्तु से सम्बन्धित घटनाओं और व्यवहारों का अवलोकन करता है, इसके लिये वह अवलोकन के साथ साक्षात्कार, और अनुसूची का भी उपयोग करता है।

(अ) अवलोकन : संशोधक के विषय–वस्तु से एकात्मक होने के प्रतिशत पर अवलोकन को निम्न प्रकारों में विभाजित किया गया है :

(1) सहभागी अवलोकन (Participant Observation)

(2) अर्धसहभागी अवलोकन (Quasi Participant Observation)

(3) असहभागी अवलोकन (Non-Participant Observation)

(1) सहभागी अवलोकन (Participant Observation) :

इसमें अवलोकनकर्ता अध्ययन विषय का दर्शक न रहकर एक सक्रिय सदस्य बनता है। वह उस समूह का एक घटक बनता है और उस समुदाय के अन्य घटकों को इसकी जानकारी भी नहीं रहती। उसे इस समुदाय के व्यक्तियों का विश्वास प्राप्त हेाता है क्योंकि अवलोकनकर्ता उनकी भावना और उनके जीवन से सम्बन्धित दृष्टिकोण से जुड़ा रहता है। इसका लाभ अवलोकनकर्ता को उस समुदाय की विषय–वस्तु से सम्बन्धित स्वाभाविक व्यवहार की सत्य और पक्षपातरहित जानकारी का संकलन करने में होता है।

(2) अर्द्ध-सहभागी अवलोकन (Quasi Participant Observation) :

इसमें अवलोकनकर्ता समुदाय के कुछ कार्यों में सक्रिय सहभागी होता है तो अनेक कार्यों का अवलोकन तटस्थ रूप से भी करता है। इस कारण इसे अर्द्ध–सहभागी अवलोकन कहा जाता है। इसमें सहभागी और असहभागी इन दोनों अवलोकन पद्धतियों के गुण दृष्टिगोचर होते हैं। इसलिये अनेक संशोधक इस पद्धति का उपयोग अध्ययन के लिए करते हैं।

(3) असहभागी अवलोकन (Non-Participant Observation) :

इसमें संशोधक जिसका अध्ययन कर रहा है ऐसे समुदायों के व्यवहारों का तटस्थ रूप से और समुदायों से अलग रहकर अवलोकन करता है। वह समुदाय से किसी भी स्तर पर एकात्मक स्थापित नहीं करता और इसलिये परस्पर क्रिया–प्रतिक्रिया नहीं घटती और संशोधक और समुदाय एक दूसरे पर निर्भर नहीं रहते।

(अ) साक्षात्कार (Interview) : "विषय–वस्तु" से सम्बन्धित प्राथमिक सूचना प्राप्त करने का साक्षात्कार प्रमुख साधन हैं। इसमें संशोधक स्वयं अध्ययन क्षेत्र में जाकर विषय–वस्तु से सम्बन्धित व्यक्तियों से सम्पर्क स्थापित करके तथ्य और सांख्यिकी इकट्ठा करता है। संशोधक साक्षात्कार के द्वारा अन्य साधनों की जानकारी उत्तरदाताओं से प्राप्त करता है। संशोधक का उत्तरदाताओं से सम्पर्क जितना घनिष्ठ होगा, प्राप्त जानकारी की विश्वसनीयता भी उतनी ही अधिक होगी और वह जानकारी संशोधन की दृष्टि से भी लाभदायक होगी। साक्षात्कार के लिये किसी पर भी दबाव न डालें।

(ब) अनुसूची (Schedule) : अनुसूची में प्रश्नों को क्रम से लिखा जाता है और प्रश्नों के आगे उत्तरदाताओं के उत्तरों को लिखने के लिये स्थान रिक्त रहता है। संशोधक स्वतः सूचना देने वाले के पास जाकर प्रश्न पूछता है और उसके दिये हुए उत्तर को प्रश्न के आगे लिखता हैं। यह पद्धति सरल और लाभकारी सिद्ध हुई है। उत्तरलिखित रूप में होने के कारण भूलने का प्रश्न ही नहीं होता। आज यह पद्धति संशोधकों में जनप्रिय है।

(2) अप्रत्यक्ष साधन (Indirect Sources) : इसमें उत्तरदाता से प्रत्यक्ष रूप में सम्पर्क स्थापित नहीं करता या कर नहीं सकता। अप्रत्यक्ष साधनों में प्रश्नावली, दूरध्वनि पर साक्षात्कार, रेडियो और टी. वी. अपील तथा पैनल पद्धति आदि का समावेश होता है।

(अ) प्रश्नावली (Questionnaire) : संशोधक प्रश्नावली पद्धति का उपयोग करके आवश्यक तथ्य–सामग्री घर बैठकर आराम से प्राप्त करता है। वह दूर के निदर्शकों को प्रश्नों की एक सूची पोस्ट से भेजता है और उत्तरदाता उस सूची के प्रश्नों के उत्तर लिखकर वापिस संशोधक को भेज देता है। पुनरावृत्ति निदर्शन प्रणाली में प्रश्नावली पद्धति की उपयोगिता बढ़ती है। इस पद्धति में सायक्लोस्टाईल, मुद्रण और पोस्ट के खर्चे के अतिरिक्त संशोधक को और कुछ खर्च नहीं करना पड़ता। केवल शिक्षितों के लिये ही इस पद्धति का उपयोग कर सकते हैं। प्रश्नावली भरकर भेजने वाले संशोधक के प्रति सहयोग की भावना रखने वाले होते हैं। गहन–अध्ययन के लिये यह पद्धति अनुपयुक्त सिद्ध हुई है।

(ब) दूरध्वनि साक्षात्कार (Telephone Interview) : इसमें संशोधक दूरध्वनि का उपयोग करके उत्तरदाता से सम्पर्क स्थापित करता है और विषय–वस्तु से सम्बन्धित जानकारी और सांख्यिकी प्राप्त करता है। समय के अभाव में और जब उत्तरदाता और संशोधक में से किसी एक में या दोनों में संकोच हो तब इस पद्धति का उपयोग किया जाता है।

(स) रेडिया व टी. वी. अपील (Radio and T. V. Appeal) : कभी–कभी संशोधनकर्ता को तथ्य–सामग्री कहाँ उपलब्ध है इस बाबत निश्चित जानकारी नहीं होती। ऐसे समय वह सामान्य जनता को सहयोग देने के लिये रेडियो और टी.

वी. अपील करता है। उसकी अपील को सुनकर विषय–वस्तु से सम्बन्धित जन इच्छा रहने पर उसकी मदद करते हैं और इस प्रकार उसे तथ्य–सामग्री उपलब्ध होती है। इस साधन से प्राप्त जानकारी अधिक विश्वसनीय नहीं रहती है।

(ख) पेनल पद्धति (Pannel Techniques) **:** इसमें संशोधक को लोगों का स्वभाव, रुचि, विचार और भावना से सम्बन्धित जानकारी उपलब्ध करके देने के लिये सहयोगियों का एक पैनल तैयार किया जाता है। कम समय में अधिक जानकारी प्राप्त करने के लिये यह पद्धति बहुत उपयोगी है। पैनल के सदस्यों में वैमनस्य रहा और एकता की भावना नहीं रही तो इसका प्रभाव कार्य और संशोधक पर पड़ता है, इस कारण बहुत बार संशोधक निष्पक्ष जानकारी से वंचित रह जाता है।

प्राथमिक साधनों के गुण

(1) स्वाभाविकता : अध्ययन क्षेत्र में परिवर्तन और घटना घटते समय संशोधक उत्तरदाताओं से प्रत्यक्ष सम्बन्ध स्थापित करके संशोधन के लिये आवश्यक जानकारी इकट्ठा करता है। इसलिये उसमें कृत्रिमता या असत्यता नहीं रहती।

(2) वास्तविकता : जब संशोधक उत्तरदाताओं से घनिष्ठ सम्बन्ध प्रस्थापित करके आत्मीयता साधता है तब उत्तरदाता अपना रहस्य भी संशोधक को बता देते हैं और उसके प्रमाण भी देते हैं। इस प्रकार सत्य और वास्तविकता उपलब्ध होती है।

(3) विषयानुरूपता : जानकारी इकट्ठा करते समय प्रश्न स्पष्ट, सरल और निश्चित उद्देश्य प्राप्त करने वाले होंगे तो उत्तरदाता से मिले उत्तर स्टीक व विषयानुरूप रहेंगे। इससे अनावश्यक जानकारी से बचे रहेंगे तथा योग्य एवं आवश्यक जानकारी और सांख्यिकी इकट्ठा कर सकेंगे।

(4) विश्वसनीयता : संशोधक को प्रत्यक्ष रूप से अध्ययन क्षेत्र में उत्तरदाताओं से प्राप्त की हुई जानकारी पूर्णतः विश्वसनीय रहती है। इसमें किसी शंका को स्थान नहीं है।

(5) कम खर्च का : प्राथमिक साधनों से जानकारी इकट्ठा करने की पद्धति पर कम समय और कम पैसा खर्च होता है।

दोष

(1) संशोधक की पक्षपात से स्वयं को बचाना चाहिये। उसे स्वयं को तटस्थ रखना चाहिये। किसी का किसी भी प्रकार का प्रभाव उस पर नहीं पड़ना चाहिये। अन्यथा प्राथमिकता साधनों से प्राप्त सामग्री दोषपूर्ण बन जायेगी।

(2) अशिक्षित या अल्पशिक्षित निदर्शन प्रश्नावली अथवा अनुसूची को भरे नहीं या भरने के लिये जोर दिया तो वे अपने मन के अनुसार भरेंगे और इससे उसकी विश्वसनीयता में कमी आएगी।

(3) संशोधक को प्राप्त निर्बाध स्वतंत्रता उसके अध्ययन विषय से संबंद्ध व अनुकूल सामग्री संग्रह करने हेतु उपयुक्त इकाई उपलब्ध कराती है। यह सुविधा संशोधक इस तरह उपयोग में लाता है कि दुरूह एवं तकलीफदेह इकाई टाले जा सकें। इस कारण संशोधन दोषपूर्ण हो जाता है।

दुय्ययम साधन या द्वैतियक साधन (Secondarp Sources)

द्वैतियक साधनों में प्रकाशित और अप्रकाशित दस्तावेज, कार्यालयीन कागजात, और जो कुछ भी लिखित सामग्री उपलब्ध हो उसका समोवश किया जाता है। संशोधक के लिए द्वैतियक साधनों से प्राप्त सामग्री उसके संशोधन को पूर्ण और सत्य बनाने के लिए अत्यधिक उपयोगी और महत्त्वपूर्ण होती है।

आधुनिक युग में द्वैतियक साधनों से उपलब्ध जानकारी को मान्यता मिली है। प्राचीनकाल में संशोधक केवल प्राथमिक साधनों से उपलब्ध जानकारी को ही प्रामाणिक और महत्त्वपूर्ण मानता था। आधुनिककाल में संशोधक को घटना के पूर्व इतिहास को जानना अधिक महत्त्व का लगता है, क्योंकि उस आधार पर वर्तमान का अध्ययन कर भविष्य का निर्देश कर सकता है।

दुय्यम साधन सामग्री (Secondary Sources) : प्राथमिक साधन सामग्री संकलन करने के बाद संशोधक को आवश्यक तथ्य और आंकड़े इकट्ठा करने के लिये निर्धारित की हुई वैयक्तिक साधन सामग्री की ओर मुड़ना रहता है। वैयक्तिक साधन अनेक है उनमें से ऐसे साधनों का चयन संशोधक करता है जहां से प्रमाणिक तथ्य और सांख्यिकी सामग्री सरलता से प्राप्त हो और संशोधन पूर्ण कर सकें।

संशोधकों के लिये वैयक्तिक साधनों को दो विभागों में विभाजित किया गया है –

(1) सार्वजनिक दस्तावेज (Public Documents)
(2) व्यक्तिगत दस्तावेज (Personal Documents)

(1) सार्वजनिक दस्तावेज (Public Documents) : शासकीय, अर्द्ध–शासनीय अथवा अशासकीय संस्थाओं के द्वारा जनता के कल्याण के लिये निकाले हुए आदेश, विधेयक, सूचना, ताकीद आदि को सार्वजनिक दस्तावेज कहते हैं। सार्वजनिक दस्तावेज सम्बन्धित संस्था प्रकाशित अथवा अप्रकाशित स्वरूप में निकालती है। इसलिये इसके भी दो प्रकार हैं –

(अ) प्रकाशित दस्तावेज (Published Documents) : जब संस्था को दस्तावेज जनता की जानकारी और उपयोग के लिए उपलब्ध कराना होता है तब वे विभिन्न ससूचन माध्यम से उसे प्रकाशित और घोषित करती हैं। शासकीय दस्तावेज गजट में प्रकाशित होते हैं लेकिन इसके साथ–साथ समाचार पत्र आदि में भी प्रकाशित किए जाते हैं। ये दस्तावेज सूचना एवं जानकारी के रूप में जनता

के पास पहुंचाने हो तो आकाशवाणी और दूरदर्शन का भी बड़े प्रमाण में उपयोग किया जाता है। उसी प्रकार सार्वजनिक स्थानों पर भी दस्तावेज पूर्ण स्वरूप में जनता के अध्ययन के लिये उपलब्ध किये जाते हैं। उदाहरण–सार्वजनिक पुस्तकालय, शासकीय ग्रंथालय अथवा संबंधित कार्यालय, विश्वविद्यालय या महाविद्यालय के पुस्तकालय आदि :

सार्वजनिक प्रकाशित दस्तावेज निम्न स्वरूप में रहते हैं :

(1) रेकाड्स (Records)
(2) प्रकाशित सांख्यिकी (Published Statistics)
(3) पत्र–पत्रिकाओं में प्रकाशित (Published Reports in Periodicals)
(4) विविध सामग्री (Miscellaneous Material)

(1) रेकाड्स (Records) : शासकीय अथवा अशासकीय संस्थाओं द्वारा समय–समय पर निकाले हुए दस्तावेज, चाहे वे आज पूर्णतः वैसे ही लागू हो अथवा उनमें सुधार किया गया हो या वे कालबाह्य हो गये हो, उनको सम्भालकर रखना आवश्यक है। कालबाह्य सभ्यता के विकास के प्रमाण होते हैं। प्रयुक्त दस्तावेज व्यवस्था के स्वरूप को स्पष्ट करते हैं। यदि उनमें सुधार हुआ हो तो वे विकास की प्रक्रिया को दर्शाते हैं। उसी प्रकार योजना, कार्यक्रम, घटना आदि को प्रकाशित जानकारी रेकार्ड करके रखी जाती है। बहुत बार जनता के सुझाये हुए महत्त्वपूर्ण प्रस्ताव भी रेकार्ड करके रखे जाते हैं। अंदाज–यंत्र, वसूली, लेखा–जोखा सम्बन्धित प्रत्येक वर्ष के दस्तावेज "संसद के ग्रंथालय" में या संसद के रेकार्डस कार्यालय में सुरक्षित रखे जाते हैं।

(2) प्रकाशित सांख्यिकी (Published Statistics) : शासकीय अथवा अशासकीय संस्थायें अपने कार्य से सम्बन्धित सांख्यिकी जानकारी को समय–समय पर प्रकाशित करती हैं। इस प्रकाशन के पीछे उद्देश्य रहता है कि सम्बन्धित क्षेत्र में कितना कार्य किया गया है और निश्चित की गयी कालावधि में उस क्षेत्र की उपलब्धि को सर्वसामान्य जनता तक पहुंचाना। भारत के प्रकाशन विभाग द्वारा प्रत्येक वर्ष "भारत" प्रकाशित किया जाता है। इसमें सभी क्षेत्रों की सांख्यिकी जानकारी संकलित की जाती है।

(3) पत्र-पत्रिकाओं में प्रकाशित रिपोर्ट (Published Reports in Periodicals) : विभिन्न प्रकार की विभिन्न भाषाओं में प्रकाशित पत्र–पत्रिकाओं में विविध घटनाओं का सम्पूर्ण ब्यौरा दिया रहता है, उसी प्रकार उन पर अलग–अलग दृष्टिकोणों से टीका टिप्पणी भी होती है। प्रस्तावित पत्र–पत्रिकाओं का संपादकीय दृष्टि से महत्त्वपूर्ण होता है। उससे जनमत की भी जानकारी मिलती है अतः सभी का लाभ संशोधक को होता हैं।

(4) विविध सामग्री (Miscellaneous Material) : दस्तावेज के स्वरूप में अस्तित्व में रहे "समाचार–चित्र", "सिनेमा", उपन्यास, लेख, पत्र आदि सामग्री

भी संशोधक के लिये बहुमूल्य रहती है। इनसे उसे सम्बन्धित समय की समस्याओं का और उनमें हुए सुधारों का ज्ञान प्राप्त होता है। इसमें से उपलब्ध हुई जानकारी भी उसके लिए उपयोगी होती है।

(ब) अप्रकाशित दस्तावेज (Unpublished Documents) : दस्तावेजों को जब गोपनीय रखना होता है तब उन्हें प्रकाशित नहीं किया जाता, ऐसे दस्तावेजों को कड़ी सुरक्षा में रखा जाता है। केवल अत्यधिक महत्त्व के संशोधन के लिए ही ऐसे दस्तावेजों तक संशोधक की पहुंच हो सकती है। इसी प्रकार विद्यापीठों के संग्रालयों में सम्बन्धित और अप्रकाशित "संशोधन अहवाल" (Research Reports) भी संशोधन को अध्ययन के लिए उपयोगी सामग्री उपलब्ध करा सकते हैं।

अप्रकाशित दस्तावेजों में

(1) गोपनीय रेकार्डस (Confidential Records)

(2) दुर्लभ हस्तलेख (Rare manuscripts)

(3) संशोधन अहवाल (Research Reports) आदि हैं।

अप्रकाशित दस्तावेज ऐसे दस्तावेज है जो किन्ही कारणों से प्रकाशित नहीं किये जाते। इन्हें मुख्य रूप से गोपनीय रखने के पीछे उद्देश्य सार्वजनिक हित, सुरक्षा और व्यवस्था को अवाधित रखना होता है।

(1) गोपनीय रेकार्डस : राज्य की सुरक्षा से सम्बन्धित दस्तावेज, सैनिकी अस्त्र–शस्त्र, दांवपेच, और सेना की गतिविधि से सम्बन्धित जानकारी, राज्य में हुआ गुप्त करार, बैंकों के खाते जो विशिष्ट उद्देश्य से गुप्त रखे गए है, आदि से सम्बन्धित जानकारी और सांख्यिकी यदि संशोधक को चाहिए तो उसे पूर्वानुमति लेनी पड़ेगी और सम्बन्धित जानकारी उसे जितनी आवश्यक जानकारी और सांख्यिकी चाहिए उतनी ही देगा, अधिक नहीं अथवा सम्बन्धित कागज पत्र भी संशोधक को नहीं दिखाएगा।

(2) दुर्लभ हस्तलेख (Rare Manuscripts) : कुछ कारणों से अनेक महत्त्वपूर्ण और प्रमाणित हस्तलेख प्रकाशित नहीं होते। ये हस्तलेख विश्वविद्यालयों के ग्रंथालयों में या सरकार की आर्किथालॉजीकल म्यूजियम में उपलब्ध रहते है। ऐसे दुर्लभ हस्तलेखों का सावधानी से उपयोग करके आवश्यक सामग्री प्राप्त की जा सकती है।

(3) संशोधन अहवान (Research Reports) : संशोधन संस्था और विश्वविद्यालयों में संशोधकों द्वारा संशोधन पदवी प्राप्ति के लिये प्रविष्ट संशोधन

संशोधनकर्ताओं के चर्चा सत्र का अहवाल संशोधक के लिये अत्यधिक उपयोगी और महत्त्व के होते हैं, संशोधक इसमें से अपने संशोधन विषय से सम्बन्धित जानकारी

लेता है। यह जानकारी और सांख्यिकी प्रमाणित होती है। संशोधन अहवाल का प्रकाशन पैसों के अभाव में संशोधन या सम्बन्धित संस्था प्रकाशित नहीं करते इस कारण वे अप्रकाशित ही रहते है।

(2) व्यक्तिगत दस्तावेज (Personal Documents) : व्यक्तिगत दस्तावेज ऐसी लिखित सामग्री है जो एक व्यक्ति के द्वारा स्वतः के सन्दर्भ में या जो कुछ घटना घटित हुई है उसके सन्दर्भ में स्वयं के दृष्टिकोण से दिया हुआ विवरण है। इसमें संशोधक को उस व्यक्ति के मत की और सम्बन्धित घटना से संलग्निक उसके स्तर की जानकारी मिलती है और घटना की गम्भीरता का ज्ञान भी होता है। ऐसे दस्तावेजों में से संशोधक को सम्बन्धित कालावधि की सामाजिक, आर्थिक, राजकीय, सांस्कृतिक परिस्थिति का बोध होता है। आज व्यक्तिगत दस्तावेज़ इतनी अधिक संख्या में उपलब्ध है कि उनमें से कितनों का चयन करना चाहिये इस भ्रम में अक्सर संशोधक पड़ जाता है।

व्यक्तिगत दस्तावेजों के साधन

(1) जीवनी (Life Histories)
(2) दैनन्दिनी (Diaries)
(3) पत्र (Letters)
(4) संस्मरण (Memories)

(1) जीवनी (Life Histories) : जीवनी अर्थात् विस्तृत आत्मकथा में लेखक अपने जीवन की घटनाओं को अपने परिप्रेक्ष में प्रस्तुत करना है। उसे जीवन में कौन–कौनसी अनुभूतियां प्राप्त हुईं, उस अनुभूतियाँ का सन्दर्भ कौनसा, उन अनुभूतिजन्य घटनाओं से क्या परिवर्तन हुआ, कितना परिवर्तन हुआ इसका आभास पाठकों को कराते समय कभी–कभी वह अपना मत भी देता है। जीवनी से सामाजिक जीवन और उसकी समस्या, उन समस्याओं को हल करने के प्रयत्नों की क्रमबद्ध जानकारी संशोधक प्राप्त करता है। जीवनी के तीन प्रकार है :

(अ) स्वःप्रेरित आत्मकथा (Spontaneous Autobiography) : इसमें लेख अपनी इच्छा से अपने भूतकाल को स्मरण करके जीवन में घटित घटनाओं को क्रम से विस्तृत रूप में लिखता है।

(ब) ऐच्छिक आत्मकथा (Volunteered Autobiography) : इसमें लेखक प्रेरणा प्राप्त करके अपने हितचिन्तकों के आग्रह के कारण जीवनी लिखता है। मुख्य रूप से मित्र, शासन और प्रकाशक लेखक को आत्मकथा लिखने के लिये प्रेरित करते हैं।

(स) संकलित अथवा दूसरों के द्वारा लिखित आत्मकथा (Complied Autobiography) : ऐसी जीवनी में पत्र, भाषण, उपदेश, लेख, साक्षात्कार आदि का संकलन रहता है अथवा अन्य व्यक्ति जीवनी लिखता है। जिसकी जीवनी लिखी गयी है यदि वह जीवित रहा तो उसे प्रमाणित करता है।

(3) दैनन्दिनी (Diaries) : अनेक को दैनन्दिनी लिखने का शौक रहता है। उसमें से वे अपने जीवन में घटित घटनाओं को, प्रक्रियाओं को और भावनाओं को विषद करते हैं। जीवन में सुख–दुख के अनुभव, मनःस्थिति, क्लेष आदि की इसमें अभिव्यक्ति करते है। दैनन्दिनी में गुप्त बातों को भी लिखते हैं और इसलिए दैनन्दिनी को आत्मकथा की अपेक्षा अधिक महत्त्व संशोधन में किया जाता है। दैनन्दिनी का मूल्यांकन करना चाहिए, कारण दैनन्दिनी में अनेक बार अतिशयोक्ति, कृत्रिमता और सांकेतिक भाषा भी होती है।

(3) पत्र (Letters) : पत्र यह एक व्यक्ति ने दूसरे व्यक्ति को लिखा होता है इसलिए उसमें लिखने वाला अपने विचार, भावना और दृष्टिकोण को स्पष्ट करता है। इसमें वास्तविकता का दर्शन हो सकता है। पत्र व्यक्तिगत सम्पत्ति होने के कारण इनकी उपलब्धि सुगम नहीं होती। कुछ पत्रों से किसी गुप्त रहस्य का उद्‌घाटन हो सकता है, कुछ ज्ञानप्रद होते है, तो कुछ घटना का प्रमाणित कम देने वाले भी होते हैं। कुछ दोषयुक्त रहते है, कुछ अतिश्योक्ति से लिखे होते है, भावना से प्रभावित होकर लिखे, क्रोध में लिखे आदि, इसलिये संशोधक को पत्रों का चयन करते समय सावधानी बरतनी चाहिए।

(4) संस्मरण (Memories) : लोगों के द्वारा घटना, महत्त्वपूर्ण परिस्थिति, प्रवास योजना, व्यवस्था आदि से सम्बन्धित लिखित संस्मरण संशोधक के लिये बहुत उपयोगी होते हैं। संस्मरणों के माध्यम से अस्तित्व में रहीं व्यवस्था और प्रथा परम्परा का वास्तविक वर्णन करते है उदाहरण–नेहरू, चर्चिल आदि के संस्मरण व्यक्तिगत दस्तावेजों की सीमा हैः

(अ) व्यक्तिगत रहने के कारण प्रत्येक संशोधक को सरलता से उपलब्ध होंगे यह निश्चित नहीं है।

(ब) इनका स्वरूप गोपनीय रहने के कारण लेखक पूर्ण विचार के बाद भी देता है अथवा नहीं इसकी निश्चिती नहीं होती।

(स) अनेक बार ऐसे दस्तावेज क्रमबद्ध सन्दर्भ में नहीं रहते।

(द) अनेक बार ऐसे दस्तावेजों में आदर्श और कल्पना की अधिकता रहती है और इस कारण वास्तविकता गौण बनकर इनके नीचे दब जाती है।

(ड) व्यक्ति रहने के कारण सम्पूर्ण समाज का प्रतिनिधित्व नहीं करते।

(फ) लेखक विद्वता प्रदर्शित करने के लिये भी इसे लिखते है और कुछ इसे पक्षपातपूर्ण दृष्टिकोण से भी लिखते हैं। व्यक्तिगत दस्तावेजों का उपयोग करना ही पड़ा तो संशोधक को इनका उपयोग सावधानी से करना चाहिए।

द्वैतयिक साधनों के गुण

(1) ऐतिहासिक महत्त्व के तथ्य द्वैतियक साधनों से प्राप्त होते हैं।

(2) मनोवैज्ञानिक विश्लेषण के लिये अत्यधिक महत्त्वपूर्ण है। व्यक्तिगत साधनों

में से उपलब्ध दस्तावेजों में व्यक्ति के मनोभाव, प्रकृति और आन्तरिक गहनता का बोध होता है।

(3) शासकीय रेकॉर्डस से महत्त्वपूर्ण जानकारी सरलता से प्राप्त होती है।

(4) आत्मकथा, प्रवास वर्णन आदि से विश्वसनीय और उपयोगी जानकारी प्राप्त होती है। इसमें से सम्बन्धित काल के विभिन्न सामाजिक, सांस्कृतिक, राजनैतिक, आर्थिक वर्णन यथार्थ स्वरूप को स्पष्ट करते हैं।

(5) द्वैतियक साधनों से तथ्य संकलन में भेद और समय अधिक खर्च नहीं करना पड़ता।

दोष

(1) बहुधा व्यक्तिगत दस्तावेजों में प्राप्त सामग्री यक्ति से सम्बन्धित रहती है, सामाजिक घटना का विवरण उसमें नहीं रहता।

(2) अतिश्योक्तिपूर्ण रहने के कारण निष्पक्ष और महत्त्व के नहीं रहते।

(3) निन्दा और आलोचना के डर से लेखक इसमें सत्य को प्रस्तुत नहीं करता इसलिये इसकी उपयोगिता नष्ट हो जाती है।

(4) क्रमहीन स्वरूप में लिखने से घटनाओं का महत्त्व कम होता है।

(5) सांख्यिकी और वास्तविकता में अन्तर रहने के कारण शासकीय सांख्यिकीय का उपयोग कितने प्रमाण में करना चाहिए, इस भ्रम में संशोधक रहता है। अनेक बार अत्यावश्यक गोपनीय दस्तावेज संशोधक को उपलब्ध नहीं होते।

द्वैतियक साधनों से उपलब्ध हुए तथ्यों और सांख्यिकी का उपयेाग करने के पहले उनकी विश्वसनीयता जांचना जरुरी है।

16

अवलोकन

(Observation)

"Science begins with observation and must ultimately return to observation for its final validation."

प्रो. गुडे व हॉटट का यह वाक्य संशोधन प्रणाली में सर्वमान्य है। इस वाक्य में अवलोकन का महत्त्व स्वयंसिद्ध है।

वैज्ञानिक जब तक तथ्यों को प्रत्यक्ष रूप से परख नहीं लेता तब तक उन्हें स्वीकार नहीं करता। तथ्यों में स्थित भांति व संदेहों के निराकरण के लिए अवलोकन या निरीक्षण के अलावा और कोई पर्याय नहीं है। इसके द्वारा ही सत्यता के निकट पहुंचा जा सकता है। प्राकृतिक विज्ञान की भांति सामाजिक विज्ञान में भी अवलोकन पद्धति उपयोगी है। आज सामाजिक विज्ञान के संशोधकों द्वारा अवलोकन पद्धति का उपयोग समाज, समूह, वर्ग, स्त्री–पुरुष, संस्था, व्यवस्था आदि के अध्ययन के लिए किया जाता है। वैज्ञानिक युग द्वारा अस्तित्व में लाघी गयी यंत्र सामग्री व उपकरणों ने इस पद्धति के महत्त्व में वृद्धि की है तथा इनके उपयोग से अध्ययन कम समय में सरलता से व सुविधापूर्वक हो जाता है। इसकी बढ़ती हुई उपयोगिता के कारण अवलोकन की अनेकानेक पद्धतियां अस्तित्व में आई हैं जिनके द्वारा अवलोकन अधिक विश्वसनीय बन गया है।

अवलोकन या शब्द अंग्रेजी के Observation शब्द का पर्यायवाची है। इसका अर्थ "निरीक्षण करना" होता है।

भिन्न–भिन्न विद्वानों ने अवलोकन की अलग–अलग दृष्टि से परिभाषा की है। उनमें से मान्यता प्राप्त एवं महत्त्व की परिभाषाएँ निम्नलिखित हैं :

सी. ए. मोझर – "ठोस स्वरूप में अवलोकन का अर्थ, कान व वाणी की तुलना में आँखों का अधिक उपयोग करना होता है।"

अवलोकन की विशेषता

अपने विशिष्ट गुणों के कारण अवलोकन पद्धति संशोधकों में अधिकाधिक लोकप्रिय हो रही है।

(1) ज्ञानेद्रियों का उपयोग : निसर्गदत्त पांच ज्ञानेन्द्रियों का उपयोग संशोधक अवलोकन पद्धति में कर सकता है। नेत्रों को अन्य ज्ञानेन्द्रियों की तुलना में सर्वोपरि स्थान प्राप्त है क्योंकि संशोधकों को भौतिक विश्व से जोड़ने वाली यह प्रथम ज्ञानेन्द्रिय है। नेत्रों के साथ जब अन्य चार ज्ञानेन्द्रियां अवलोकन में सहायक होती हैं तब अवलोकित तथ्य अधिकाधिक स्पष्ट होते जाते हैं।

(2) प्राथमिक सामग्री संकलन : संशोधन क्षेत्र में अथवा घटना स्थल पर जाकर वस्तु–स्थिति को प्रत्यक्ष देखने के बाद ही प्राथमिक तथ्यों को अन्यों से अलग कर संकलित किया जाता है।

(3) सूक्ष्मता : अवलोकन में गहराई से निरीक्षण करना समाविष्ट है। गहराई से निरीक्षण करने का मतलब है बाह्य विश्व के साथ–साथ अंतःविश्व में प्रवेश करना, जहाँ व्यक्ति के विचार, मन की उथल–पुथल, शंका–कुशंकाएँ होती हैं।

(4) कारण-परिणाम सम्बन्धों का शोध : संशोधक किन–किन कारणों के क्या–क्या परिणाम है इनका घटना स्थल पर आकर निरीक्षण करता **है और अपने** ज्ञान और प्रत्यक्ष अवलोकन के आधार पर कारण और परिणाम में सम्बन्ध प्रस्थापित करता है।

(5) अनुभवाश्रित अध्ययन : यद्यपि अवलोकन नेत्रों द्वारा किया जाता है अन्य ज्ञानेन्द्रियों का सम्पूर्ण सहयोग नेत्रों को प्राप्त होता है। ज्ञानेन्द्रियों के माध्यम से होने वाली अनुभूति वास्तविक ज्ञान की प्राप्ति कराती है और इसी कारण अनुभवाक्षित अध्ययन यह अवलोकन में प्रमुख विशेषता मानी जाती है।

(6) निष्पक्षता : संशोधक स्वतः घटनाओं का निरीक्षण करता है। अपने निष्कर्षों की बार–बार परीक्षा करता है। विशेषतः उसके द्वारा लिया गया निर्णय उसका स्वयं का होता है, दूसरे का नहीं होता–अंतः अवलोकन में निष्पक्षता का गुण आ जाता है।

अवलोकन के प्रमुख छः प्रकार हैं –

(1) सहभागी अवलोकन (Participant Observation)

(2) असहभागी अवलोकन (Non-participant Observation)

(3) अर्ध–सहभागी अवलोकन (Quasi Participant Observation)

(4) अनियंत्रित अवलोकन (Non-Controlled Observation)

(5) नियंत्रित अवलोकन (Controlled Observation)

(अ) सामाजिक–घटनाओं पर नियंत्रण (Control over Social Phenomenon)

(ब) अवलोकनकर्ता पर नियंत्रण (Control Over Social Phenomenon)

(6) सामूहिक अवलोकन (Mass Observation)

(1) सहभागी अवलोकन (Participant Observation) : सहभागी अवलोकन में संशोधक स्वयं को जिनका अवलोकन यह कर रहा है उनके सभी कार्यों में सक्रिया साझेदार बनाता है। वह अवलोकित समूह से एकजीव होता है, ऐसा प्रतीत होता है कि वह उस समूह का जन्म से अविभक्त घटक है। यह अंतरगता ही क्रियान्वित हो उसके उस समूह के व्यवहार, रीति रिवाज, आदतों का अध्ययन अत्यधिक करीब से मूल स्वरूप में सूक्ष्म रीति से करने का सुअवसर देती है। सहभागी अवलोकन का प्रयोग सर्वप्रथम Lindman ने अपने ग्रंथ *Social Discover* में किया। 1924 ई. में सहभागी अवलोकन स्पष्ट करते हुए लिंडमैन ने बताया कि किसी भी घटना का निर्वचन अथवा अर्थ नित्यम शुद्ध स्वरूप में करना हो तो उस घटना के बाह्य व आंतरिक स्वरूप का पूर्ण ज्ञान आवश्यक है। घटना का अध्ययन करते हुए संशोधक उस घटना के क्रिया–कलापों में सहभागी रहता है तथा अन्यों की उस घटना की उद्देश्य पूर्ति में जो इच्छा व स्वार्थ निहित होते हैं उनसे संशोधक अलिप्त रह कर द्रष्टा के रूप में घटना का सूक्ष्म निरीक्षण करता है।

परिभाषाएँ

पीटर एच मान : "सहभागी अवलोकन यह ऐसी स्थिति है जिसमें अवलोकनकर्ता अपने अध्ययन समूह का अभिन्न घटक बन कर समूह की सभी क्रियाओं में पूर्णतः सहभागी होता है।"

एम. एच. गोपाल : "सहभागी अवलोकन ऐसी मान्यता पर आधारित है जिसका सिद्धांत है कि किसी भी घटना की परिभाषा अथवा अर्थ तभी अधिक विश्वसनीय व विस्तृत कर सकते हैं जब संशोधक परिस्थिति की गहराई में उतरता है।"

गुडे व हॉट्ट : "इस कार्य–प्रणाली का उपयोग ऐसे समय में किया जाता है जब संशोधक स्वयं को अध्ययन किये जाने वाले समूह का सदस्य स्वीकृत होने लायक बनाता है।"

लुण्डबर्ग और मारग्रेट लॉसिंग : "इस पद्धति को लागू करने के लिये आवश्यक यह है कि जिस प्रकार संशोधक समूह के जीवन में पूर्णतः सहभागी है उसी प्रकार समूह भी उसके समूह भी उसके सन्दर्भ में ऐसी ही अनुभूति रखता है।"

पी. व्ही. यंग : "सहभागी अवलोकनकर्ता अध्ययन के लिए समूह में रहकर अथवा अन्य प्रकार से उनके जीवन में सहभागी होता है।"

तटस्थ रहकर किये गये अवलोकन से सम्बन्धित "विषय–वस्तु" का गहन अध्ययन नहीं किया जा सकता। अध्ययन में गहनता, विश्वसनीयता, यथार्थता आदि आवश्यक होती है, अतः विषय–वस्तु से इस प्रकार जुड़ना आवश्यक है कि संशोधक विषय–वस्तु का अभिन्न घटक माना जाये। ऐसे समय संशोधक को अपनी संशोधन क्षमता जागरुक रखनी चाहिए, तो ही उसका सहभागी अवलोकन यशस्वी होगा, अन्यथा वह विषय–वस्तु का स्थायी घटक बन जाएगा या संशोधन दोषपूर्ण हो जाएगा। इसके लिए संशोधक के पास 'सम्बन्धित रहकर भी असंबद्ध' रहने का हुनर आवश्यक है।

सहभागी अवलोकन सम्बन्धित दो विचारधाराएँ प्रचलित हैं। पहली विचारधारा अमेरिकनों की हैं जो गुप्तचर पद्धति का उपयोग करता है, तो दूसरी पद्धति भारतीय है जो खुली पद्धति का उपयोग करती है। "गुप्तचर पद्धति" में अवलोकित समूह को अपने बारे में चल रहे सूक्ष्म अध्ययन की जानकारी नहीं रहती। खुली पद्धति में इसकी पूर्ण जानकारी समूह की होती है।

व्यावहारिक उपयोगिता

सहभागी अवलोकन का बड़े प्रमाण में उपयोग संशोधन में किया जा रहा है। इसका मुख्य उद्देश्य विषय–वस्तु के अत्यधिक सानिध्य में रहकर, सूक्ष्म और गहनतम अवलोकन करके अध्ययन को अधिकाधिक विश्वसनीय और उपयोगी बनाने से है। इस अध्ययन में संशोधक को अपनी सुविधा और आराम आदि का बलिदान करना पड़ता है। इस पद्धति के उपयोग से निदर्शन के मानसिक प्रवृत्ति की, आन्तरिक परिस्थिति की, मतों आदि की परिपूर्ण जानकारी प्राप्त की जाती है। उदाहरण औद्योगिक संस्था में असन्तोषजनक परिस्थिति निर्माण करने वाले कारणों की खोज के लिए यह पद्धति सर्वोत्तम है।

(1) स्वाभाविक व्यवहार का अध्ययन (Study of natural-Behaviour): अध्ययन के लिए ली गई विषय–वस्तु के सदस्यों से संशोधक इतना एकजीव होता है कि वह अनजाना अथवा बाहरी तत्त्व सा नहीं लगता। सदस्यों के व्यवहार में किसी भी प्रकार की कृत्रिमता नहीं आती है और इसलिये संशोधक का अध्ययन सुलभ और वैषयिक बनता है।

(2) सूक्ष्म अध्ययन (Minute Study) : घनिष्ठ सम्पर्क से उपजे विश्वास के कारण समूह के सदस्य, अवलोकनकर्ता से व्यवहार करते समय किसी प्रकार का भेदभाव नहीं करते। इसलिये समूह के सदस्यों के परस्पर आन्तरिक सम्बन्धों का जितना सूक्ष्म अध्ययन इस भांति किया जा सकता है, वह किसी अन्य पद्धति से असंभव है।

(3) सामग्री का संकलन : इस पद्धति से अवलोकनकर्ता विषय–वस्तु के सन्दर्भ में विस्तृत स्तर पर जानकारी और सांख्यिकी संकलित करता है। इसमें ऐसी महत्त्वपूर्ण जानकारी भी रहती है जो सहजता से प्राप्त नहीं हो सकती। ऐसी परम्पराएँ जिन्हें गोपनीय रखा जाता है उनका प्रत्यक्ष अवलोकन तथा अध्ययन इसी पद्धति द्वारा हो सकता है।

(4) विश्वसनीयता (Reliability) **:** संग्रहीत सामग्री अधिक विश्वसनीय रहती है, क्योंकि अवलोकनकर्ता वह सामग्री ऐसे समय संकलित करता है जब "घटना" घट रही होती है। ऐसी संकलित सामग्री का वह पुनः निरीक्षण करके जांच कर सकता है।

(5) सुलभ और सुविधाजनक अध्ययन (Easy & Convenient Study)**:** सहभागी अवलोकन असहभागी अवलोकन की तुलना में अधिक सुलभ और सुविधाजनक है क्योंकि इसमें संशोधक समूह में निरीक्षक के रूप में प्रवेश न करके समूह का सदस्य ही बनता है। इस प्रकार वह सदस्यों के विरोध से बचा रहता है, और उसकी उपस्थिति पर संदेह भी नहीं किया जाता, और इसीलिए वह समूह का अध्ययन अपनी क्षमतानुसार कर सकता है।

दोष

(1) सीमित क्षेत्र : इस पद्धति से छोटे क्षेत्र की जानकारी और सांख्यिकी आंकड़े संकलित किये जा सकते हैं। समूह से अवलोकनकर्ता घनिष्ठ सम्पर्क प्रस्थापित करने पर भी प्रत्येक सदस्य से घनिष्ठता नहीं बना पाता। ऐसा करना उसकी शक्ति के बाहर की बात होती है। घनिष्ठ सदस्यों से अधिक से अधिक जानकारी प्राप्त कर सकता है लेकिन अन्यों से जानकारी प्राप्त नहीं कर सकता। यदि वे समूह में महत्त्वपूर्ण व्यक्तित्व वाले व्यक्ति रहे तो संशोधन अभावग्रस्त रह जाता है। इससे संशोधन का क्षेत्र मर्यादित हो जाता है।

(2) अवलोकनकर्ता का प्रभाव : जब अवलोकनकर्ता समूह की घनिष्ठता प्राप्त करता है और अपनी श्रेष्ठता छिपा नहीं पाता तब उसके प्रभाव में समूह के सदस्य अपनी स्वाभाविक प्रवृत्ति को और व्यवहार को नियंत्रित कर लेते हैं। इससे सहभागी अवलोकन के उद्देश्य असफल होते हैं।

(3) समूह से सम्पूर्ण सहभागी असंभव : अवलोकनकर्ता समूह में एक समय एक ही स्थान पर रह सकता है। समूह में एक ही समय अनेक स्थानों पर अलग–अलग घटनाएँ घट सकती हैं और वह उन घटनाओं का प्रत्यक्षदर्शी नहीं रह सकता। किसी भी संशोधक ने अभी तक सहभागी अवलोकन से "विषय–वस्तु" का पूर्ण अध्ययन नहीं किया है, कर भी नहीं सकता।

(4) अवलोकनकर्ता द्वारा पक्षपात की संभावना : समूह का सक्रिय

सदस्य बनने से समूह के प्रति अवलोकनकर्ता की "भावनात्मक जुड़ाव" भी हो जाता है। वह समूह के सुख–दुखः में, विपत्ति में, हर्ष उल्लास में, समान रूप से सहभागी होता है और इससे समूह के प्रति उसकी सहानुभूति जाग उठती है। यही सहानुभूति उसकी वैज्ञानिक निष्पक्षता के लिये घातक बनकर उसे पक्षपाती बनाती है।

(5) दोहरी भूमिका : अवलोकनकर्ता एक ही समय समूह का सदस्य और वैज्ञानिक इन दोहरी भूमिकाओं का अभिनीत करता है। इनमें सन्तुलन बनाये रखना अत्यधिक कठिन काम है। संशोधक सफल अभिनेता भी हो ऐसा संयोग दुर्लभ है।

(6) समय का, धन का अपव्यय और सीमित उपयोगिता : समूह का विश्वास प्राप्त करके सक्रिया सदस्य बनना, और उसके बाद उनका गहन अध्ययन अनेक समस्याओं को हल करते हुए करना, इसमें बहुत अधिक समय खर्च होता है। उसी प्रकार अपराधी अथवा भ्रष्टाचारी और मिलावट करने वाले व्यापारियों का अध्ययन करना हो तो संशोधक स्वयं अपराधी अथवा भ्रष्टाचारी नहीं बन सकता। इसलिये इस अध्ययन की सीमा सर्वसाधारण समूह तक ही मर्यादित है। सहभागी अवलोकन में अधिक प्रमाण में धन भी खर्च करना पड़ता है।

उपरोक्त दोष रहने पर भी सहभागी अवलोकन अधिक विश्वसनीय, वैषयिक और महत्त्वपूर्ण है।

(2) असहभागी अवलोकन (Non-Participant Observation)

संशोधक जब तटस्थ रूप से अवलोकितों के कार्यों का अवलोकन करता है तब उसे 'असहभागी' कहते हैं। संशोधक निष्पक्ष रूप से समूह में हो रही क्रिया–प्रक्रिया, घटना व्यवहार आदि का मौन दर्शक बनकर निरीक्षण करता है, उनमें होने वाली चर्चाओं को सुनता है और इन सभी को अपनी कलम से क्रमबद्ध करता हैं। सानिध्य में मगर अलिप्त रहकर वह समूह के बाह्य अंगों का यथासंभव अध्ययन करता है। समूह में रहकर भी अलिप्त रहने से उसका अध्ययन स्वतंत्र, निष्पक्ष और वैज्ञानिक रहता है। इस पद्धति से ऐसे समूहों का अध्ययन किया जाता है जिनका घटक अथवा सक्रिय सदस्य बनना संशोधक के लिए असंभव अथवा योग्य नहीं होता।

असहभागी अवलोकन के गुण

(1) संशोधक के समूह में रहने के बाद भी अलिप्त रहने से उसका अध्ययन निष्पक्ष और स्वतंत्र रहता है।

(2) मूक निरीक्षक बनकर संकलित की गई जानकारी अधिक विश्वसनीय रहती है।

(3) समय, श्रम और धन की बचत होती है।

(4) समूह का सक्रिय सदस्य नहीं बनने से भावनात्मक–जुड़ाव नहीं होता जिससे पक्षपात की संभावना खत्म होती है।

(5) संशोधक द्वारा स्वयं का दिया गया परिचय उसे समूह से सम्मान और सहानुभूति प्राप्त करा देता है।

असहभागी अवलोकन के दोष

(1) तटस्थ रहकर दूर–दूर से किये गये अध्ययन से अवलोकितों की मनोवैज्ञानिक वृत्ति का अथवा भावनाओं की जानकारी प्राप्त नहीं होती, इसलिए यह अध्ययन विषय–वस्तु का गहन अध्ययन करने में अक्षम है।

(2) सदस्यों की (समूह के) बराबरी में किसी भी कार्य में सक्रिय नहीं होने से उस कार्य की सर्वांगीण जानकारी संशोधक प्राप्त नहीं कर सकता, क्योंकि समूह के सदस्य उसके प्रति पूर्ण विश्वास नहीं रखते और यूं उपजी शंका अध्ययन में बाधा बनती है।

(3) पूर्णतः असहभागी अवलोकन असंभव है।

(4) संशोधक अध्ययन के समय स्वाभाविक रह नही सकता। निरन्तर अवलोकन कठिन होता है और इससे उसमें दोष और कृत्रिमता अस्तित्व में आती है।

उपरोक्त दोष रहने पर भी विशेष परिस्थिति में जब सहभागी अवलोकन संभव न हो तब असहभागी अवलोकन द्वारा अध्ययन करना आवश्यक हो जाता है।

(3) अर्ध-सहभागी अवलोकन (Quasi-Particpant Observation)

अर्द्ध–सहभागी अवलोकन पद्धति सहभागी और असहभागी अवलोकन पद्धति का मध्य–मार्ग है।

संशोधक समूह का अवलोकन करते समय घटनाओं में से जो साधारणतः समूह के द्वारा सर्वमान्य मानी जाती है उसमें सहभागी होकर और विशिष्ट एवं समूह मर्यादित कार्यक्रमों में तटस्थ रहकर दूर से ही अध्ययन कर सकता है।

समूह की जटिलता ही अध्ययन में बाधक बनती है। संशोधक समूह के सदस्यों से आत्मीयता स्थापित करता है तब वह सदस्य उदारता से संशोधक को अपने कार्यक्रम में सहभागी कर लेता है। लेकिन गोपनीयता की जहां–जहां आवश्यकता रहती है वहां–वहां अवलोकनकर्ता के लिये प्रवेश वर्जित हो रहता है। ऐसा रहने पर भी यह पद्धति बड़े प्रमाण में आज्ञन को दूर करती है। इसलिये इसकी उपयोगिता को नकार नहीं सकते।

(4) अनियंत्रित अवलोकन (Non-Controlled Observation) **:** इस प्रकार में अवलोकनकर्ता और अवलोकित इन दोनों पर किसी का भी किसी भी प्रकार का नियंत्रण नहीं रहता। शुरुआत में इस पद्धति का बड़े प्रमाण में उपयोग किया गया और निष्कर्ष भी निकाले गए, लेकिन उसमें बड़े प्रमाण में पक्षपात

दिखाई दिया।

सामाजिक संशोधन की प्रकृति ऐसी है कि अनियंत्रित अवलोकन हमेशा, सर्वकाल संभव नहीं है। जहां घटना घट रही है, वहां जाकर उसका अध्ययन करना चाहिये। घटना की जटिलता, उसमें से उपलब्ध जानकारी और उसके आधार पर निकाले गये निष्कर्ष ये अधिकतर घटना में सम्मिलित हुए लोगों की भावना पर अथवा भावनाओं के विस्फोटवश जन्में होते हैं। इसलिये ये निष्कर्ष वास्तविकता और सत्य से दूर होते हैं। इस पद्धति का उपयोग ऐसे समय किया जाता है, जब अवलोकन के अन्य किसी भी प्रकार का उपयोग करना संभव न हो और अवलोकन की जाने वाली घटना अधिक उलझी हुई हो।

(5) नियंत्रित अवलोकन (Controlled Observation)

अनियंत्रित अवलोकन में निहित दोषों के निराकरण के लिये किये गये प्रयत्नों से नियंत्रित अवलोकन जन्मा और विकसित हो रहा है। आज अवलोकनकर्ता और अवलोकित इन दोनों पर अथवा दोनों में से किसी एक पर नियंत्रण रखकर इस पद्धति के द्वारा अध्ययन किया जाता है। इस पद्धति में अवलोकन की सम्पूर्ण योजना पहले ही तैयार की जाती है और उस योजनानुसार सारा अवलोकन पूर्ण किया जाता है।

इस पद्धति में नियंत्रण को दो भागों में विभाजित किया गया है।

(1) घटनाओं पर नियंत्रण

(2) अवलोकनकर्ता पर नियंत्रण

(1) घटनाओं पर नियंत्रण : जिस प्रकार भौतिक विज्ञान में नियंत्रित परिस्थिति में प्रयोगशाला में प्रयोग किये जाते हैं उसी प्रकार सामाजिक विज्ञान में भी घटनाओं को नियंत्रण में रखकर अध्ययन करने के प्रयत्न किये जाते हैं। इस क्षेत्र में आवश्यक सफलता सामाजिक वैज्ञानिकों को भी अभी तक प्राप्त नहीं हुई। है।

(2) अवलोकनकर्ता पर नियंत्रण : अवलोकनकर्ता को स्वयं पर नियंत्रण रखकर पक्षपात से और व्यक्तिगत दोषों से स्वयं बचाना चाहिये। इसके लिये आधुनिक यंत्र–सामग्री, टेप–रेकॉर्डर, मूवी कैमरा, डायरी आदि का उपयोग करके परिणामों में निष्पक्षता और सत्यता इकाई बढ़ाई जा सकती है।

(6) सामूहिक अवलोकन (Mass Observation)

एक घटना का अलग–अलग संशोधकों द्वारा निरन्तर अवलोकन किया जा रहा हो तो ऐसे अवलोकन को सामूहिक अवलोकन कहते हैं। सामूहिक अवलोकन में नियंत्रित और अनियंत्रित इन दोनों प्रकारों का समावेश होता है। सभी अवलोकनकर्ताओं द्वारा संकलित सामग्री का सामूहिक रूप में अध्ययन किया जाता

हैं। इस अवलोकन में पुनरावृत्ति पद्धति को स्वभावतः लागू किए जाने के कारण एक ही घटना एक ही समय अलग–अलग अवलोकनकर्त्ताओं द्वारा अध्ययन की जाती है। इस "पुनः" से पक्षपात की संभावना एकदम कम होती है, संदेह और भ्रम का निर्मूलन भी हो जाता है। इस प्रकार के अध्ययन के लिये अधिक बड़े प्रमाण में धन, श्रम, समय और सामग्री लगती है, भारत में इस पद्धति का उपयोग नहीं किया जाता या किया भी जा रहा हो तो वह नगण्य है।

अवलोकन के गुण (Merits of Observation)

(1) वैषयिकता (Objectivity) : वस्तु स्थिति में अध्ययन होने से जो जैसा दिखता है वैसा ही लिखा जाता है और इससे इसमें विषयानुरूपता दिखाई देती है। अवलोकनकर्ता किसी भी प्रकार का पक्षपात नहीं कर सकता।

(2) विश्वसनीयता (Reliability) : प्रत्यक्ष का अध्ययन होने से निकाले गये निष्कर्षों में गलती की संभावना एकदम कम होती है और इसलिए इस पद्धति से प्राप्त किये गये तथ्य और आंकड़े अन्य पद्धतियों से प्राप्त किये गए तथ्य और आंकड़ों की अपेक्षा अधिक विश्वसनीय होते हैं।

(3) सुलभता (Simplicity) : यह पद्धति अन्य पद्धतियों की अपेक्षा सुलभ है। अवलोकनकर्ता स्वयं रुचि लेकर अपने अध्ययन को निष्पक्ष और उपयोगी बनाने के लिए यह पद्धति आत्मसात् करता है। इस पद्धति की सरलता ही इसके महत्त्व को बढ़ाने का कारण बन गई है।

(4) सत्यापनशीलता (Verification) : आधुनिक साधनों का उपयोग करके घट रही घटना को रिकार्ड कर सकेते है। उदाहरण – मूवी कैमरे के उपयोग से घटना जैसी की तैसी सेल्युलाईड में कैद कर सकते हैं। इसका बार–बार अध्ययन करके घटना में सत्य की जांच कर सकते हैं, और इस तरह अध्ययन परिपूर्ण होने में मदद मिलती है।

अवलोकन की मर्यादा (Limits of Observation)

सभी घटनाएँ अवलोकनकर्त्ता को अवलोकन का अवसर नहीं देती। कुछ घटनाएं ऐसा अवसर देती हैं तो कुछ घटनाएं जब अवलोकनकर्ता उपस्थित नहीं होता तब घटती है। वैसे भी अवलोकन पद्धति सभी प्रकार की घटनाओं का अध्ययन करते में समर्थ नहीं है। इसलिये अवलोकन पद्धति में अनेक मर्यादाएँ, अथवा दोष स्वाभावतः ही आते हैं। इस पद्धति के द्वारा संकलित किए गए तथ्यों और आंकड़ों में निम्नलिखित दोष दिखाई देते है :

(1) अवलोकनकर्ता द्वारा किया गया अपेक्षापात : अवलोकनकर्ता निरीक्षण और विचार में पूर्णतः स्वतंत्र रहता है इसलिये घटना का अध्ययन स्वयं के दृष्टिकोण से करता है। एक ही घटना का अवलोकन अलग–अलग संशोधक

कर रहे हों तो ऐसा दिखाई देता है कि वे अलग–अलग दृष्टिकोण अपने–अपने अध्ययन में लागू कर रहे हैं, इसलिये अवलोकन से प्राप्त जानकारी पूर्णतः निष्पक्ष है इसका दावा नहीं किया जा सकता।

(2) सीमित क्षेत्र (Limited Scope) : अवलोकन एक सीमित क्षेत्र में ही संभव है। विस्तृत क्षेत्र में अवलोकन करना असंभव है। इससे समय, धन और श्रम को विस्तृत प्रमाण में व्यय करना पड़ता है, जो सभी संशोधकों के लिये संभव नहीं है।

(3) विशिष्ट घटनाओं के अध्ययन के लिए अनुपयुक्त (Unsuitable for Specific Phenomenon) : संघर्ष, कलह, कुटिलता, क्रोध, सहानुभूति, वात्सल्य, वासना, प्रेम, करूणा आदि के अध्ययन के लिये अवलोकन पद्धति का उपयोग नहीं कर सकते। कदाचित इस पद्धति के द्वारा अध्ययन करके तथ्य–सामग्री संकलित की भी गयी तो वह विश्वसनीय नहीं होती।

अवलोकन के दोषों को दूर करने के उपाय

अवलोकन में दोषों को दूर करने अध्ययन करना संभव हो इसके लिये निम्नलिखित उपाय किए गए है। इन उपायों का उपयोग करके अवलोकन अधिक विश्वसनीय बनाया है। कुछ प्रमुख उपाय इस प्रकार हैं –

(1) अवलोकन योजना (Observation Plan)

(2) अनुसूची का उपयोग (Use of Schedules)

(3) आधुनिक यंत्र–साधनों का उपयोग (Use of modern machines & Instruments)

(4) समाजमिति परिणामों का उपयोग (Use of Sociometric Scales)

(5) सामूहिक अवलोकन (Mass Observation)

(1) अवलोकन योजना : अवलोकन के लिए एक विस्तृत परिपूर्ण योजना तैयार कर उसका क्रियान्वयन क्रमिक रूप में आवश्यक तथ्य–सामग्री के संकलन के लिये करना चाहिए। यदि अध्ययन विस्तृत हो तो अवलोकन योजना अध्ययन विषय के विविध घटकों के लिये अलग–अलग बनानी चाहिये। ऐसे विभाजन से प्रत्येक घटक का अध्ययन अधिक विस्तृत रूप में सुलभता से करके अधिक विश्वसनीय परिणाम प्राप्त किये जा सकते हैं।

(2) अनुसूची का उपयोग : अवलोकन में अनुसूची का उपयोग अधिक विश्वसनीय परिणामों को उपलब्ध करा देता है। अनुसची का स्वरूप पूर्णतः विषय से सम्बन्धित रहना चाहिए और योजनानुसार उसका उपयोग किया जाना चाहिए। इसमें कठिनाई इतनी ही है कि इसके लिए अवलोकनकर्ता को अनेक सहयोगियों का उपयोग करना पड़ता है।

(3) आधुनिक यंत्रों और साधनों का उपयोग : आधुनिक यंत्रों और साधनों का उपयोग करके "पुनरावृत्ति पद्धति" का उपयोग करना संभव हो गया है और इससे अध्ययन में निष्पक्षता और विश्वसनीयता के प्रतिशत में वृद्धि हुई है।

(4) समाजमिती परिमाणों का उपयोग : अभी–अभी संशोधन में समाजमिती परिमाणों का उपयोग जनप्रिय हो गया है। अवलोकन के गुणात्मक तथ्यों का इन परिमाणों द्वारा मापन किया जाता है और उस मापन से निकले परिणामों के आधार पर आगे का अध्ययन किया जाता है। इसमें अध्ययन में निष्पक्षता की वृद्धि हुई है और अवलोकनकर्ता की पक्षपातपूर्ण वृत्ति पर नियंत्रण लगा है।

(5) सामूहिक अवलोकन (Mass Observation) **:** सामूहिक अवलोकन में अनेक विशेषज्ञों को एक ही समय अवलोकन के लिए क्रियान्वित किया जाता है। उनके सामूहिक अवलोकन से उपलब्ध तथ्य अधिक विश्वसनीय होते हैं।

उपरोक्त उपायों को यदि अवलोकन में उपयोगितानुसार लागू किया गया तो अवलोकन के दोष कम होकर विश्वसनीय तथ्य–सामग्री संकलित हो सकेगी।

17

प्रश्नावली

(Questionnaire)

सामाजिक संशोधन में प्राथमिक तथ्य सामग्री का संकलन करने के लिये प्रश्नावली पद्धति का उपयोग किया जाता है। प्रश्नावली में प्रश्नों की एक सूची रहती है, यह सुव्यवस्थित स्वरूप में तालिकाबद्ध की जाती है। प्रश्नों के आगे खाली जगह रखी जाती है, इस जगह में उत्तरदाता इन प्रश्नों के उत्तर लिखता है। उत्तरदाताओं से प्राप्त प्रश्नावली में तथ्य सामग्री संकलित की जाती है। सामाजिक विज्ञान में जो सर्वेक्षण किये जाते हैं, उनमे प्रश्नावली पद्धति का बड़े प्रमाण में उपयोग किया जाता है, इसलिये इस पद्धति के महत्त्व में निरन्तर वृद्धि हुई है।

"विषय–वस्तु" से सम्बन्धित व्यक्तियों को प्रश्नावली दी जाती है अथवा पोस्ट के द्वारा भेजी जाती है। वे सम्बन्धित प्रश्नावली भरकर संशोधक को वापिस भेज देने पर ही प्राथमिक तथ्य सामग्री संकलित होती है इसलिये प्रश्नावली का अर्थ है "ऐसी सुव्यवस्थित सूची जो विषय से सम्बन्धित सूचना प्राप्त करने में सहयोग देती है।"

परिभाषाएँ

बोगार्डस, "प्रश्नावली में विषय वस्तु से सम्बन्धित विभिन्न व्यक्तियों का उत्तर देने के लिए एक सूची है।"

लुण्डबर्ग, "मौलिक स्वरूप में प्रश्नावली प्रेरणा का ऐसा एक समूह है जो शिक्षितों के आगे उनके व्यवहार का अवलोकन करने के लिये प्रस्तुत किया जाता है।"

गुड़े और हॉट्ट, "सामान्य स्वरूप में प्रश्नावली उत्तर प्राप्त करने की उस प्रणाली का बोध कराती है जो स्वयं उत्तरदाता द्वारा भरने के लिये सूची का उपयोग करती है।"

विल्सनगी, "विस्तृत क्षेत्र में बिखरे हुए से समिश्र मात्रा में ज्यादा से ज्यादा प्राथमिक तथ्य संकलित करने के लिये प्रश्नावली एक सुविधाजनक प्रणाली है।"

प्रश्नावली का उपयोग संशोधक ऐसे समय करता है जब सभी निदर्शकों से वह सम्बन्ध प्रस्थापित नहीं कर सकता। प्राथमिक तथ्य सामग्री का अप्रत्यक्ष रूप से संकलन करने के लिये प्रश्नावली पद्धति उपयोग में लायी जाती है, इसके लिये डाक का उपयोग किया जाता है। प्रश्नावली पद्धति का उपयोग शिक्षितों के लिये ही किया जा सकता है।

प्रश्नावली की विशेषताएँ (Characteristics of Questionnaire)

(1) प्राथमिक तथ्य सामग्री प्राप्त करने की अप्रत्यक्ष प्रणाली हैं।
(2) मुख्य रूप से डाक का ज्यादा से ज्यादा उपयोग किया जाता है।
(3) प्रश्नावली उत्तरदाता के द्वारा स्वयं भरी जाती है।
(4) शिक्षितों तक ही उपयोग सीमित है।
(5) इसमें प्रश्नों का स्वरूप सरल और समझ में आने वाली भाषा में होतां है।

प्रश्नावली के प्रकार (Types of Questionnaire)

लुण्डबर्ग के अनुसार प्रश्नावली के दो प्रकार हैं :

(1) **तथ्य सम्बन्धी प्रश्नावली (Questionnaire of fact)** यह प्रश्नावली सामाजिक विज्ञान में तथ्य सामग्री के संकलन के लिये उपयोग में लाई जाती है।

(2) **मत और मनोवृत्ति सम्बन्धी प्रश्नावली (Questionnaire of opinion and attitudes)**

उत्तरदाता की अभिरुचि से सम्बन्धित जानकारी प्राप्त करने के उपयोग में लायी जाती है।

श्रीमती पाडलीन के अनुसार प्रश्नावली के निम्नलिखित दो प्रकार हैं :

(1) संरचित प्रश्नावली (Structured Questionnaire)

इस प्रश्नावली की संरचना संशोधन शुरू करने के पहले की जाती है।

(2) असंरचित प्रश्नावली (Non-Structured Questionnaire)

इस प्रश्नावली के अन्तर्गत प्रश्नों को संशोधन के पहले निश्चित नहीं किया जाता केवल अध्ययन का विषय, व्यक्ति, भौगोलिक क्षेत्र के सन्दर्भ में उल्लेख किया जाता है।

उपरोक्त प्रकारों के अतिरिक्त कुछ अन्य महत्त्व के प्रकार निम्नलिखित हैं–

(अ) खुली प्रश्नावली (Open Questionnaire) : ऐसी प्रश्नावली जिसमें

उत्तरदाता को उत्तर देने की पूर्ण स्वतंत्रता दी जाती है। उत्तरदाता स्वेच्छा से उत्तर देता है उसके उत्तर पर किसी भी प्रकार का प्रतिबन्ध नहीं रहता।

(ब) चित्रमय प्रश्नावली (Pictorial Questionnaire) : ऐसी प्रश्नावली जिसमें प्रश्नों के आगे चित्रों में उत्तर दिए रहते हैं। उत्तरदाता को उन चित्रों में से जो योग्य उत्तर है ऐसा लगने पर सही (✓) का चिन्ह् अंकित करना होता है। यह प्रश्नावली अशिक्षित अथवा अल्प शिक्षित अथवा इलाकों के उपयोग में लायी जाती है।

(स) मिश्रित प्रश्नावली (Mixed Questionnaire) : जटिल स्वरूप के तथ्यों का संकलन करना हो और कोई एक प्रकार काम में नहीं आ पा रहा हो ऐसे समय कुछ प्रकारों को एकत्रित करके प्रश्नावली तेयार की जाती है, जो उपयोगी तथ्य सामग्री का संकलन सुलभता से करा सकती है। ऐसी प्रश्नावली मिश्रित प्रश्नावली के रूप में जानी जाती है।

प्रश्नावली निर्माण में संशोधक द्वारा काम में लाई जाने वाली सावधानियाँ

प्रश्नावली तथ्य सामग्री के संकलन करने की एक महत्त्वपूर्ण प्रणाली है। यदि प्रश्नावली का निर्माण करते समय निम्नलिखित दो मुद्दों का समावेश प्रश्नावली में नहीं किया गया तो प्रश्नावली के उद्देश्य निरर्थक हो जाएँगे :

(1) विषय का पूर्ण विश्लेषण (A Thorough Analysis of the Subject): संशोधन में कुछ प्रश्न अत्यधिक महत्त्व के रहते है, कुछ प्रश्न महत्त्व के, और कुछ प्रश्न कम महत्त्व के। संशोधक को ऐसा भेदभाव नहीं करना चाहिए कि ज्यादा महत्त्व के प्रश्नों को प्रश्नावली में अधिक स्थान और कम महत्त्व के प्रश्नों को कम स्थान। विषय के सभी प्रश्नों को प्रतिनिधित्व हो ऐसी प्रश्नावली का निर्माण करना चाहिये। याने विषय के ज्यादा से ज्यादा विस्तारपूर्वक अध्ययन के लिये प्राथमिक तथ्य सामग्री संकलित की जा सके और यही प्रश्नावली का उद्देश्य है। ऐसी प्रश्नावली की रचना के लिये मार्गदर्शक की सहायता, अनुभव, मित्रों का सहकार्य और अन्य सहित्य स्रोतों का उपयोग करना चाहिये।

(2) उपयोगिता (Utility) : प्रश्नों को प्रश्नावली में समाविष्ट करते समय संशोधन में उसकी उपयोगिता है अथवा नहीं इसकी जांच करनी चाहिये। निरर्थक प्रश्नों को पूर्णतः टालना चाहिए, अन्यथा धन, श्रम और समय का अपव्यय होगा।

प्रश्नावली का स्वरूप (Nature of the Questionnaire)

प्रश्नावली तैयार करते समय उसे ऐसा स्वरूप देना चाहिये कि उस पर दृष्टिक्षेप डालने वाला आकर्षित हुए बिना न रह सके। उत्तरदाता उसे देखते ही टालने की इच्छा भी न कर सके इस स्वरूप में और छोटे आकार में प्रश्नों को क्रमबद्ध करना चाहिये। इस सन्दर्भ में कुछ महत्त्वपूर्ण सूचनाएं निम्न हैं –

(1) प्रश्नों का आकार (Size of Questions) : प्रश्न छोटे रहने चाहिए। बड़े प्रश्न रहे तो उन प्रश्नों के प्रति उत्तरदाता की अभिव्यक्ति संशोधन के लिए अनुपयोगी रहेगी। सर्वसामान्य मनुष्य बड़े प्रश्नों से बिचकता है, घबराता है और उत्तर देने को टालता है इसलिये प्रश्नावली में प्रश्न छोटे ही होने चाहिये।

(2) भाषा की स्पष्टता (Clarity of Language) : प्रश्नावली में प्रयुक्त की गयी भाषा इतनी स्पष्ट और सरल होनी चाहिए कि उसे सर्वसाधारण व्यक्ति भी समझ सकें। द्विअर्थी अथवा अनेक अर्थों वाली कठिन अथवा पांडित्यपूर्ण शब्दावली का प्रश्नावली में उपयोग नहीं करना चाहिये।

(3) घटकों की स्पष्टता (Clarity of Units) : संशोधकों को घटकों का स्पष्ट रूप में अर्थ निरूपण करना चाहिये। जिस प्रकार से घटक परिभाषित किये गये हैं उसी दृष्टिकोण से इकाइयां प्रश्नावली के प्रश्नों के उत्तर देगे। प्रत्येक इकाई स्वयं का दृष्टिकोण लागू करके प्रश्नावली के प्रश्नों को समझेगा और उसके आधार पर उत्तर देगा।

(4) उपयुक्त प्रश्न (Useful Questions) : प्रश्नावली में प्रश्न संशोधन के लिये उपयोगी रहने चाहिये, असंबंद्ध प्रश्न नहीं होने चाहिये। उत्तरदाता निःसंकोच प्रश्नों के उत्तर दे सके ऐसा स्वरूप यदि प्रश्नावली का होगा तो ही उससे उपलब्ध तथ्य सामग्री संशोधन के लिये उपयोगी होगी, अन्यथा अनुपयोगी हो जाएगी।

(5) विशिष्ट प्रश्नों से बचाव (Avoidance of Specific Questions) : व्यक्तिगत, रहस्यात्मक और भावनात्मक जीवन से किसी भी प्रकार से सम्बन्धित प्रश्न प्रश्नावली में नहीं रखने चाहिये। प्रश्नों को व्यंग्यात्मक स्वरूप में भी उत्तरदाता के सामने नहीं रखना चाहिए। ऐसे प्रश्नों से उसके "अहं" को ठेस पहुंचती है और वह प्रश्नों के उत्तर नहीं देता अथवा उसके द्वारा दिये उत्तर संशोधन के लिये उपयोगी नहीं रहते। इससे प्रश्नावली के उद्देश्य सिद्ध नहीं होते।

संशोधक उपरोक्त पांच बातों का समावेश यदि प्रश्नावली में कर लेता है तो ऐसी प्रश्नावली से प्राथमिक तथ्य सामग्री का संकलन कम समय में, कम श्रम से और कम खर्च में किया जा सकता है।

उत्तम प्रश्नावली के लक्षण (Features of a good Questionnaire)

अच्छी प्रश्नावली ऐसी प्रश्नावली रहती है जिसमें संशोधन के लिए आवश्यक सभी प्रकार की प्राथमिक तथ्य सामग्री उपलब्ध करके देने की क्षमता रहती है। अलग–अलग विद्वानों ने इस सन्दर्भ में अपने मत व्यक्त किए हैं उदाहरण – ए. एल. बाउले (A. L. Bowley) के अनुसार अच्छी प्रश्नावली की विशेषताएँ निम्न होनी चाहिए :

(1) प्रश्नों की संख्या कम रहना।

(2) प्रश्नों के उत्तर "हां" अथवा "नहीं" में होने चाहिए
(3) प्रश्नों में कुछ भी व्यक्तिगत नहीं होना चाहिए।
(4) प्रश्न निश्चित अर्थ के, स्पष्ट, सरल और खुले होने चाहिये।
(5) क्रमबद्धता में प्रश्न सम्बन्धित होने चाहिये।
(6) प्रश्नों के उत्तरों से संशोधन के लिए आवश्यक प्राथमिक तथ्य सामग्री उपलब्ध होनी चाहिये।
(7) प्रश्नों में असांसदीय (अशिष्ट) भाषा का उपयोग नहीं करना चाहिये।

इसके अलावा संशोधक को विषय वस्तु के स्वरूपानुसार कुछ बातों का समावेश प्रश्नावली में करना हो तो उसे वह करना चाहिये।

प्रश्नावली की विश्वसनीयता (Reliability of Questionnaire)

प्रश्नावली में से उपलब्ध तथ्य सामग्री विश्वसनीय है क्या? विश्वसनीयता की जांच तभी करना चाहिये जब उत्तरदाता के उत्तरों ने एकरसता अथवा भिन्नता दिखाई दे। उत्तरी में भिन्नता दिखाई पड़ने पर विश्वसनीयता पर प्रश्न चिन्ह् लगता है। प्रश्नावली प्रणाली में अविश्वसनीयता निम्नलिखित कारणों से अस्तित्व में आती है :

(1) गलत और असंगत प्रश्न (Wrong & Irrelevent Question) **:** जब संशोधक द्वारा गलत और असंगत प्रश्नों का समावेश प्रश्नावली में किया जाता है तब उन प्रश्नों के उत्तर उत्तरदाता अपने–अपने दृष्टिकोण से देता है। विभिन्न दृष्टिकोणों से प्राप्त हुए उत्तर हुए उत्तर सुसंगत नहीं रहते और इससे उपलब्ध तथ्य सामग्री अविश्वसनीय लगती है।

(2) पक्षपातपूर्ण निदर्शन या नमूना (Based Sample) **:** नमूनों के चयन में यदि सावधानी नहीं रखी हो अथवा अन्य के प्रभाव में नमूनों का चयन किया हो तो ऐसे नमूने "विषय–वस्तु" के सभी पक्षों का प्रतिनिधित्व नहीं करते। इससे सर्वांगीण प्राथमिक तथ्य सामग्री उपलब्ध नहीं होती बल्कि पक्षपातपूर्ण स्वरूप की जानकारी संकलित हो जाती है। इससे विश्वसनीय जानकारी नहीं मिलती अतः ऐसी जानकारी अध्ययन योग्य नहीं मानी जाती।

(3) अनियंत्रित और पक्षपातपूर्ण उत्तर (Controlled and Biased Responses) : इस प्रणाली के द्वारा प्राप्त जानकारी बहुधा सत्य नहीं रहती। उत्तरदाता गोपनीय और व्यक्तिगत जानकारी नहीं देते अथवा दी भी हो तो उसमें निहित संकोच के कारण वह पूर्ण नहीं रहती। साधारणतः उत्तर आलोचनापूर्ण स्वरूप के अथवा सहमति अथवा असहमति स्वरूप के रहते है। संतुलित उत्तर प्राप्त नहीं होते इसलिये ऐसे उत्तरों पर कितना विश्वास करना चाहिए यह प्रश्न मन में उठता है।

(4) विश्वसनीयता की जांच (Test of Reliability) : प्रश्नावली में प्राप्त उत्तर कम विश्वसनीय होने से उनकी जांच होना आवश्यक है। इसके लिये अनेक उपाय योजनाएँ उपयोग में लाई जाती हैं।

प्रश्नावली में उपलब्ध उत्तरों की विश्वसनीयता के लिये परीक्षा
(Testing the reliability of answers)

(अ) उत्तरदाता को प्रश्नावली फिर से भेजने पर यदि दोनों प्रश्नावली में उत्तर समान रहें तो उसकी दी हुई जानकारी विश्वसनीयता है। इसमें शर्त केवल इतनी है कि उत्तरदाता की स्थिति दोनों प्रश्नावली भरते समय समान होनी चाहिये।

(ब) समान वर्गों का अध्ययन : उत्तरदाता जिस वर्ग के है उस वर्ग के समान अन्य वर्गों के नमूनों का चयन कर उनके पास प्रश्नावली भेजकर जानकारी संकलित करनी चाहिए। तुलना में समानता दिखने पर उपलब्ध जानकारी विश्वसनीय है, अन्यथा नहीं।

(स) उप नमूनों का अध्ययन : प्रमुख नमूनों में से एक उप नमूने का चयन कर उसे प्रश्नावली भेजना। उप नमूने द्वारा प्रश्नों के दिये उत्तरों को मानदंड उससे प्रमुख नमूनों द्वारा दिये उत्तरों की जांच की जाती है। उनमें साम्य हो तो संकलित तथ्य सामग्री विश्वस्नीय है अन्यथा संकलित तथ्य सामग्री पर विश्वास नहीं रखना चाहिये।

(द) अन्य : जब प्रश्नावली के उत्तरों की जांच करने के लिये कुछ भी उपलब्ध न हो तब तथ्य संकलन की अन्य पद्धतियों का उपयोग करके संकलित तथ्य सामग्री की विश्वसनीयता की जांच की जा सकती है। अवलोकन, अनुसूची अथवा साक्षात्कार पद्धति से प्राप्त जानकारी और प्रश्नावली से प्राप्त जानकारी समान हो तो तथ्य सामग्री विश्वसनीय है अन्यथा अविश्वसनीय।

प्रश्नावली के गुण (Merits of Questionnaire)

आज संशोधन संशोधन में प्रश्नावली अपने गुण से जनप्रिय बन गयी। प्रश्नावली में निहित अनेक गुणों में से कुछ प्रमुख गुण निम्नलिखित हैं :

(1) विशाल अध्ययन की क्षमता : इस पद्धति के द्वारा विस्तृत जनसंख्या का अथवा विस्तृत भौगोलिक क्षेत्र में फैले हुए नमूनों का अध्ययन सफलतापूर्वक कर सकते हैं। इस पद्धति में इसके लिये धन, श्रम और समय भी अधिक नहीं करना पड़ता। इसलिये अन्य पद्धतियों की तुलना में यह पद्धति श्रेष्ठ है।

(2) स्वनिर्भर : इस पद्धति में प्राथमिक तथ्य सामग्री संकलन के लिये सहयोगी की आवश्यकता नहीं रहती। संशोधक को केवल छपाई और डाक का खर्च करना पड़ता है और तथ्य सामग्री घर बैठे उपलब्ध होती हैं।

(3) सुविधाजनक : इस पद्धति के अतिरिक्त अन्य पद्धतियों में संशोधक को क्षेत्र में स्वयं जाकर सामग्री संकलित करनी पड़ती है, लेकिन इस पद्धति का उपयोग करने पर वह इस प्रकार के श्रम और कष्ट से बचता है। इस सुविधा के कारण इस पद्धति को अनेक संशोधक आत्मसात कर रहे हैं।

(4) पुनरावृत्ति की संभावना : जब संशोधन में नमूनों से प्राप्त होने वाली जानकारी क्रम–क्रम से प्राप्त करनी पड़ती है अथवा एक ही नमूने से बार–बार जानकारी लेनी पड़ती है तब यह पद्धति सर्वाधिक उपयोगी होती है।

(5) स्वतंत्र और निष्पक्ष सूचना प्राप्ति : उत्तरदाता उत्तर देने में पूर्णतः स्वतंत्र रहता है। उत्तरदाता के सामने संशोधक नहीं रहता बल्कि प्रश्नावली रहती है। इससे यह प्रत्येक प्रश्न का उत्तर स्वबुद्धि से, संकोच रहित होकर, निष्पक्ष और बिना किसी भय के देता है। इससे इस पद्धति के द्वारा प्राप्त तथ्य सामग्री महत्त्व की और विश्वसनीय मानी गयी है।

प्रश्नावली के दोष (Demerits of Questionnaire)

प्रश्नावली की कुछ सीमाएँ हैं। सीमाएं ही दोष निर्माण करती है। कुछ महत्त्वपूर्ण दोष निम्नलिखित हैं –

(1) प्रतिनिधित्व पूर्ण नमूने की संभावना नहीं (No Possibility of complete Representative Sampling) : प्रश्नावली का उपयोग केवल शिक्षितों तक ही किया जा सकता है। अशिक्षितों ने इस पद्धति के द्वारा प्राथमिक तथ्य सामग्री प्राप्त नहीं की जा सकती। सामाजिक विज्ञान के संशोधन में सम्पूर्ण समाज किसी न किसी स्वरूप में समाविष्ट होने से बहुसंख्यक अशिक्षितों का प्रतिनिधित्व ही नहीं होता। अतः यही कमी प्रश्नावली का सबसे बड़ा दोष हो जाता है।

(2) गहन अध्ययन के लिये अनुपयुक्त (Unsuitable for Penetrating Study) : इस पद्धति से प्राथमिक और सर्वसाधारण तथ्यों का संकलन किया जाता है। किसी भी प्रश्न में गहन विषय के सन्दर्भ में पृच्छा नहीं की जाती अथवा वैसा प्रयत्न करने पर भी आवश्यक जानकारी प्राप्त नहीं होती। साक्षात्कार से तुलना करने पर साक्षात्कार में संशोधक उत्तरदाता की मनोवृत्ति, प्रवृत्ति, भावना अथवा आन्तरिक मूल्यों का गहन अध्ययन कर सकता है, ऐसा प्रश्नावली में संभव नहीं है और यह कमी प्रश्नावली के महत्त्व को कम करने में कारक होने से दोषपूर्ण मानी जाती है।

(3) सम्पूर्ण सूचना प्राप्ति की कम संभावना (Less Possibility of Complete Information) : उत्तरदाता का संशोधक से प्रत्यक्ष सम्बन्ध नहीं होता। उत्तरदाता प्रश्नावली के प्रश्नों के उत्तर इसलिये देते है कि उसमें उनका किसी प्रकार का स्वार्थ अथवा हित नहीं रहता। अतः वह लापरवाही से उत्तर देता है।

इस कारण उसकी दी हुई जानकारी पूर्णतः विश्वसनीय रहने की संभावना कम रहती है।

(4) उत्तर प्राप्ति की समस्या (Problem of Response) : उत्तरदाता लापरवाही से उत्तर देते हैं, उसमें से आवश्यक जानकारी प्राप्त नहीं होती और अधिकतर उत्तरदाता प्रश्नावली भरकर वापिस नहीं भेजते। ऐसे समय संशोधक उन्हें बार–बार प्रश्नावली भेजता है, लेकिन प्रश्नावली उसे वापिस नहीं मिलती। अन्त में वह हैरान होकर ऐसे नमूने को प्रश्नावली भेजना बन्द करता है, इस तरह उस नमूने से उपलब्ध होने वाली जानकारी अनुपलब्ध रहती है और वह वास्तविकता को समझने में असमर्थ होता है।

उपरोक्त दोष रहने पर भी प्राथमिक तथ्य सामग्री सकंलन के लिये यह पद्धति की अपेक्षा सुलभ है। विस्तृत संशोधन क्षेत्र में इस पद्धति की उपयोगिता संशोधक के लिये लाभदायक होती है। इस पद्धति से प्राप्त सूचना ही अधिक विश्वसनीय रहती है। कारण वह प्रत्यक्ष रूप में उत्तरदाता के किसी के प्रभाव में अथवा अधिकार में न रहकर उपलब्ध की हुई रहती है। संशोधक से उत्तरदाता की अपरिचितता जानकारी संकलन में लाभदायक होती है, इसलिये आज इस पद्धति को अनेक संशोधकों ने आत्मसात् किया है।

18
अनुसूची
(Schedule)

संशोधक द्वारा आवश्यक तथ्य–सामग्री के संकलन हेतु उपयोग में लाई जाने वाली एक प्रमुख तकनीक है। अनुसूची प्रश्नों की एक लिखित सूची होती है। अध्ययन विषय को "केन्द्र" में रख अनुसूची का निर्माण किया जाता है। संशोधक नमूनों से प्रत्यक्ष सम्पर्क कर अनुसूची में दिये प्रश्न करता है और नमूनों से प्राप्त उत्तरों को लिख लेता है। इस तरह तथ्य–सामग्री का संकलन किया जाता है।

परिभाषा

गुडे एवं हॅट्ट–"प्रश्नों के उस समूह को अनुसूची कहते हैं जिसमें अन्यों की उपस्थिति में उत्तरदाता पूछे गये प्रश्नों के उत्तर देता है, इन उत्तरों को अनुसूची में सम्बन्धित प्रश्नों के आगे लिखा जाता है।"

बोगार्डस–"अध्ययन–विषय से सम्बन्धित तथ्य सुलभता से प्राप्त करने की औपचारिक पद्धति का प्रतिनिधित्व करती हैं। संशोधक स्वयं इसे भरता है।"

एम. एच. गोपाल–"अनुसूची यह एक ऐसी सूची है जो कि विशेषतः सर्वेक्षण प्रणाली के अन्तर्गत क्षेत्रीय सामग्री संकलित करने के लिए उपयोग में लाई जाती है।"

उपरोक्त परिभाषाओं से स्पष्ट होता है कि अनुसूची एक औपचारिक, सुलभ एवं व्यक्तिशः संशोधक द्वारा प्राथमिक तथ्य–सामग्री संकलन की एक तकनीक है। आज इस तकनीक का अधिकाधिक उपयोग सर्वेक्षण में किया जा रहा है।

अनुसूची के उद्देश्य–अनुसूची के निम्नांकित तीन उद्देश्य हैं :

(1) प्रमाणिक अध्ययन (Valid Study)

(2) अनुपयुक्त संकलन से बचाव (Guard against useless collection)

(3) संख्यात्मक आंकड़ों के संकलन में उपयोगी (Useful collecting numerical facts)

(1) प्रमाणिक अध्ययन : अनुसूची में ऐसे ही प्रश्न रखे जाते हैं जिनके उत्तर संशोधन में सार्थक एवं उपयोगी होंगे। उत्तरदाता को उत्तर तुरन्त देना होता है, उसे प्रश्न पर विचार या चिन्तन करने का वक्त नहीं मिलता इसीलिए वह प्रश्न के विविध अर्थ नहीं लगा सकता और विविध उत्तरों में से एक का चुनाव कर उत्तर नहीं दे सकता। इसलिए उसका तुरन्त दिया गया उत्तर प्रमाणिक होता है।

(2) अनुपयुक्त संकलन से बचाव : अनुसूची में उपयुक्त प्रश्नों का क्रम होता है। अनुसूची लिखित होने की वजह से किसी भी प्रश्न के विस्मरण का प्रश्न ही नहीं होता और सामग्री संकलन सफलता से किया जाता है। अनुसूची की मदद से संशोधक निरर्थक एवं अनुपयुक्त तथ्य–सामग्री के संकलन से बचाता है और उसके बुद्धि, श्रम एवं धन की बचत भी होती है।

(3) संख्यात्मक आंकड़ों के संकलन में उपयोगी (Useful in collecting numerical facts) **:** इस प्रविधि का उपयेाग संख्यात्मक आंकड़ों के संकलन के लिए सर्वाधिक उपयोगी है। भावात्मक अथवा विचारात्मक जानकारी के संकलन के लिए यह प्रविधि उपयुक्त नहीं है।

अनुसूची के प्रकार (Kinds of Schedule)

अध्ययन के स्वरूपानुसार अनुसूची का स्वरूप बनाना आवश्यक है। अनुसूची के अनेक प्रकार हैं, उनमें से कुछ महत्त्वपूर्ण हैं–

(1) साक्षात्कार अनुसूची (Interview Schedule)
(2) अवलोकन अनुसूची (Observation Schedule)
(3) मूल्यांकन अनुसूची (Rating Schedule)
(4) प्रलेखीय अनुसची (Documentry Schedule)

(1) साक्षात्कार अनुसूची (Interview Schedule) **:** इसमें संशोधक उत्तरदाता के सामने बैठकर अनुसूची के प्रश्न क्रम से पूछता है और उत्तरदाता के दिये गये उत्तरों को लिखता है। लेकिन ऐसा करते समय वह उत्तरदाता के मनोभाव पढ़ने का प्रयत्न करता है। इसमें उसे उत्तरदराता योग्य उत्तर दे रहा है अथवा नहीं, कुछ छिपाने का प्रयत्न तो नहीं कर रहा, बनाने अथवा टालने का प्रयत्न कर रहा है क्या, इसका अनुमान मिलता है। इस अनुमान के आधार पर वह उत्तरदाता द्वारा दिये गये उत्तर विश्वसनीय है अथवा नहीं, यह निश्चित करता है। इसलिये इस प्रकार को अनुसूची में महत्त्व का स्थान प्राप्त हो गया है। उसी प्रकार साक्षात्कार पद्धति के माध्यम से जब सामग्री का संकलन करना हो तब भी इस पद्धति का उपयोग साक्षात्कारकर्ता प्रमाण में करता है।

(2) अवलोकन अनुसूची : संशोधक विषय–वस्तु का अवलोकन करते समय यह अनुसूची अपने पास रखता है और अनुसूची में प्रश्नों के सामने

अवलोकन में उपलब्ध हुए उत्तरों को लिखता है। इस अनुसूची को संशोधन में महत्त्व का स्थान प्राप्त हो रहा है, कारण–जिसका अवलोकन किया गया है उससे मिली जानकारी को संशोधक जल्दी से लिख देता है अतः विस्मरण का दोष समर्थन में नहीं आता है।

(3) मूल्यांकन अनुसूची : नमूने की "विषय–वस्तु" से सम्बन्धित मत, इच्छा–अनिच्छा, प्रवृत्ति आदि के सन्दर्भ में जानकारी इकट्ठी करने के लिए मूल्यांकन अनुसूची उपयोग में लाई जाती है। इस अनुसूची के उपयोग से प्राप्त सामग्री की विश्वसनीयता जांचना आवश्यक है।

(4) प्रलेखीय अनुसूची : संशोधक इस अनुसूची का उपयोग उस समय करता है जब उसे दस्तावेज, कागजात, सांख्यिकी रिकार्ड, पत्र, डायरी, आत्मकथा आदि में से क्रम रूप में से तथ्य सामग्री का संकलन करता हो। ऐसी अनुसूची में संशोधन में अधिक उपयोगी सिद्ध हो रही है इसलिये इसका महत्त्व निरन्तर बढ़ रहा है।

उपरोक्त प्रकारों का उपयोग मुख्य रूप से तथ्य–सामग्री के संकलन के लिए किया जाता है। अनुसूचियों को क्रियात्मक बनाने के लिए अनेक चरणों का निर्माण करना पड़ता है तभी अनुसूची अपने उद्देश्यों को प्राप्त कर सकती है। **चरण** (Stages)

(अ) उत्तरदाताओं का चयन (Selection of respondents)

(ब) सहयोगियों का चयन और प्रशिक्षण (Selection & training of the associates)

(स) तथ्या सामग्री का संकलन (Data-Collection)

- (1) उत्तरदाताओं से संपर्क (Contact with respondents)
- (2) साक्षात्कार (Interview)
- (3) जानकारी प्राप्त करना (To obtain information)

(अ) उत्तरदाताओं का चयन : इसके लिए संशोधन में जनगणना और निदर्शन इन दो पद्धतियों का उपयोग किया जाता है। जब संशोधन में समाविष्ठ सभी व्यक्तियों से सम्पर्क प्रस्थापित करके जानकारी संकलित करनी होती है तब जनगणना पद्धति का उपयोग किया जाता है। नमूना पद्धति के अनुसार 'समग्र' से नमूनों का चयन किया जाता है और अनुसूची का उपयोग करके इनके पास से तथ्य–सामग्री इकट्ठा की जाती है।

(ब) सहयोगियों का चयन प्रशिक्षण : संशोधक स्वयं ही सभी नमूनों से सम्पर्क स्थापित करके जानकारी इकट्ठी नहीं कर सकता, ऐसी अवस्था में इस कार्य के लिए उसे सहयोगियों की मदद लेनी पड़ती है। सहयोगी का चयन करते

समय संशोधक को उसके गुणों की जांच कर लेनी चाहिये और बाद में उन्हें अध्ययन की प्रकृति, क्षेत्र, उद्देश्य, अनुसूची भरने की प्रक्रिया, साक्षात्कार आदि से सम्बन्धित प्रशिक्षण देना चाहिए।

(स) तथ्य सामग्री का संकलन : तथ्य सामग्री का संकलन करने के लिए संशोधक को अथवा उसके सहयोगी को उत्तरदाताओं से सम्पर्क स्थापित करके उनसे जानकारी प्राप्त कर उसे अनुसूची में भरने तक कार्य करना पड़ता है। इसकी क्रमबद्धता निम्न प्रकार हैं –

(1) उत्तरदाताओं से सम्पर्क : उत्तरदाता से सम्पर्क स्थापित करने के पहले उससे सम्बन्धित जानकारी प्राप्त करनी चाहिए, तत्पश्चात् उसकी प्रवृत्तिनुसार तथा धीरे–धीरे उसके पास से जानकारी प्राप्त करनी चाहिए। संशोधक में नम्रता, सौजन्यता, धैर्य आदि गुण होने चाहिए। परिस्थिति को समझने की क्षमता भी संशोधक में होनी चाहिए। उदाहरण– यदि उत्तरदाता उदिग्न अथवा किसी कार्य में मग्न हो तो उसे उस समय कोई प्रश्न नहीं पूछना चाहिए।

(2) साक्षात्कार : संशोधक को साक्षात्कार से पहले ऐसे वातावरण का निर्माण करना चाहिये कि उत्तरदाता तनावमुक्त होकर संशोधक के प्रति मैत्री का भाव रखे। साक्षात्कार के समय धीरे–धीरे एक–एक प्रश्न पूछकर उसके उत्तर को लिखना चाहिये। प्रश्नों की बौछार उत्तरदाता पर नहीं करनी चाहिये। खेल–मेल का वातावरण बना रहे इसलिए विनोद भी करना चाहिये।

(3) जानकारी प्राप्त करना : पूर्णतः स्पष्ट और विश्वसनीय जानकारी के लिए अनुसूची के प्रश्न स्पष्ट और सटीक रहने चाहिये और उनका आंकलन भी उत्तरदाता को होना चाहिये। उत्तरदाता जानकारी देते समय निर्भीक और विश्वसनीय जानकारी दे रहा है इसकी जांच भी संशोधक को करनी चाहिये। गुप्त जानकारी निकालते समय उत्तरदाता के मन में संशय भी नहीं आना चाहिये। उत्तर देते समय यदि वह मुख्य उद्देश्य से दूर चला गया हो तो धीरे से उसे मुख्य मुद्दे पर लाना चाहिये और उसके उत्तरों को उसी समय अनुसूची में लिख लेना चाहिये।

अनुसूची का सम्पादन (Editing of the Schedule)

जब संशोधक और उसके सहयोगी द्वारा निर्धारित उत्तरदाताओं के पास से जानकारी इकट्ठा हो जाती है। तब उसका संपादन किया जाता है।

संपादन की प्रक्रिया इस प्रकार है :

(1) अनुसूचियों की जांच (Checking of the Schedule)

सर्वप्रथम सभी अनुसूचियाँ प्राप्त हुई है अथवा नहीं यह देखना चाहिये। उसके बाद क्षेत्र अथवा जानकारी संकलन करने के आधार पर अनुसूची का वर्गीकरण करना चाहिये। प्रत्येक वर्ग के लिए एक फाईल तैयार करके उन पर

जानकारी इकट्ठी करने वाले का नाम, क्षेत्र उत्तरदाताओं की संख्या, तारीख लिखना चाहिये।

(2) अनुसूची की प्रविष्टियों की जांच (Checking the Entries)

अनुसूची के वर्गीकरण के बाद प्रत्येक अनुसूची में उत्तर है अथवा नहीं इसकी जांच करनी चाहिये। यदि कुछ गलतियाँ हों तो उनको सुधार सकते हैं। अन्यथा उत्तरदाता से पुनः सम्पर्क स्थापित करके उत्तरों में सुधार किया जाता है।

(3) अनुपयुक्त अनुसूची (Useless Schedule)

संशोधक ऐसी अनुसूचियों को अलग करता है जो अनुपयुक्त हों। उदाहरण– यदि अनुसूची के उत्तरों को पढ़ न सकें अथवा अनुसूची फटी हुई हो अथवा अन्य कोई भी कारण हो तो ऐसी अनुसूची अलग की जाती है और अध्ययन में उनका उपयोग नहीं किया जाता।

(4) संकेतन (Coding)

संशोधक अनुसूची में प्राप्त उत्तरों को अलग–अलग वर्गों में विभाजित करता है और उनको संकेत संख्या प्रदान करता है। इन संकेतों का उपयोग वह सारणी में करता है।

अनुसूची के गुण (Merits of Schedule)

(1) प्रत्यक्ष सम्पर्क (Direct Contact)

संशोधक और उत्तरदाता में परस्पर सम्पर्क स्थापित होने से एक–दूसरे के प्रति उत्पन्न हुई जिज्ञासा शांत होती है। उत्तरदाता संशोधक को आगे बढ़कर उत्साह से उत्तर देता है और इससे संशोधक के जानकारी इकट्ठी करने के उद्देश्य की पूर्ति होती है।

(2) विश्वसनीय जानकारी की प्राप्ति

संशोधक प्रत्यक्ष में उत्तरदाता को उत्तर देते समय अवलोकन करता है। इसमें वह मनोभावों का सूक्ष्म निरीक्षण करता है। इस कारण उत्तरदाता पूर्णतः चेतन होकर वास्तविक जानकारी देता है क्योंकि संशोधक उसके द्वारा दी जा रही जानकारी की जाँच करेगा इसका भय उत्तरदाता को रहता है और इसीलिये अनुसूची से प्राप्त जानकारी संशोधन में अधिक ठोस और विश्वसनीय मानी गयी है।

(3) ज्यादा से ज्यादा जानकारी का संकलन

अनुसूची में निर्धारित प्रश्न रहते है, इन सभी प्रश्नों के उत्तर वह अधिक से अधिक उत्तरदाताओं से प्राप्त करता है। इसी प्रकार वह उत्तरदाताओं की संख्या बढ़ाकर भी विस्तृत प्रमाण में जानकारी इकट्ठा कर सकता है, यह सुविधा

साक्षात्कार में नहीं है।

(4) सारणीयन में सहायक (Helpful in Tabulation)

प्रश्नों के उत्तरों को क्रमबद्ध करके वर्गीकृत करने से संग्रहित तथ्य—सामग्री का यथायोग्य विभाजन किया जा सकता है। यह विभाजन सारणीयन में अत्यन्त उपयोगी होता है और सारणी बनाना सुलभ हो जाता है क्योंकि उत्तरों को सांख्यिकी सूत्रों में रख सकते हैं।

(5) पक्षपात रहित सामग्री का संकलन (Unbased collection of data)

संशोधन से सम्बन्धित प्रश्नों के उत्तर ही अनुसूची में दिये जा सकते हैं। उत्तरदाता को मन में आये उत्तर देने की सुविधा नहीं रहती। संशोधक भी निष्पक्ष रहकर अनुसूची के प्रश्नों में परिवर्तन नहीं करता, इसलिये अनुसूची से न तो संशोधक द्वारा और न ही उत्तरदाताओं द्वारा पक्षपात किया जा सकता है।

(6) अवलोकन की गहनता में वृद्धि (Increase in the intensity of Observation)

संशोधक अलग—अलग नमूनों का अलग—अलग अध्ययन करते रहने के कारण अनुसूची पद्धति उसे अवलोकन के अधिकाधिक अनुभव भी प्रदान करती है। यह अनुभव संशोधक को अवलोकन क्षमता में निरन्तर वृद्धि करते हैं।

अनुसूची की सीमा (Limits of Schedule)

(1) अनुसूची सफलतातपूर्वक छोटे भौगोलिक क्षेत्र में लागू की जा सकती है। बड़े क्षेत्र में अनेक व्यावहारिक समस्याएं आड़े आने के कारण सौ प्रतिशत क्रियान्वयन नहीं हो सकता। उदाहरण—अत्यधिक विस्तृत क्षेत्र में फैले नमूने, जिनसे सम्पर्क प्रस्थापित करना ही एक समस्या है।

(2) ऐसे सामान्य प्रश्न तैयार करना कठिन काम है जिन्हें प्रत्येक नमूने को समझकर उत्तर दे सकें।

(3) नमूनों में अलग—अलग शैक्षणिक स्तर के, संस्कृति, सभ्यता के, वर्ग के और धर्म के अनुयायी रहने से सभी प्रश्नों को समान रूप में लागू करना संभव नहीं है।

(4) संशोधक यदि उत्तरदाता को प्रेरित करता हो तो अनुसूची में पक्षपात की संभावना में इन्कार नहीं किया जा सकता।

(5) अनुसूची पद्धति में समय, धन और श्रम अधिक प्रमाण में खर्च होता है।

उपरोक्त कमियाँ अनुसूची में रहने पर भी, अनुसूची एक अत्यन्त उपयोगी प्राविधि के रूप में मान्य है।

प्रश्नावली और अनुसूची में अन्तर

(Difference between Questionnaise & Schedule)

यूँ तो दोनों ही तथ्य–सामग्री संग्रह के महत्त्वपूर्ण साधन है। दोनों ही संशोधक के लिए महत्त्वपूर्ण और विश्वसनीय तथ्य उपलब्ध कराके संशोधन कार्य संचालित करने का महत्त्वपूर्ण कार्य सुलभता से सम्पन्न करने में सहायता करते है। दोनों के उद्देश्य एक रहने पर भी दोनों में अनेक बातों के अन्तर हैं।

अनुसूची और प्रश्नावली में अन्तर

अनुसूची	प्रश्नावली
1. संशोधक स्वयं उत्तरदाता के पास से तथ्य सामग्री इकत्रित करता है।	1. संशोधक को उत्तरदाता से डाक के द्वारा सम्पर्क करना पड़ता है।
2. अनुसूची संशोधक द्वारा भरी जाती है।	2. प्रश्नावली को उत्तरदाता भरता है।
3. इसका उपयोग सीमित क्षेत्र में किया जाता है।	3. इसका उपयोग विस्तृत क्षेत्र में सुलभता से किया जा सकता है।
4. अनुसूची में अवलोकन को महत्त्वपूर्ण स्थान प्राप्त है। संशोधक उत्तरदाता के दिए हुए उत्तरों की पुष्टि अवलोकन के द्वारा करता है।	4. संशोधक के अनुपस्थित रहने से अवलोकन का प्रश्न ही नहीं बनता।
5. प्रत्यक्ष उपस्थित रहने के कारण अधिकाधिक जानकारी प्राप्त करने का प्रयत्न संशोधक करता है।	5. संशोधक को जानकारी के लिए उत्तरदाता पर निर्भर रहना पड़ता है। अनेक बार प्रश्नावली वापिस ही नहीं आती, उनमें कुछ गलत जानकारी भी रहती है।
6. प्रश्न उत्तरदाता को समझाना हो तो संशोधक वहीं पर स्पष्टीकरण करता है। इससे आवश्यक उत्तर ही स्पष्ट स्वरूप में उपलब्ध होते हैं।	6. प्रश्नों का स्पष्टीकरण करने का प्रयत्न प्रश्नावली में किया जाता है, आवश्यकता पड़ने पर व्याख्या भी की जाती है, लेकिन उत्तरदाता के नहीं समझने से स्पष्टीकरण करना असम्भव रहता है।

अनुसूची	प्रश्नावली
7. उत्तरदाता की सम्पूर्ण जानकारी संशोधक को प्राप्त होती है उदाहरण–उसका व्यक्तित्व, चरित्र, भावना, प्रवृत्ति, मत आदि।	7. उत्तरदता के सम्बन्ध में संशोधक केवल कल्पना ही कर सकता है।
8. उत्तरदाता के बौद्धिक स्तर के आधार पर संशोधक चर्चा करके तथ्य सामग्री प्राप्त करता है।	8. केवल शिक्षितों के लिए और एक ही बौद्धिक स्तर से प्रश्नावली की निर्मिती की जाती है। विभिन्न बौद्धिक स्तर के उत्तरदाता उनको समझे उस स्तर से जानकारी देते हैं।
9. अत्यधिक महत्त्वपूर्ण और गहन जानकारी प्राप्त होती है।	9. उत्तरदाता महत्त्व की और गुप्त जानकारी छुपाता है अथवा अनुपयुक्त उत्तर देता है।
10. बहुत बड़े प्रमाण में संशोधक को समय खर्च करना पड़ता है।	10. समय का खर्च ज्यादा नहीं पड़ता। पोस्ट से प्रश्नावली भेजकर केवल उत्तरों की राह देखनी पड़ती है।
11. प्रत्येक उत्तरदाता से व्यक्तिगत मुलाकात करने के लिए यात्रा करनी पड़ती है जिसमें खर्च ज्यादा होता है।	11. केवल डाक का खर्चा होता है। इसलिए यह अधिक लोकप्रिय हो गयी है।

सामाजिक विज्ञान में प्रश्नावली और अनुसूची इन दोनों का उपयोग आवश्यकतानुसार किया जाता है। इसमें अन्तर संशोधक के लिए वरदान साबित हुआ है। एक ही समय विस्तृत और सीमित क्षेत्र से प्राथमिक तथ्य सामग्री कम समय में प्राप्त करने के लिए दोनों पद्धतियों का उपयोग किया जा सकता है। यह भी विशेषतः संशोधक के लिए लाभदायक रही है।

19

साक्षात्कार, मुलाकात या मुलाखत

(Interview)

सामाजिक विज्ञान में संशोधन व्यक्ति से सम्बन्धित होने से उसके व्यक्तित्व, भावना, विचारों मतों आदि का अध्ययन भी अत्यावश्यक है। व्यक्ति से आंतरिक विश्व का अध्ययन करने के लिए साक्षात्कार के समान अन्य कोई भी पद्धति उपयुक्त नहीं है।

साक्षात्कार पद्धति में संशोधक उत्तरदाता से मिलने का समय निश्चित कर उस निर्धारित समय में मुलाकात लेता है। इसमें संशोधक और उत्तरदाता एक दूसरे के सामने बैठकर वार्तालाप करते हैं। इस वार्तालाप में मुख्य रूप से संशोधक उससे आवश्यक जानकारी प्राप्त करने के लिए प्रश्न पूछता है और उत्तरदाता के दिये उत्तरों को याद रखकर बाद में उन्हें लिखता है। इस प्रश्नोत्तर के समय संशोधक उत्तरदाता का गुप्त रूप से सूक्ष्म निरीक्षण करके उसके चेहरे के भावों को भी लिखता है। इस निरीक्षण से संशोधक उत्तरदाता के अन्तःकरण तक अथवा उसके आन्तरिक हृदय में उतरने का प्रयत्न करता है और ऐसे प्रयत्नों में यशस्वी होने पर वह उत्तरदाता से अपने संशोधक विषय से सम्बन्धित सभी रहस्य प्राप्त कर लेता है। साक्षात्कार पद्धति का उपयोग भौतिक विज्ञान में नहीं किया जा सकता क्योंकि वहाँ केवल "जड़" पदार्थों से सम्बन्धित अध्ययन किया जाता है।

परिभाषाएं

गुड़े और हॉट्ट – "साक्षात्कार मूल स्वरूप्र में एक सामाजिक प्रक्रिया है।"

एम. एन. वसु – "व्यक्ति से परस्पर कुछ बातों के सन्दर्भ में मिलना अथवा इकट्ठा होना इसे साक्षात्कार कह सकते हैं।"

बी. एम. पागर – "साक्षात्कार दो व्यक्तियों में एक ऐसी सामाजिक स्थिति को अस्तित्व में लाता है, जिसकी मनोवैज्ञानिक प्रक्रिया के अन्तर्गत दोनों को एक दूसरे के प्रश्नों के उत्तर देना पड़ता है।"

सी. ए. मोजर – "औपचारिक साक्षात्कार से निर्धारित प्रश्न पूछे जाते हैं। प्रश्नों के उत्तर प्रमाणित स्वरूप में संकलित किये जाते हैं। विस्तृत सर्वेक्षण में इसका उपयोग सामान्य है।"

पी. वी. यंग – "साक्षात्कार की एक क्रमबद्ध प्रणाली माना जा सकता है जिसके द्वारा एक व्यक्ति दूसरे व्यक्ति के अन्यथा अपरिचित आन्तरिक विश्व में काल्पनिक रूप में कम अथवा ज्यादा प्रवेश करता है। इस तरह सामान्यतः अपरिचित का ज्ञान भी उसे हो जाता है।"

उपरोक्त परिभाषाओं से साक्षात्कार की निम्नलिखित **विशेषताएँ** स्पष्ट होती हैं :

(1) साक्षात्कार में कम से कम दो व्यक्तियों में सम्बन्ध स्थापित होकर वार्तालाप होता है।

(2) इसमें साक्षात्कारकर्ता और साक्षात्कारदाता आमने–सामने बैठकर जानकारी का आदान–प्रदान करते हैं।

(3) साक्षात्कारकर्ता उत्तरदाता की इच्छानुसार अपने साक्षात्कार को बनाकर अधिकाधिक जानकारी प्राप्त करता है।

(4) साक्षात्कार में विशिष्ट उद्देश्य की प्राप्ति की जाती है। यह न हो तो उत्तरदाता में पुनः साक्षात्कार के लिये समय और तारीख उसी साक्षात्कार में निश्चित की जाती है।

(5) इस पद्धति के द्वारा विश्वसनीय और उपयुक्त तथ्य–सामग्री का संकलन संभव है।

साक्षात्कार के उद्देश्य (Objectives of Interview)

संशोधन के स्वरूपानुसार साक्षात्कार के उद्देश्य निश्चित होते हैं। संशोधक को साक्षात्कार के उद्देश्य क्या हैं, यह ज्ञात होना चाहिए अन्यथा साक्षात्कार की उपयोगिता नहीं रहेगी। संशोधन में साक्षात्कार के अनेक उद्देश्य हैं, इसमें से कुछ प्रमुख उद्देश्य जो सभी प्रकार के संशोधन पर समान रूप से लागू होते हैं, वे निम्नलिखित हैं :

(1) नमूने से सम्पर्क स्थापित करके तथ्य–सामग्री का संकलन करना
(To contact sample & collect data from him)

(2) उपकल्पना निर्माता के प्रमुख साधन
(Main Sources to establish Hypothesis)

(3) गुप्त और व्यक्तिगत जानकारी प्राप्त करना
(To obtain secret & personal information)

(4) अवलोकन के द्वारा अन्य जानकारी प्राप्त करना
(To collect other information through observation)

(1) नमूने से सम्पर्क प्रस्थापित करके तथ्य-सामग्री का संकलन करना : साक्षात्कार में साक्षात्कारकर्ता और साक्षात्कारदाता एक दूसरे के आमने–सामने रहते हैं। साक्षात्कारकर्ता के द्वारा मित्रता का वातावरण निर्माण किये जाने के कारण चर्चा स्पष्ट और खुले रूप में की जाती है। इससे साक्षात्कारकर्त्ता साक्षात्कार की मनोवृत्ति, भावना, अभिरुचि आदि का ज्ञान प्राप्त करता है। प्राप्त जानकारी वास्तविक रहने से उसे संशोधन में असाधारण महत्त्व प्राप्त होता है। ऐसी जानकारी उपलब्ध हुई याने संशोधन के उद्देश्य सिद्ध होते हैं।

(2) उपकल्पना निर्माण के प्रमुख साधन : साक्षात्कार के द्वारा साक्षात्कारदाता का सामाजिक जीवन, उसकी रूढ़ि–परम्परा, आदतें, मनोवृत्ति, भावना आदि जानी जाती है। यह उपलब्ध तथ्य–सामग्री तथ्य प्रकट करती है। ये नये तथ्य नई उपकल्पना के निर्माण के आधार बनते हैं इस प्रकार साक्षात्कार नयी उपकल्पनाओं की निर्मिती के यशस्व और विश्वसनीय घटक बनते हैं।

(3) गुप्त और व्यक्तिगत जानकारी प्राप्त करना : साक्षात्कार के समय जब साक्षात्कारकर्ता साक्षात्कारदाता का पूर्ण विश्वास प्राप्त कर लेता है तब उत्तरदाता संशोधन से सम्बन्धित गुप्त और व्यक्तिगत जानकारी साक्षात्कारकर्ता को लेता है। ऐसी जानकारी में गोपनय घटना, मनोवृत्ति, मत, विचार आदि का समावेश रहता है। यह गोपनीय और व्यक्तिगत जानकारी संशोधन के लिए उपयोगी होती है।

(4) अवलोकन के द्वारा अन्य जानकारी प्राप्त करना : साक्षात्कारकर्ता साक्षात्कारदाता का साक्षात्कार उसके घर पर अथवा उसके कार्य करने के स्थान पर लेता है। घर में लेते समय घर की परिस्थिति, वातावरण, परिवार के सदस्य और उनका व्यवहार, मित्रों से सम्बन्ध आदि का अध्ययन अवलोकन के द्वारा संशोधक करता है। कार्य करने के स्थान पर साक्षात्कार लेते समय उसका पद, कार्य करने की उसकी पद्धति, अनुभव प्रवीणता, सहयोगियों में उसकी स्थिति आदि का अध्ययन अवलोकन में अपने आप होता है।

साक्षात्कार के प्रकार (Types of Interview)

साक्षात्कार के अनेकानेक प्रकार अस्तित्व में है। निम्नलिखित वर्गों में साक्षात्कार के प्रकार अध्ययन के दृष्टिकोण से दिये गये हैं :

(1) कार्य के आधार पर वर्गीकरण (Classification according to function)
(अ) निदानात्मक साक्षात्कार (Diagnostic Interview)
(ब) उपचारात्मक साक्षात्कार (Treatment Interview)

(स) संशोधन साक्षात्कार (Research Interview)

(2) औपचारिकता के आधार पर वर्गीकरण (Classification according to formality)

(अ) औपचारिक साक्षात्कार (Formal Interview)

(ब) अनौपचारिक साक्षात्कार (Informal Interview)

(3) उत्तरदाताओं की संख्या के आधार पर वर्गीकरण (Classification on the basis of numbers of respondents)

(अ) व्यक्तिगत साक्षात्कार (Personal Interview)

(ब) सामूहिक साक्षात्कार (Group Interview)

(4) अध्ययन–प्रणाली के आधार पर वर्गीकरण (Classification according to Methodology)

(अ) अनिर्देशित साक्षात्कार (Non-directive Interview)

(ब) केन्द्रित साक्षात्कार (Centralised or Focused Interview)

(स) पुनरावृत्ति साक्षात्कार (Repetitive Interview)

(1) कार्य के आधार पर वर्गीकरण (Classification according to functions)

साक्षात्कार के द्वारा कौन सा कार्य सिद्ध किया जाना है। इस आधार पर साक्षात्कार के कई अन्य प्रकार भी हैं :

(अ) निदानात्मक साक्षात्कार : जब संशोधक को किसी घटना के अथवा किसी समस्या के कारणों की खोजन करनी हो तो वह इस प्रकार का उपयेाग संशोधन में करता है। इस प्रकार का मुख्य उद्देश्य समस्या का निर्माण करने वाले सभी कारणों की खोज करके उनकी कारण–शक्ति की जांच करना, उनको यथायोग्य क्रम प्रदान करता है।

(ब) उपचारात्मक साक्षात्कार : जब समस्या खड़ी करने वाले कारणों की जानकारी हो जाने के बाद संशोधक उस समस्या का समाधान खोजने के लिए व्यक्ति, संस्था आदि से साक्षात्कार के माध्यम से जानकारी प्राप्त करता है और उसके आधार पर उपचार की खोज करता है, ऐसे साक्षात्कार को ही उपचारात्मक साक्षात्कार कहा जाता है।

(स) संशोधन साक्षात्कार : जब संशोधक "विषय–वस्तु" से सम्बन्धित गहन तथ्यों की प्राप्ति के लिए साक्षात्कार का उपयोग करता है तब ऐसे साक्षात्कार को संशोधन साक्षात्कार कहते हैं। ऐसे साक्षात्कार में संशोधक को अनेक नये तथ्यों की प्राप्ति होती है।

(2) औपचारिकता के आधार पर वर्गीकरण

(अ) औपचारिक साक्षात्कार : औपचारिक साक्षात्कार नियोजित साक्षात्कार है जिसमें अनुसूची का उपयोग किया जाता है। इस साक्षात्कार में संशोधक अनुसूची के प्रश्न क्रम से उत्तरदाता से पूछता है और उसके उत्तरों को लिखता है। इस प्रकार में साक्षात्कारकर्ता स्वतंत्र रूप से विचार नहीं कर सकता। वह अनुसूची में नये प्रश्नों को समाविष्ट भी नहीं कर सकता और इसीलिए यह प्रकार "नियंत्रित" भी माना जाता है।

(ब) अनौपचारिक साक्षात्कार : इस साक्षात्कार को अनियंत्रित साक्षात्कार भी कहते है। इसमें अनुसूची का उपयोग नहीं किया जाता। इसमें साक्षात्कारकर्त्ता और साक्षात्कारदाता दोनों को पूर्ण स्वतंत्रता रहती है। प्रश्न और उत्तर बहुत बार वर्णनात्मक अथवा कथनात्मक स्वरूप प्राप्त करते हैं। इस वर्णन या कथन के आधार पर संशोधक निष्कर्ष निकलता है।

(3) उत्तरदाताओं की संख्या के आधार पर वर्गीकरण

(अ) व्यक्तिगत साक्षात्कार : व्यक्तिगत साक्षात्कार में साक्षात्कारकर्ता एक समय में एक ही व्यक्ति का साक्षात्कार लेता है। साक्षात्कारकर्त्ता एक–एक प्रश्न क्रम से अथवा चर्चा की विषय–वस्तु की अनुशंका से साक्षात्कारदाता को पूछता है, और उसके दिये हुए उत्तरों को स्मरण (याद) रखता है। साक्षात्कारदाता के दिये हुए उत्तर यदि कम पड़ रहे हो तो साक्षात्कारकर्ता उसे प्रोत्साहित ओर प्रेरित करता है और इसके द्वारा ज्यादा जानकारी प्राप्त करता है।

लाभ अथवा गुण :

(1) विश्वसनीय जानकारी प्राप्त होती है।

(2) इसमें शंका का स्पष्टीकरण जल्दी किया जाता है।

(3) आवश्यक प्रश्न ही पूछे जाते हैं और उपयोगी तथ्य–सामग्री प्राप्त की जाती है। इसमें अनावश्यक प्रश्नों का स्थान नहीं है।

(4) व्यक्तिगत और गुप्त प्रश्नों के उत्तर होने की अधिक संभावना रहती है।

सीमा अथवा दोष :

(1) एक समय एक ही व्यक्ति का साक्षात्कार किए जाने से अधिक समय अध्ययन के लिए खर्च करना पड़ता है।

(2) व्यक्तिगत पक्षपात की संभावना बढ़ती है।

(3) अधिक खर्च करना पड़ता है।

उपरोक्त दोष रहने पर भी संशोधकों में व्यक्ति साक्षात्कार अधिक जनप्रिय हो रहा है और इसका प्रचलन निरन्तर बढ़ा रहा है।

(ब) सामूहिक साक्षात्कार : इसके अन्तर्गत साक्षात्कारकर्त्ता एक ही समय एक से अधिक लोगों का साक्षात्कार लेता है, इसमें क्रम से अथवा कैसे भी प्रश्न पूछकर उत्तरदाताओं से उत्तर प्राप्त किये जाते हैं। समूह में से कुछ व्यक्ति उत्तर देते हैं, और अन्य उन उत्तरों को संकेतों से स्वीकृति प्रदान करते हैं। किसी समय कोई एक व्यक्ति स्वतंत्र रूप से अपना मत अभिव्यक्त करता है। कभी–कभी उत्तर से समूह में परस्पर विरोधी गुट भी निर्माण होते हैं। इन सभी का लाभ साक्षात्कारकर्ता को होता है और उसके अध्ययन के लिये अधिकाधिक तथ्य–सामग्री ऐसे साक्षात्कार से प्राप्त होती है।

लाभ :

(1) बड़े अध्ययन क्षेत्र में तथ्य–सामग्री के संकलन में उपयोगी है।

(2) अधिक संख्या में साक्षात्कार लेने से उपलब्ध हुई जानकारी अधिक विश्वसनीय रहने की संभावना बढ़ती है।

(3) व्यक्तिगत पक्षपात की संभावना एकदम कम होती है।

(4) समय, श्रम और धन की बचत व्यक्तिगत साक्षात्कार की तुलना में अधिक होती है।

हानि :

(1) सभी प्रश्नों के उत्तर सभी से एक ही समय प्राप्त नहीं होते।

(2) समूह के सदस्यों में निहित मतभेद से उत्पन्न छोटे विवाद बड़े संघर्ष में रूपांतरित हो जाते हैं और साक्षात्कारकर्ता तथ्य सामग्री के संकलन से वंचित हो जाता है।

(3) व्यक्तिगत और गोपनीय जानकारी प्राप्त करने के लिए इस प्रकार का उपयोग नहीं कर सकते।

(4) अध्ययन प्रणाली के आधार पर वर्गीकरण

संशोधक ने जिस अध्ययन प्रणाली को संशोधन के लिए स्वीकारा है उस प्रणाली के स्वरूपानुसार साक्षात्कार को आकृतिबद्ध किया जाता है।

(अ) अनिर्देशित साक्षात्कार : इस साक्षात्कार को असंचलित अथवा अव्यवस्थित साक्षात्कार भी कहा जाता है। साक्षात्कारकर्ता और साक्षात्कारदाता दोनों ही स्वतंत्र रहते हैं पूछे गये प्रश्नों के उत्तर अनेक बार विस्तृत विवरण में दिये जाते हैं। ऐसा होने पर भी साक्षात्कारकर्ता साक्षात्कारदाता को टोकता नहीं है। इस चर्चा में प्रश्नों का पूर्व नियोजन नहीं रहता। अनेक बार यह चर्चा विषय को छोड़कर भी होती है। यह प्रकार मनोवैज्ञानिक अध्ययन के लिए बहुत उपयोगी है।

(ब) केन्द्रित साक्षात्कार : इस प्रकार में साक्षात्कारदाता की विशेष योग्यता

आवश्यक है। साक्षात्कारदाता संशोधन की "विषय–वस्तु" से ही सम्बन्धित होना चाहिये। यह साक्षात्कार में "विषय–वस्तु" का साक्षात्कारदाता पर क्या प्रभाव पड़ा यह जान लेना यही इस साक्षात्कार का उद्देश्य है। रॉबर्ट मर्टन ने केन्द्रित साक्षात्कार का सर्वप्रथम उपयोग किया।

(स) पुनरावृत्ति साक्षात्कार : इस प्रकार का उपयोग समाज में आये हुए परिवर्तन के फलस्वरूप लोगो पर पड़े हुए प्रभाव का अध्ययन करने के लिए होता है। एक ही समय साक्षात्कार लेकर यह अध्ययन नहीं किया जा सकता। इसलिए साक्षात्कार अनेक बार उसी साक्षात्कारदाता का लेना पड़ता है। इसीलिये साक्षात्कार के इस प्रकार को पुनरावृत्ति साक्षात्कार कहते हैं। इस पद्धति का सर्वप्रथम उपयोग लाइर्सफिल्ड (Lazarsfield) ने किया।

उपरोक्त सभी साक्षात्कारों में से संशोधक एक अथवा कुछ साक्षात्कारों के प्रकार का चयन अपने संशोधन के लिये करता है। ऐसा चयन करते समय संशोधन का स्वरूप, उद्देश्य, उपलब्ध समय, श्रम और पैसा इसका विचार करके निर्णय लेता है। साक्षात्कार पद्धति में आये आधुनिकीकरण से और संशोधन के बढ़ते महत्त्व के कारण आज संसार में अनेक संशोधन संस्थाएँ अस्तित्व में आई है।

साक्षात्कार प्रक्रिया (Interview Process)

साक्षात्कार सफल करना भी एक कला है। कला में जो तन्मयता, सतर्कता, और सावधानी आवश्यक रहती है वही कल्पनात्मक सर्जना से संयुक्त करके साक्षात्कार के निर्धारित उद्देश्य प्राप्त किये जा सकते हैं।

साक्षात्कार का संचालन करके विश्वसनीय और उपयोगी तथ्य–सामग्री के संकलन के लिए योजना बनाकर उसका क्रियान्वयन करना आवश्यक है। साक्षात्कार के अलग–अलग चरण है उन चरणों में से साक्षात्कार की प्रक्रिया पूर्ण होती है।

साक्षात्कार के प्रमुख चरण निम्नलिखित हैं –

(1) साक्षात्कार की पूर्व तैयारी (Preparation for the interview)
(2) समस्या की पहचान (Acquaintance with the Problem)
(3) साक्षात्कार निर्देशिका (Interview guide)
(4) साक्षात्कारदाताओं का चयन (Selection of Interviewees)
(5) समय और स्थान का निर्धारण (Fixation of time & Place)

(1) साक्षात्कार की पूर्व तैयारी : अध्ययन क्षेत्र को विभाजित करके प्रत्येक विभाग के लिये एक निश्चित कालावधि निर्धारित करनी चाहिये। प्रत्येक विभाग के लोगों का रहन–सहन और बौद्धिक स्तर का अनुमान लगाकर उसके अनुसार

अपनी तैयारी करनी चाहिये। साक्षात्कार लेने के लिये आवश्यक साधन सामग्री तैयार करनी चाहिये। उदाहरण– टेपरिकार्डर, कैमरा, वाहन, लेखन–साहित्य आदि।

(2) समस्या की पहचान : जिस विषय–वस्तु से सम्बन्धित वह साक्षात्कार लेने वाला है उस विषय–वस्तु को सर्वांगीण ज्ञान साक्षात्कारकर्ता को रहना आवश्यक है। साक्षात्कारदाता की शंकाकुशंका का समाधान उसे उसी समय करना चाहिए अन्यथा उत्तरदाता से उसे सन्तोषजनक उत्तर प्राप्त नहीं होंगे।

(3) साक्षात्कार निर्देशिक : साक्षात्कार निर्देशिका में साक्षात्कारकर्ता के लिये अनेकानेक उपयोगी सूचनाएं रहती है। उनका उपयोग करके साक्षात्कार सफल कर सकते हैं। इसी प्रकार साक्षात्कार की संक्षिप्त योजना और सम्बन्धित घटकों की परिभाषा भी दी जाती है।

(4) साक्षात्कारदाताओं का चयन : साक्षात्कारदाताओं का चयन सर्वाधिक महत्त्वपूर्ण है क्योंकि इसी चयन पर सम्पूर्ण अध्ययन निर्भर है। साक्षात्कारदाताओं का चयन नमूना पद्धतियों (Sampling Method) से किया जाता है। ऐसे घटकों का चयन निदर्शन के रूप में करना चाहिये। जो संशोधन के विषय से सम्बन्धित होंगे और जानकारी देने में संकोच नहीं करेंगें अथवा निर्भिकता से अपने पास निहित जानकारी संशोधक को उपलब्ध करा देंगे। इन आधारों पर चयन किए गए नमूनों का विभाजन साधारणतः तीन श्रेणियो में किया जाता है :

(अ) सर्व सामान्य

(ब) विषय–वस्तु से घनिष्ठ सम्बन्ध रखने वाले।

(स) तज्ञ (विद्वान)

प्रत्येक श्रेणी के लिए साक्षात्कार का स्तर अलग–अलग रहता है और उसमें भी व्यक्तित्व के आधार पर भेद करना पड़ता है।

(5) समय और स्थान का निर्धारण : जिसका साक्षात्कार लेना है उससे प्रत्यक्ष सम्बन्ध स्थापित करके अथवा सूचना साधनों के माध्यम से चर्चा करके उसके सुविधानुसार स्थान, तारीख और समय निश्चित करना पड़ेगा। इसमें कुछ परिवर्तन करना हो तो उसकी सूचना उत्तरदाता को अग्रिम दी जानी चाहिये। निर्धारित किये हुए स्थान और समय पर साक्षात्कार की प्रक्रिया पूर्ण की जानी चाहिये।

साक्षात्कार की शुरुआत और समाप्ति के दरम्यान साक्षात्कारकर्ता को साक्षात्कार का संकलन कैसे करना चाहिए इस सन्दर्भ में विद्वानों ने अनेक सूचनाएँ दी हैं उनमें से कुछ प्रमुख सूचनाएँ निम्नलिखित हैं :

(1) साक्षात्कारकर्ता को सर्वप्रथम अपना परिचयन देना चाहिए।

(2) संशोधन विषय का परिचय साक्षात्कारदाता को देना चाहिये।

(3) साक्षात्कारकर्ता को साक्षात्कारदाता से आदरोचित व्यवहार करके सहयोग की विनम्र याचना करना चाहिये।

(4) साक्षात्कारदाता के गुण, उसका सम्बन्धित "विषय–वस्तु" में ज्ञान, और अनुभव ये चयन में कैसे कारक हुए, उसका लाभ संशोधन में कैसे होगा, इसकी पूर्ण जानकारी देना और उसकी दी हुई जानकारी गुप्त रखी जाएगी इसका भी आश्वासन देना चाहिए।

(5) प्रश्न क्रम से पूछना और उनके उत्तर लिखते जाना। प्रश्नो में से उपप्रश्नों को अस्तित्व में लाना हो वो वह लाना चाहिये और अधिक गहन तथा विश्वसनीय जानकारी प्राप्त करनी चाहिए। ऐसा करते समय साक्षात्कारदाता की मनोभावना पर विचार कर उसके हिसाब से व्यवहार करना चाहिये व अपनी उत्सुकता और आवेग को कभी भी प्रकट न होने देना चाहिये।

(6) साक्षात्कारदाता द्वारा दिये जाने वाले उत्तर धैर्य से और एकाग्रचित से सुनना और अपने चेहरे पर आवेगों और आनन्द के भाव नहीं आने देना।

(7) उत्तरदाता मुख्य विषय से दूर हो रहा हो तो उसे प्रश्न का स्मरण करा के प्रश्न का उत्तर प्रदान करने के लिये प्रेरित करना।

(8) जहां साक्षात्कारदाता द्वारा दी गई जानकारी गलत है ऐसी शंका आई तो उसकी जांच करने के लिये क्रांस प्रश्न (Cross Question) पूछकर फिर से जानकारी प्राप्त करना और उपलब्ध जानकारी विश्वसनीय है अथवा नहीं यह निश्चित करना।

(9) साक्षात्कार समाप्ति के समय प्रसन्न वातावरण की निर्मिती करके साक्षात्कारदाता को धन्यवाद देकर और उसका शुभचिन्तन करके अवकाश लेना।

साक्षात्कारदाता साक्षात्कार के समय थका हो अथवा विमनस्क स्थिति में हो तो साक्षात्कार समाप्त कर लेना, अथवा रुककर फिर से दूसरे साक्षात्कार का समय निश्चित करना और साक्षात्कारदाता का धन्यवाद मानकर उस साक्षात्कार की समाप्ति करना।

साक्षात्कार समाप्त होने के बाद तुरन्त ही कार्यालय में अथवा घर आकर साक्षात्कारदाता के साक्षात्कार की रिोर्ट लिखनी चाहिये अन्यथा रिपोर्ट में विस्मरण के दोष आयेंगे। रिपोर्ट लिखते समय साक्षात्कारकर्ता को निष्पक्षता और प्रमाणिकता पूर्ण रूप से लागू करनी चाहिए।

उपरोक्त सूचनाओं का पालन करने से साक्षात्कार अपने कार्य में निश्चित रूप से यशस्वी होगा।

साक्षात्कारकर्ता के लिये आवश्यक गुण

साक्षात्कार में सर्वाधिक महत्त्व का स्थान साक्षात्कारकर्त्ता का हैं। साक्षात्कार की सफलता अथवा असफलता पूर्णतः साक्षात्कारकर्ता के गुणों पर निर्भर रहती है। साक्षात्कारकर्ता निम्न गुणों को धारक होना चाहिए :

(1) सहनशीलता
(2) धैर्य
(3) निष्पक्षता
(4) व्यवहार–कुशलता
(5) बौद्धिक–कुशलता
(6) आत्मविश्वास
(7) चातुर्य
(8) कूटनीतिज्ञता, आदि।

साक्षात्कार के गुण अथवा लाभ

(1) जिन घटनाओं का प्रत्यक्ष अवलोकन नहीं कर सकते, उनके अध्ययन के लिए साक्षात्कार एक उत्तम और उपयोगी तथ्य–सामग्री संकलन की पद्धति है। व्यक्ति के मनोभाव, प्रवृत्ति एवं विचारों का अध्ययन करने के लिए साक्षात्कार एक प्रभावशाली साधन है।

(2) समस्याओं का हल खोजने के लिये और गहन अध्ययन के लिये साक्षात्कार ही विश्वसनीय पद्धति है।

(3) साक्षात्कार के माध्यम से ही "विषय–वस्तु" से सम्बन्धित सभी प्रकार की जानकारी का संकलन संभव है।

(4) इसके द्वारा भूतकालीन घटना और पड़े प्रभावों का अध्ययन किया जा सकता है।

(5) मनोवैज्ञानिक व अध्ययन के लिये सरल और सर्वाधिक उपयोगी पद्धति यही है।

(6) उपलब्ध जानकारी की प्रमाणिकता साक्षात्कार के द्वारा सिद्ध कर सकते हैं।

(7) साक्षात्कारकर्ता और साक्षात्कारदाता में आमने–सामने हुई चर्चा में से अनेक द्वितथ्य सामने आते हैं, यह अन्य पद्धति में संभव नहीं है।

(8) यह पद्धति सुशिक्षित और अशिक्षित दोनों पर समान रूप से लागू की जा सकती है।

साक्षात्कार की सीमा अथवा हानि

(1) साक्षात्कारकर्ता और साक्षात्कारदाता इन दोनों के व्यक्तिगत पक्षपात की संभावना रहती है।

(2) साक्षात्कार में असत्य और अतिश्योक्ति पूर्ण बातों को अभिव्यक्त करने का अवसर साक्षात्कारदाता को प्राप्त होता है।

(3) इस पद्धति के द्वारा प्राप्त जानकारी कम विश्वसनीय रहती है।

(4) भावनाओं से सम्बन्धित बातों की साक्षात्कारदाता प्रकट नहीं करता, किया हो तो भी व्यक्तिगत रहस्यों को छिपा लेता है।

(5) साक्षात्कार के लिये साक्षात्कारकर्ता पूर्णतः साक्षात्कारदाता पर निर्भर रहता है।

(6) साक्षात्कारकर्ता पूर्णतः स्वयं की स्मरण शक्ति पर निर्भर रहता है। अहवाल जिससे समय स्मरण शक्ति के धोखा दने पर उसका कार्य विश्वसनीय नहीं हो पाता।

(7) साक्षात्कारदाता के प्रभाव में साक्षात्कारकर्ता के साक्षात्कार का औचित्य समाप्त हो जाता है।

(8) साक्षात्कार पद्धति में समय बहुत खर्च होता है।

(9) सर्वगुण सम्पन्न साक्षात्कारकर्ता को खोजना कठिन काम है।

(10) उपलब्ध तथ्य सामग्री की सत्यता–असत्यता की जांच करना अधिक कठिन काम है।

उपरोक्त हानियाँ देने के बाद भी साक्षात्कार पद्धति ने संशोधन में अपनी उपयोगिता सिद्ध की है। संशोधक आज इन पद्धति का समावेश अपनी संशोधन प्रणाली में करके लाभान्वित हुए हैं। इस पद्धति में अवलोकन और अनुसूची पद्धति को प्रत्यक्ष अथवा अप्रत्यक्ष रूप में समाविष्ठ कर लेने से इस पद्धति का महत्त्व बढ़ा है। अधिक प्रामाणिक, वास्तविक और विश्वसनीय जानकारी इस द्वारा प्राप्त हो इसलिये आधुनिक यंत्र–सामग्री का उपयोग भी इस पद्धति में किया जा रहा है। इस पद्धति की कमियों को दूर कर उसे परिपूर्ण बनाने के प्रयत्न किये जा रहे है।

20

प्रपेक्षी तकनीक या प्रविधि

(Project Technique)

तथ्य सामग्री संकलन की एक अप्रत्यक्ष एवं कम व्यवस्थित तकनीक है; कभी–कभी इसका उपयोग तथ्य सामग्री की प्राप्ति के लिए किया जाता है। इस पद्धति में संशोधक उत्तरदाता से प्रश्नोत्तर स्वरूप में की जाने वाली चर्चा के वक्त उत्तरदाता को इस प्रकार उत्तेजित करता है कि उसे अपने उत्तेजना की जानकारी नहीं होती और उसी उत्तेजना से अनभिज्ञ अवस्था में उसे जो भी जानकारी होती है उसे वह व्यक्त करता चला जाता है।

Projective Technique शब्द की उत्पत्ति फ्रेंक ने की है। फ्रेंक ने इस तकनीक का प्रयोग सन् 1939 से किया और आज तक इसका लगातार उपयोग लिए जाने के बावजूद इसे व्यवस्थित स्वरूप में बद्ध नहीं किया जा सका। इस तकनीक के प्रारूप में सुधार की आवश्यकता है।

परिभाषाएं

फ्रेंक : "प्रक्षेपी पूछताछ (Direct Interrogation) के व्यतिरिक्त उत्तरदाता को इस तरह उत्तेजित किया जाता है वह स्वयं की ओर से अपने सामाजिक संसार की जानकारी दे दे।"

मानसिक एवं भावनात्मक व्यधि (Psycological and Emotional Disorder) से पीड़ित रोगियों के इलाज के लिए मनोवैज्ञानिक और मानसिक चिकित्सों ने पक्षेपी तकनीक को ईजाद किया और उसका उपयोग भी सर्वप्रथम उन्होंने किया। पक्षेपी तकनीक के प्रयोग द्वारा व्यक्ति के सम्पूर्ण व्यक्तित्व, भावनात्मक आवश्यकता एवं उसके भावनात्मक उथल–पुथल को समझा जाता है। मनोविज्ञान की यह प्रविधि सामाजिक विज्ञान ने आत्मसात कर सामाजिक मनोविज्ञान, समाज विज्ञान, मानव्य विज्ञान, राजनीति विज्ञान आदि की कुछ विशेष प्रकार की समस्याओं की जांच के लिए उपयोग में लाता है।

प्रपेक्षी तकनीकों की विशेषताएँ

प्रक्षेपी तकनीकों की अनेक विशेषताओं में से नीचे दी गई पांच प्रमुख विशेषताएं हैं :

(1) भिन्न–भिन्न प्रकार की उत्तेजक प्रतिक्रियाएं उत्पन्न करने में सक्षम होती है। उदाहरण–चित्र प्रदर्शन द्वारा कहानियों की विविधता का पता लगाया जा सकता है।

(2) उत्तरदाता के समक्ष सीमित विकल्प की समस्या नहीं होती।

(3) ये व्यक्ति के सामग्री बोध पर बल देती है, कि वह किसी वस्तु को क्या अर्थ प्रदान करता है, उसे किस प्रकार संगठित करता है तथा किस प्रकार काम में लाता है।

(4) उत्तेजकों को इस ढंग से प्रस्तुत किया जाता है कि व्यक्ति को यह पता नहीं लगता कि किस उद्देश्य से यह परीक्षण किया जा रहा है।

(5) इनके द्वारा व्यक्ति के व्यक्तित्व, उसकी आवश्यकताओं, भावनाओं, संवेगों, व्यवहार, आदतों एवं अन्य लोगों के साथ अन्तःक्रिया का काफी सीमा तक पता लगाया जा सकता है।

इसका यह अर्थ नहीं है कि व्यक्ति द्वारा व्यक्त उत्तर, भावनाएं अन्तिम रूप में यथार्थ ही मानी जाती है। इनकी परिभाषा पूर्व स्थापित मनोवैज्ञानिक संकल्पनाओं के संदर्भ में की जाती है।

प्रक्षेपी प्रविधियाँ या तकनीक

राजनीति विज्ञान के संशोधन में निम्नलिखित तीन प्रक्षेपी प्रविधियों का उपयोग किया जाता है :

(1) रोरचेच टेस्ट (Rorschach Test)

(2) टी. ए. टी. (Thematic Apperecption Test)

(3) टॉमकिन्ग–हार्न चित्र–व्यवस्था परीक्षा, इत्यादि (Tomking Horn Picture-Arrangement Test)

(1) रोरचेच टेस्ट : मानसिक चिकित्सों द्वारा उपयोग में लायी जाने वाली रोरचेच टेस्ट को सामाजिक विज्ञान के संशोधकों ने आत्मसात किया है। इस टेस्ट में इंक–ब्लॉट (Ink-Blot) का उपयोग किया जाता है। उत्तरदाता इंक–ब्लॉट देखकर जो परिभाषा प्रस्तुत करता है या निष्कर्ष निकालता है, उनका अध्ययन कर संशोधक उत्तरदाताओं की मनोवृत्तियों, ज्ञान एवं भावनाओं का पता लगाता है और उसे लिख लेता है। इस तरह से नमूनों की रोरचेच टेस्ट लेने के बाद, उन्होंने दिये हुए उत्तरों के आधार पर उनका वर्गीकरण करता है और समय आने पर संशोधन में उसका उपयोग भी कता है।

(2) टी. ए. टी. : थेमॅटिक ॲपरसेप्शन टेस्ट को लघु रूप में टी. ए. टी. कहते हैं। इस पद्धति में नमूनों को चित्रों का समूह दिखलाया जाता है जिसके आधार पर नमूनों को कहानियां कहने को कहा जाता है। कुछ चिंत्र व्यक्तियों या वस्तुओं का प्रत्यक्ष प्रतिनिधित्व करते है और कुछ चित्र इनका अप्रत्यक्ष रूप से प्रतिनिधित्व करते हैं। नमूनों के द्वारा कहानियों के चरित्र, प्रसंग, अर्थ एवं उपयोग में लायी भाषा के आधार पर उनका वर्गीकरण किया जाता है।

(3) टॉमकिन्स हार्न चित्र व्यवस्था परीक्षा : यह एक नई प्रक्षेपी प्रविधि है। इसका उपयोग "समुदाय प्रशासन" के लिए काम में लाया जाता है। इसमें पच्चीस प्लेट काम में लाई जाती हैं जिन्हें अनेक तरीकों से घटनाओं के क्रम को चित्रित करने के लिए व्यवस्थित किया जाता है।

इसके अलावा दूसरे परीक्षण जैसे शब्द संघ, वाक्य पूर्ति, चित्रावली आदि भी काम में लाये जाते है। प्रक्षेपी तकनीक को संशोधन में आत्मसात् करने के लिए निम्नलिखित चार प्रमुख कारण हैं :

(1) व्यक्ति स्वयं को आसानी से व्यक्त कर सकता है।

(2) यह अव्यक्त पद्धति होने से, कम बुद्धि वाले नमूनों से संशोधन के लिए जानकारी प्राप्त करने के लिए सुविधाजनक है। कम बुद्धि के लोगों के लिए संशोधक अगम्य होता है।

(3) इसके द्वारा प्रश्नावली या साक्षात्कार की अपेक्षा अधिक विस्तृत सूचनाएं प्राप्त की जा सकती हैं।

(4) इसके द्वारा व्यक्तियों की भावनाओं और मनोवृत्तियों का यथार्थ चित्र खींचा जा सकता है।

सीमाएं

इस पद्धति के अनेक पहलुओं का एक ही समय में एक साथ अध्ययन किया जा सकता है तथा उनका मापन भी किया जाता है। अलग–अलग पहलुओं के मापन के लिए अलग–अलग मापदंडों की खोज एक कठिन कार्य है। इस कठिनाई को स्वीकृत कर इसका उपयोग बड़ी मात्रा में किया जा रहा है क्योंकि यह बड़ी उपयोगी सिद्ध हुई है।

प्रक्षेपी प्रविधि की कमियां या कमजोरियां दूर या कम करने के लिए वैज्ञानिक प्रयत्न रहे हैं। अलग–अलग पहलुओं के लिए भिन्न–भिन्न परिणामों का एक साथ उपयोग करने में जो कठिनाई आती है उसे कम के प्रयास और व्यक्तित्व के विविध पहलुओं का मापन कर सकें ऐसी मापन पद्धति की विश्व भर में खोजन की जा रही है।

यांत्रिक साधन

तथ्य सामग्री संकलन में कुछ आधुनिक यंत्रों का उपयोग किया जाता है। सामाजिक विज्ञान जितना अधिक वैज्ञानिक बनने का प्रयत्न कर रहा है उतना अधिक आधुनिक यंत्रों का उपयोग करना आवश्यक समझा जा रहा है। नये–नयें वैज्ञानिक खोज से संशोधन लाभान्वित हुआ है और नये यंत्रों ने तथ्य सामग्री का संकलन सरल और सुलभ भी बनाया है। यंत्रों ने प्रसंगों का प्रमाणीकरण करना अत्यधिक सुलभ बनाता है।

संशोधन संस्थायें और कुछ संशोधकों के पास तथ्य सामग्री के संकलन के लिये मुव्ही कैमरा, स्टील कैमरा, टेप रेकॉर्डर, स्क्रिन प्रोजेक्टर, टेप रेकॉर्डर, कॉम्पुटर, कलक्युलेटर, टेलीफोन, छेदक (Puncher), पत्यापक (Verifier), छांटक (Sorter) आदि मुख्य यंत्र हैं।

इन यंत्रों का उपयोग अथलोकन, प्रश्नावली, साक्षात्कार, अनुसूची, प्रक्षेपी प्रविधि आदि तथ्य संकलन पद्धतियों के साथ–साथ कर सकते हैं। यंत्रों का उपयोग संशोधक के लिये आवश्यक हो गया है। भारतीय संशोधक पाश्चिमात्य संशोधकों की तुलना में (यंत्रों का उपयोग) पिछड़े हुए हैं। फिर भी संशोधन संस्थाएं आधुनिक यंत्रों से सुसज्जित है जिनके उपयोग कर भारतीय संशोधक तथ्य सामग्री को उपलब्ध कर उसके प्रमाणीकरण या पुनः प्रमाणीकरण की झंझट से बचते हैं।

21

अंकों के प्रकार

(Types of Digits)

संशोधन में आंकड़ों का बहुत महत्त्व है। उपयोग में लाये जाने वाले अंक वस्तुस्थिति का प्रतिनिधित्व करते है अतएव उनको उपयोग में लाने के पूर्व उनकी जांच आवश्यक हो जाती है। सामाजिक विज्ञान के संशोधक के लिए निम्नलिखित अंकों के प्रकार जानना एवं उनका योग्य उपयोग करना अनिवार्य एवं आवश्यक है :

(1) पूर्णांक (Integers)
(2) विवेकयुक्त (Rational Numbers)
(3) अविवेकी अंक (Irrational Numbers)
(4) वास्तविक अंक (Real Numbers)
(5) मिश्रित अंक (Complex Numbers)
(6) काल्पनिक अंक (Imaginary Numbers)

(1) पूर्णांक – मनुष्य के द्वारा भौतिक वस्तुओं का माप लेने के लिए जिन अंको का उपयोग किया जाता है उन अंकों को पूर्णांक कहते है। उदहारण– 1, 2, 3, 4, 5, . . . इन अंकों को सकारात्मक पूर्णांक भी कहा जाता है और इनका उपयोग स्वाभाविक अंकों के रूप्र में भी किया जाता है।

इन अंकों को जब ऋण चिन्हों से युक्त कर लिखा जाता है (-1, -2, -3, . . .) तब इन्हें नकारात्मक पूर्णांक कहते हैं।

सभी सकारात्मक नकारात्मक पूर्णांक और शून्य का जोड़ "पूर्णांकों का समूह" अथवा "समस्त अंकों की मालिका" बनती है।

(2) विवेकयुक्त अंक – इसमें वे सभी अंक आते है जिन्हें "आकार" प्राप्त हैं। प्रारूप में बद्ध अंकों का आकार चिरस्थायी स्वरूप होता हैं उदाहरण– प्रत्येक पूर्णांक विवेकयुक्त अंक होता है, 5 इस अंक 5/1 ऐसा लिखने पर भी उसका "आक़ार और मूल्य" नहीं बदलता। इसी तरह अपूर्णांक या अंक का अंश भी

विवेकयुक्त अंक है, उदाहरण– 2/3 या 8 आदि। अतः विवेकयुक्त अंक में सभी सकारात्मक एवं नकारात्मक पूर्णांक और अपूर्णांकों को समाविष्ट किया गया है।

(3) अविवेकयुक्त अंक – अगर "अ" एवं "ब" विवेकयुक्त अंक हों और "ब" >O (More than) तो इन अंकों का समूह (अ+ब) 1/n होगा। यहां "ब" की शक्ति अथवा मूल्य अज्ञात है। इसलिए यह अंकों का समूह अविवेकयुक्त अंको का निर्माण करता हैं। ऐसे अंक अनन्त दशमलव में परिणाम देते हैं, जिनकी पुनरोक्ति असंभव होती है। अविवेकयुक्त अंक, अन्य उदाहरण $\sqrt{2}$ - 1.414 है।

(4) वास्तविक अंक – वास्तविक अंकों में विवेकयुक्त एवं अविवेकयुक्त इन दोनों प्रकार के अंकों को समाविष्ट किया गया है।

(5) मिश्रित अंक – एक ही समय में आकर युक्त एवं काल्पनिक अंको का उपयोग करने पर मिश्रित अंक अस्तित्व में आते हैं। उदाहरण– अ+i ब, इसमें "अ" वास्तविक अंक है और : i ब (i =Iota=कण या बिन्दु मात्र) काल्पनिक अंक है।

.. **(6) काल्पनिक अंक** – अगर "अ" वास्तविक अंक है और अ>O है तो $\sqrt{-अ}$ काल्पनिक अंक हो जाता है। $\sqrt{-4}$, $\sqrt{-25}$, $\sqrt{-107}$ आदि काल्पनिक अंक है। अगर हम $\sqrt{-1}$="i", माने तो $\sqrt{-4}$ = i.2, $\sqrt{-25}$ = i.5 इस प्रकार के काल्पनिक उत्तर प्रात होंगे।

अंकों का सम्बन्ध

गणित के अनुसार विज्ञान की, की गई परिभाषाओं में "सम्बन्ध" को केन्द्र में रखा है। गणित "अंकों" का विज्ञान भी है। अंक परस्पर से सम्बन्धित होते है, उनके सम्बन्धों को भिन्न–भिन्न प्रकार से अभिव्यक्त करता है। उदाहरण अ और ब ये वास्तविक अंक है।

इनके सम्बन्ध अ>ब (समान या बराबर)
अ>ब (अ ब से ज्यादा)
अ<ब (अ ब से कम)
अ=ब (बराबर नहीं), इस तरह के हो सकते हैं।

संशोधन में बीजगणित का उपयोग करना पड़ता है। संशोधक उपयोग में ला सके ऐसे कुछ प्रमाणित सूत्र नीचे दिए है :

(1) $(अ+ब)^2 = अ^2+2$ अब $ब^2$

(2) $(अ-ब)^2 = अ^2-2$ अब$+ब^2$

(3) $अ^2-ब^2$ = (अ+ब) (अ-ब)

(4) $(अ+ब+क)^2 = अ^2+ब^2+क^2+2अब+2बक+2अक$

(5) $(अ+ब)^3 = अ^3+3\ अ^2ब+अब^2+ब^3$

22

परिमाण या मापन तकनीक

(Scaling Techniques)

संशोधन के लिए संकलित तथ्य–सामग्री का स्वरूप गुणात्मक और सांख्यिकीय होता है। गुणात्मक तथ्य को संख्या में रूपान्तरित करना अध्ययन के लिए उपयोग एवं आवश्यक होता है। इसके बाद ही तथ्यों का विश्लेषण एवं अर्थनिरूपण सरलता से किया जाता है और निष्कर्ष आंकड़ों में दे सकते हैं।

गुणात्मक तथ्यों को संख्यात्मक श्रेणी में परिवर्तित करने के लिए परिमाण तकनीकें विकसित की गई हैं। गुणात्मक तथ्य का संख्यात्मक श्रेणी में रूपान्तरण का अर्थ होता है। गुण (Quality) को "चर" (Variable) में परिवर्तित करना। गुणात्मक वस्तु को उसके परिवर्तनीय कम में मापन करना होगा। उदाहरण–"पैसा" बाजार में उपलब्ध वस्तु को "क्रय" करने की क्षमता पैसे का गुण है, पैसे को जब संख्यात्मक बनाया जाता है तब उसका तुरन्त "चर" में रूपान्तरण हो जाता है क्योंकि संशोधन में "गुण" या "गुणधर्म" के बदले "चरों" का उपयोग करना जरुरी है। अतः उनका इसमें रूपानतरण करने वाली परिमाण तकनीक का सूक्ष्म एवं गहन अध्ययन करना आवश्यक हो जाता है। वस्तु के गुण विशेष "स्तर" परिमाप में अभिव्यक्त करना मुश्किल होता है या असंभव होता है। स्तर निर्धारण के लिए विज्ञान पूर्णतः गणित पर निर्भर है, इसलिये सामाजिक विज्ञान के संशोधक को गणित का ज्ञान होना भी वांछनीय है।

संशोधन में जितना गहन गध्ययन किया जायेगा उतना ही वर्गीकरण बढ़ता जायेगा। वर्ग को उपवर्ग में और उपवर्ग को उप–उपवर्ग में विभाजित कर ऐसे स्तर पर पहुंचा जाता है जहां परस्पर पड़ौसी उप–उपवर्ग में अन्तर न के बराबर होता है या अत्यल्प होता है। इस प्रकार वर्गीकरण करने से जो तथ्य प्राप्त होते है उन्हें क्रम में रखकर उनका मापन किया जा सकता है। यह पद्धति इसलिये महत्त्व की हो जाती है कि गुण को गणितीय कुशलता में व्यवहार में नहीं ला सकते। चरों को अभिव्यक्ति दी जाती है किन्तु यह अभिव्यक्ति लचीली होती है।

परिमाण का मापन तकनीक में समस्या : परिमाण तकनीक में अनेक समस्याएं हैं। इन समस्याओं को समझे बगैर परिमाण तकनीक का प्रयोग किया जाए तो समय, धन और श्रम का अपव्यय होगा। निम्नलिखित समस्याएं हर संशोधक के अध्ययन में बाधा उपस्थित करती है :

(1) निरन्तरता की परिभाषा,
(Definiton of Continuity)

(2) विश्वसनीयता
(Reliability)

(3) प्रमाणता
(Standardisation)

(4) वस्तु का भार
(Weight of item)

(5) वस्तु का स्वरूप
(Nature of item)

(6) इकाई में समानता
(Equility in unit)

(1) निरन्तरता की परिभाषा : किसी भी एक निरन्तरता की संकल्पना आधार मानकर "परिमाण" की निर्मिती की जाती है। उदाहरण–पानी जिस तापमान पर उबलने लगता है उस तापमान के बिन्दु को 100° सेन्टीग्रेड माना गया है। इसे आधार मानकर उष्णता का मापन या परिमाण किया जाता है। पानी को कही भी और कभी भी गरम करने पर वह 100° सेन्टीग्रेड पर ही उबलेगा, यह बात निरन्तर होती आई है और होती रहेगी। यह निश्चित होने से उष्णता के मापन के लिए यह संकल्पना पूरे विश्व में स्वीकृत की गई है। आज इसी संकल्पना के आधार पर उष्णता का वैज्ञानिक मापन किया जाता है।

आज जितनी मापन तकनीकें उपलब्ध हैं, उनका उपयोग कर मापन करना हो तो, संशोधक को –

(अ) सम्बन्धित विषय का गहन ज्ञान होना आवश्यक है,
(ब) सम्बन्धित विषय के स्वरूप की जानकारी आवश्यक है,

जिसकी उपयुक्तता प्रमाणित की गई है ऐसी निरन्तरता की परिभाषा करने के लिए संशोधक में अत्यन्त उच्च स्तर की "बोध–चेतना" का होना आवश्यक है। परिभाषित निरन्तरता को अनुभवजन्य परीक्षण से सिद्ध करना चाहिये। इसी का अर्थ होता है कि सैद्धांतिक एवं व्यावहारिक स्तर पर परिभाषा की उपयोगिता यथार्थ के धरातल पर उपयुक्त होनी चाहिए।

(2) विश्वसनीयता : निरन्तरता की परिभाषा से निर्माण की गई मापन

तकनीक विश्वसनीय है या नहीं इसकी जांच करें। अगर जांच में वह सही सिद्ध होती है तो उसे स्वीकृत करें अन्यथा उसे पूर्णतः अस्वीकृत करें।

मापन तकनीक की जांच करने में सबसे पहले एक नमूना और एक परिमाण लें। इस परिमाण का उपयोग कर नमूने का कई बार मापन करें, और उसको लिख लें। अगर हर बार के मापन अध्ययन में एक से हों और एक ही उनका परिमाण हो तो वह परिमाण विश्वसनीय है अन्यथा उसे अविश्वसनीय मानकर छोड़ दे।

परिमाण की विश्वसनीयता जांचने के लिये निम्नलिखित तीन पद्धतियों का उपयोग किया जाता है –

(अ) परीक्षण–पुनःपरीक्षण पद्धति
(Test-Retest Method)

(ब) अनेक प्रमाणित परिमाणों का उपयोग
(Use of Many Standard Scales)

(स) अर्द्ध विभाजन
(Half Split)

(अ) परीक्षण—पुनः परीक्षण पद्धति : परिमाणों को बार–बार उपयोग में लाकर प्राप्त हुए परिणामों का सांख्यिकी तकनीक प्रयोग कर तुलनात्मक अध्ययन किया जाता है। इस पद्धति में किसी भी परिमाण तकनीक का उपयोग किया जाता है।

(ब) अनेक प्रमाणित परिमाणों का उपयोग : इस पद्धति में कम से कम दो प्रमाणित परिमाणों का उपयोग कर एक ही नमूने को बदल–बदल कर मापा जाता है। अगर प्राप्त मापन में कोई फर्क न हो तो उपयोग में लाये हुए परिमाण विश्वसनीय हैं अन्यथा नहीं।

(स) अर्द्ध-विभाजन : उपयोग में लाये जाने वाले परिमाण के दो टुकड़े करें। इन दो टुकड़ों का उपयोग कर नमूनों का मापन करें। हर बार किया हुआ मापन अगर समान हो तो वह परिमाण विश्वसनीय है अथवा नहीं।

परीक्षण–पुनः परीक्षण और अनेक प्रमाणित मापन पद्धतियों की तुलना में अर्द्ध–विभाजन पद्धति विश्वसनीय मानी जाती है।

(3) प्रमाणता : घोषित वस्तुओं का यथार्थ मापन करने की क्षमता जब परिमाण में होती है तो ऐसे परिमाण को प्रमाणित परिमाण माना जाता है। प्रमाणित परिमाण प्रापत करना अत्यन्त कठिन एवं जटिल कार्य है।

परिमाणों की प्रमाणता जांचने के लिए नीचे दिये गये चार दृष्टिकोण उपयोग में लाये जाते है :

(अ) तर्कशुद्ध प्रमाणता
(Logical Standardisation)

(ब) ज्ञात समूह की स्वीकृति
(Acceptance by the known group)

(स) विज्ञों का मत
(Opinion of the experts)

(द) व्यक्तिगत प्रमाण
(Individual Standard)

(अ) तर्कशुद्ध प्रमाणता : परिमाणों की तर्कशुद्ध प्रमाणता विवेक–बुद्धि (Commonsense) पर आधरित होती है। सभी को वह योग्य उचित लगने से समूह की स्वीकृति उस परिमाण को प्राप्त होती है और वह परिमाण प्रमाणित परिमाण बन जाता है और उसको समाज में प्रतिष्ठा प्राप्त हो जाती है।

(ब) ज्ञात समूह की स्वीकृति : जब किसी परिमाण का एक समूह स्वीकृत कर परम्परागत रूप में प्रयुक्त करता है तो वह परिमाण "प्रमाण" माना जाता है।

(स) विज्ञों का मत : परिमाणों का परीक्षण अलग–अलग विज्ञों के द्वारा किया जाता है। अगर इन विज्ञों ने परिमाण को प्रमाणित किया हो तो वह परिमाण "प्रमाण" मानकर व्यवहार में लाया जाता है।

(ख) व्यक्तिगत प्रमाण : जब संशोधक को अपने नमूनों को मापन करने के लिये उपलब्ध परिमाण पद्धतियां अपर्याप्त लगती हैं तब वह नयी परिमाण तकनीक ईजाद करता है और खोजी हुई पद्धति योग्य एवं अचूक है ऐसा अपने प्रयोगों से सिद्ध करता है। जब अनेक अन्य व्यक्ति ऐसा स्वीकार करते हैं कि उसके प्रयोग सही है, उसकी तकनीक से मापन अचूक होता है, तब नये परिमाण को मान्यता प्रदान की जाती है।

(4) वस्तु का भार मापन : वस्तु का भार, तौल या वजन मापन का उद्देश्य ऐसे परिमाणों का निर्माण करना है जो अधिक योग्यता से और अचूक तरीके से निरन्तरता का मापन कर सकें। आज भार मापन की निम्नलिखित तीन प्रणालियाँ प्रयोग में लाई जाती हैं :

(अ) ज्ञात समूह प्रणाली
(ब) व्यक्तिगत प्रमाण प्रणाली
(स) परिमाण प्रणाली

(अ) ज्ञात समूह प्रणाली : ज्ञात समूह द्वारा स्वीकृत यह प्रणाली वस्तु का सांख्यिकीय मापन करती है। यह मापन प्रणाली "प्रमाण" मानी जाती है। उदाहरण–भार मापन में दशमलव–किलोग्राम पद्धति के पूर्व "सेर" और "मन" पद्धति प्रचलित थी। 40 सेर का । मन यह सूत्र सभी को मान्य था।

(ब) व्यक्तिगत प्रमाण : वस्तु का भार मापन किसी भी प्रचलित मापन प्रणाली से नहीं किया जा सकता तब वह स्वयं ही नई भार मापन प्रणाली की रचना कर उसे प्रमाणित भी करता है। इस तरह निर्मित भार मापन प्रणाली को व्यक्तिगत मापन प्रणाली कहते हैं।

(स) परिमाण प्रणाली : व्यवहार में जब परिमाण स्वयं का विश्वसनीय एवं प्रमाणित सिद्ध करते है तब ऐसे परिमाण से लिया गया "माप" या "गिनती" बाद में किए जाने वाले मापन के लिये "प्रमाण" माने जाते हैं।

(5) वस्तु का स्वरूप : परिमाण या माप में वस्तु का स्वरूप प्रक्षेपित (Projected) या निर्देशित (Directed) होता ही है। आधुनिक संशोधकों ने "वस्तु" के प्रक्षेपित स्वरूप को संशोधन में प्रमुखता दी हैं। प्रक्षेपित स्वरूप का अध्ययन "वस्तु" के निर्देशित स्वरूप के अध्ययन की तुलना में सरल एवं सुगम है।

(6) एकाकों या इकाइयों में समानता : अध्ययन के लिये चुनी हुई इकाइयों में समानता नहीं होती। एक इकाई अन्य इकाई से कितनी भिन्न है, कितनी बड़ी या छोटी है इसकी जांच आवश्यकता है। मापन में आया फर्क +, -, ×, ÷ इन गणितीय चिन्हों का उपयोग कर स्पष्ट किया जाता है। इन चिन्हों के साथ अंकों का उपयोग करना आवश्यक है। इकाइयों में जो अन्तर है उसे स्पष्ट करने के लिये वर्ग, वर्गमूल, पदसोपान आदि पद्धतियों का उपयोग न करें।

परिमाण में शून्य बिन्दु होना आवश्यक है। हालांकि संशोधक की यह इच्छा होती है कि उसे इकाइयां प्राप्त हों जो पूर्णतः समान हों किन्तु ऐसे एकक उपलब्ध नहीं होते। यही कारण है कि संशोधक की वैज्ञानिक प्रक्रिया में इकाई मापन के लिये "समानता" आवश्यक नहीं मानी गई।

23

समाजमिती परिमाण

(Sociometry Scaling)

समाजमिती परिमाण का उपयोग व्यक्ति–व्यक्ति या व्यक्ति समूह या समूह–समूह के बीच घनिष्ठता या दूरी मापन के लिये किया जाता है।

संशोधन में "सामाजिक–दूरी" का उपयोग सर्वप्रथम बोगार्डस ने किया। इस पद्धति के जरिये व्यक्ति और व्यक्ति, व्यक्ति और समूह एवं समूह और समूह के बीच की घनिष्ठता एवं दूरी को अलग–अलग क्षेत्रों में मात्रात्मक स्वरूप में खोजकर उनका अध्ययन किया गया। उदाहरण–एक व्यक्ति अन्य व्यक्ति से कितना प्रेम का या घृणा का सम्बन्ध रखता है, उसके उन सभी व्यक्तियों से जो भावनात्मक सम्बन्ध है वे किस प्रकार एक–दूसरे से भिन्न हैं, इसका मापन बोगार्डस ने किया। बोगार्डस की यह भावनात्मक निकटता और दूरी की मापन पद्धति आगे चलकर इस सन्दर्भ में संशोधकों की मार्गदर्शिका बनी।

बोगार्डस के 15 वर्ष बाद जे. एल. मोरनी एवं हेलन हॉल जिनिंग्स ने नया मौलिक समाजमिती परिमाण खोज कर सफलतापूर्वक उसका प्रयोग किया। उन्होंने इस समाजमिती परिमाण को इस प्रकार परिभाषित किया "संक्षिप्त में समाजमिती परिमाण प्रणाली एक ऐसी अभिव्यक्ति है जो साधारण स्वरूप या आलेख में किसी एक समूह के व्यक्तियों के समग्र परस्पर सम्बन्धों को एक निर्धारित समय में स्पष्ट करती है।" इस प्रणाली को विश्व में मान्यता प्राप्त हुई और जहाँ–जहाँ संशोधन में समाज का निरीक्षण आवश्यक था या है वहाँ–वहाँ इस प्रणाली को उपयोग में लाया गया और उपयोग किया जा रहा है। इस प्रणाली के तकनीक का उपयोग कर अमेरिकन संशोधकों ने "समूह–व्यवहार" का भी मापन किया है और कर रहे हैं। इस प्रणाली को भारतीय संशोधकों ने भी आत्मसात किया है। उदाहरण–मतदाताओं का चुनाव में राजकीय दलों के प्रति व्यवहार या चिल्लर विक्रेताओं का ग्राहकों से व्यवहार इत्यादि।

समाजमिती परिमाण निर्माण के सामान्य सिद्धांत एवं तकनीक

(General Principle and Technique in the construction of Sociometric Scale)

समाजमिती परिमाण अपने आप अस्तित्व में नहीं आये। मानवी चेतना एवं मानवी विकास ही उसके निर्माण के स्रोत बने। सामाजिक विज्ञान के विद्वान एवं वैज्ञानिकों ने अलग–अलग सिद्धांत एवं नियम इसके निर्माण के लिये "कारक" माने हैं। इनमें से श्रीमती पाऊलिन यंग के मत को सबसे अधिक सराहा गया है एवं अन्यों की तुलना में अधिक मान्यता दी गयी है।

पाऊलिन यंग के अनुसार निम्नलिखित सिद्धांत एवं नियमों ने समाजमिती परिमाणों का निर्माण किया :

(1) कार्य प्रारम्भ करने के पूर्व किसका और कौनसा परिमाण लेना है यह निश्चित हो। जिसका परिमाण लेना हो उसके लक्षण एवं जिन शर्तों को परिमाण के वक्त उपयोग में लाना हो उसका संक्षिप्त में विश्लेषणात्मक अध्ययन कर लें।

(2) तत्त्व एवं मापदंड (Criteria) का चुनाव करते वक्त उन्हें ही चुनें जो परिमाण का आधार बन सकें।

(3) चुने हुए तत्त्व एवं मापदंड के सभी बाजुओं पर मनन एवं चिन्तन करते वक्त उद्देश्यपूर्ण तकनीक को लागू करें और उनकी योग्यता अथवा अयोग्यता को जानें।

(4) जटिल–"अनुमाप" अधिक श्रम एवं धन को खर्च कराते हैं और कई बार अनेक जगहों में उनका उपयोग भी नहीं कर सकते, अतएवं संशोधक को सरल एवं सुलभ "अनुमाप" का निर्माण करना चाहिये।

(5) अनुमाप में प्रामाणिकता होनी ही चाहिए।

(6) अनुमाप विश्वसनीय एवं योग्य परिमाण देने वाले हों।

(7) अनुपात का स्वरूप उचित निर्देश निर्धारित हो जिसे सुलझाते समझा जा सकें और जिसके उपयोग में असुविधा न हो।

(8) गणनात्मक रूप में अभिव्यक्ति की क्षमता अनुमाप में होनी ही चाहिये।

(9) भिन्न–भिन्न परिस्थितियों में और समय–समय पर अनुमाप की जांच की जाए और उसमें आई कमी को दूर कर उसे परिपूर्ण बनाना चाहिये।

परिभाषाएँ

जेनिंग्स : "समाजमिती परिमाण समूह के पारस्परिक सम्बन्धों को प्रकट करने की विधि है।"

उरी ब्रोगफ्रेन ब्रेनर, "वह वद्धति है जिसका उपयोग कर सामाजिक स्तर

संरचना एवं विकास की खोज, वर्णन और मूल्यांकन किया जाता है।"

के. जी. फ्रॅन्झ, "यह एक ऐसी प्रणाली है जिसमें समाज के व्यक्तियों के परस्पर आकर्षण और विकर्षण को मापा जाता है और उसके आधार पर समाज के रूप की खोज और ढांचे को जानने का प्रयास किया जाता है।"

उपरोक्त परिभाषाओं से समाजमिती परिमाणों की निम्नलिखित विशेषताएँ उजागर होती है –

(1) परस्पर सम्बन्धों को प्रकट करने की विधि या तकनीक है।

(2) सर्व–सामान्य रूप में इस आलेख द्वारा अभिव्यक्त किया जाता है।

(3) समूह और समुदायों की विशेषताएँ अधिक स्पष्ट और निश्चित करने में सहायक होती है।

(4) इस प्रणाली का उपयोग कर व्यक्तिगत प्राथमिकताओं को जानना और उसके आधार पर व्यक्ति के लक्षण, मनोवृत्ति और अभिरुचि का विश्लेषण सरल एवं सुगमता से किया जा सकता है।

(5) इस प्रणाली के द्वारा व्यक्ति का समूह में स्थान एवं उससे प्राप्त सम्मान को सुगमता से जाना जा सकता है।

समाजमिती परीक्षण

आधुनिक संशोधन में समाजमिती परीक्षण को लोकप्रियता प्राप्त हुई है। इसका उपयोग कर व्यक्ति की प्राथमिकता को जाना जाता है। इस प्रकार सभी नमूनों की प्राथमिकताएँ जान लेने के बाद उस जानकारी के आधार पर प्राप्त सांख्यिकी आंकड़ों को आलेख में प्रस्तुत करना हेाता है।

कई बार समाजमिती परीक्षण से उपलब्ध जानकारी का प्रमाणीकरण का शुद्धीकरण करने के लिये साक्षात्कार पद्धति का उपयोग करना पड़ता है। इसके गहन अध्ययन करने के लिये "मनो–नाटक" पद्धति का उपयोग करना पड़ता है। "मनो–नाटक" पद्धति में हर एक नमूना या निदर्शन यथार्थ जीवन में जो भी कर रहा है उसे जैसा का तैसा मनो–नाटक में रखना होता है। इस नाट्य–प्रस्तुति के दरमियान नमूनों के चहरों पर के भाव, अभिव्यक्ति, मनोदशा, संवाद, शरीर के अलग–अलग अंगों का संचालन इत्यादि का अध्ययन कर उसके व्यक्तितत्व को निश्चित किया जाता हैं इस व्यक्तित्व को आधार मानकर उसके अन्यों के साथ के व्यवहार का अध्ययन किया जाता है। यह प्रणाली महत्त्वपूर्ण होने के साथ थोड़ी जटिल भी हैं अगर इस प्रणाली के उपयोग में गलती हो जाए तो अध्ययन के विपरीत परिणाम प्राप्त होंगे। बुद्धिमान एवं कुशल संशोधक ही इस का सही उपयोग कर संशोधक के लिये इसे आवश्यक एवं विश्वसनीय परिमाण देने वाली प्रणाली बना पाता है।

समाजमिती परीक्षण के लिये तालिकाओं का उपयोग किया जाता है। लोकप्रियता का मापन करने के लिए निम्नांकित तालिका या सारणी का बहुतायात में .उपयोग किया जाता है –

	अ	आ	इ	ई	इ	कुल
अ						
आ						
इ						
ई						
उ						
कुल						

सारणी में पसन्द के लिये ✓ और नापसन्द गलत × चिन्ह् से अभिव्यक्त किया जाता है। इस पद्धति का उपयोग कर किसे कितनों ने पसन्द किया और किसे कितनों ने नापसन्द किया, इसकी जानकारी आंकड़ों के साथ प्राप्त होगी। जिसे सबसे ज्यादा पसन्द किया गया है वह लोकप्रिय माना जायेगा। जिसे पसन्द का एक मत भी नहीं मिलता उसका अन्यों से व्यवहार अच्छा नहीं है, वह प्रभावहीन एवं स्वार्थी है।

उपरोक्त परीक्षणें से यह स्पष्ट होता है कि समाजमिती अनुमान के आधार पर समूह एवं समुदायों के सदस्यों के मध्य जो परस्पर सम्बन्ध होते हैं उनकी जानकारी संशोधक प्राप्त करता है। इस पद्धति से लोगों के गुण, आदत एवं स्वभाव का स्पष्ट अन्दाज निकाला जाता है। इस पद्धति को आज सभी जगह मान्यता दी गई है क्योंकि इसकी व्यावहारिक उपयोगिता संशोधक के लिंये आवश्यक मानी गई है। इसमें कुछ कमियां है. जैसे –

(1) इस पद्धति को क्रियान्वित करते वक्त छोटी सी भूल निष्कर्ष को सत्य या यथार्थ से दूर ले जाती है।

(2) इस पद्धति का उपयोग कर सभी गुणों का अध्ययन करना अत्यन्त जटिल कार्य हो जाता है।

(3) "समग्र" में अनेक समूह, गुट एवं व्यक्ति होते हैं। उनमें जो परस्पर भिन्नता होती है वह संशोधक के लिये तकलीफदेह होती है उदाहरण के लिए—घूर्त नमूने की दी हुई गलत जानकारी संशोधक को दिशाभूल करती है।

उपरोक्त कमियाँ होने के बावजूद यह पद्धति संशोधक के लिए "वरदान सिद्ध हुई है और वह इसका सफलतापूर्वक उपयोग कर रहा है।

24

केन्द्रीय प्रवृत्ति का मापन

(Measures of Central Tendency)

केन्द्रीय प्रवृत्ति के मापन को सांख्यिकी माध्य या सांख्यिकीय औसत (Statistical Averages) भी कहते हैं।

केन्द्रीय प्रवृत्ति के मापन से संशोधक ऐसे बिन्दु की या केन्द्रीय घटक की जानकारी प्राप्त करता है जिसके इर्द–गिर्द चिपकने की प्रवृत्ति समूह के शेष घटकों की होती है। इसे जानने के लिए सांख्यिकी माध्यों की सहायता लेनी होती है।

संशोधन में जब–जब सामग्री का संक्षिप्त में रूपान्तरण करना आवश्यक हो जाता है तब उसे संकुचित कर एक तत्त्व या कुछ तत्त्वों या चिन्हों में प्रस्तुत किया जता है। इन तत्त्वों या चिन्हों को "औसत" (Average) कहा जाता है और वे सम्बन्धित "चर" के विशेष मूल्य स्पष्ट करते हैं। "औसत विज्ञान" के नाम से भी सांख्यिकी की पहचान की जाती है। राजनीति विज्ञान ने अनेक "औसत" निकालने की पद्धतियाँ स्वीकृत की हैं।

सांख्यिकी में माध्यों का मौलिक महत्त्व हैं और इसीलिए इसे "माध्यों का विज्ञान" भी कहा जाता है। सांख्यिकी माध्य तीन प्रकार से विभाजित किए जा सकते हैं –

(अ) गणितीय माध्य (Mathematical Averages)

(1) समानान्तर माध्य (Arithmetic Mean)

(2) गुणोत्तर या भूमितीय माध्य (Geometric Mean)

(3) हरात्मक या सुसंगत माध्य (Harmonic Mean)

(4) वर्गकरणी माध्य (Qudratie Mean)

(ब) स्थिति अनुसार माध्य (Positional Mean)

(1) बहुलक (Mode)

(2) मध्यका (Median)

(क) व्यावसायिक माध्य (Business Averages)

(1) चल माध्य

(2) प्रगामी माध्य

(3) संग्रथित माध्य

उपरोक्त माध्यों में से राजनीति विज्ञान ने जिनका उपयोग संशोधन में किया है और कर रहा है, वे हैं–

(1) समानान्तर या अंकगणितीय माध्य का मध्यमान (Arithmetic Mean) : अंकगणितीय माध्य निकालने के लिए समग्र से जितनी भी संख्याएं हैं उनकी आवश्यकता होती है। समग्र में अगर कुल संख्याएं सीमित हों तो यह पद्धति सहज और सुलभ हो जाती है। माध्य निश्चित करने के लिए सारणी का उपयोग किया हो तो काम सरल हो जाता है।

उदाहरण (1)—

15, 20, 25, 30, 35 ये पांच अंक क्रम में दिए गये है –

$$\text{माध्य} = \frac{15+20+25+30+35}{5} = \frac{125}{5} = 25$$

इनका माध्य 25 है।

उदाहरण (2) - रामगांव में 1,000 परिवार रहते है। हर परिवार को कितना दूध लगता है इसका सर्वेक्षण किया गया। सर्वेक्षण में प्राप्त आंकड़े सारणी में दिए गए है।

सारणी

दूध (लीटर में)	परिवार की संख्या	दूध × (परिवार संख्या)=लीटर
1	600	600
2	250	500
3	100	300
4	050	200
	1,000	1,600 लीटर

रामगांव के 1,000 परिवारों को हर रोज 1,600 लीटर दूध लगता है।

$$\text{माध्य या औसत} = \frac{\text{सभी परिवारों को लगने वाला दूध}}{\text{परिवारों की संख्या}}$$

माध्य या औसत = 1,600/1,000 = 1.6 लीटर

रामगांव के प्रत्येक परिवार को सामान्यतः 1.6 लीटर दूध लगता है।

(2) बहुलक या भूमिष्ठक (Mode)

किसी साधारण क्रमिकता में बहुलक वह होता है जो मापन में अनेको बार प्रकट होता है। बहुलक को मूल्यों की श्रेणी का सबसे अधिक प्रतिरूपी माना जाता है। विदर्भ में कांग्रेस की सर्वाधिक मतदाता मतदान करते है अर्थात विदर्भ में कांग्रेस का बहुलक है। सामान्य शब्दों में, बहुलक बहुमत का पर्यायवाची है।

बहुलक का संकेत अक्षर Z है। इसकी गणना दो प्रकार से की जाती है।

(1) निरीक्षण द्वारा

(2) समूहन द्वारा

(1) निरीक्षण द्वारा : एम. फिल. राजनीति विज्ञान के 10 विद्यार्थियों को क्रमशः 12, 13, 6, 8, 12, 15, 17, 12, 12 और 14 अंक मिले हैं। इनका बहुलक निकालने के लिए इन्हें बढ़ते क्रम में रखना होगा। जो इस प्रकार – 6, 8, 12, 12, 12, 12, 13, 14, 15 और 17। इस क्रमिकता में यह स्पष्ट हो जाता है कि 12 अंक प्राप्त करने वाले विद्यार्थियों की संख्या अधिक है अतः 12 इनका बहुलक है।

(2) समूहन द्वारा : एक राज्य के नागरिकों में निम्न विचारधारा वाले लोगों का प्रतिशत दिया गया है। वहां का बहुलक किस विचाराधारा का समर्थन करता है।

बहुलक निकालने के लिए उपरोक्त जानकारी का समूहन नीचे दी गई तालिका में किया जाता है :

विचारधारा	कट्टर पूंजी वादी	उदार पूंजी वादी	तटस्थ (मध्य-मार्गी)	उदार समाज-वादी	कट्टर साम्य-वादी	साम्य-वादी
नागरिकों का प्रतिशत	10	20	15	20	20	15

विचारधारा	आवत्तियां							
	1	2	3	4	5	6	7	8
कट्टर पूंजीवादी	10						—	0
		30						
उदार पूंजीवादी	20						II	2
तटस्थ	15		35	45			III	3
		35						
उदार समाजवादी	20				55		卌I	6
कट्टर समाजवादी	20		40	55		55	卌	5
		35						
साम्यवादी	15						II	2

पहले खाने में आवृत्तियाँ, दूसरे खाने में दो–दो आवृत्तियों का योग, तीसरे खाने में पहली संख्या छोड़ दो–दो आवृत्ति का जोड़, चौथे खाने में तीन–तीन आवृत्तियों का योग, पांचवें खाने में और छठें खाने में 1 एवं 2 आवृत्ति छोड़कर तीन–तीन आवृत्तियों का जोड़, सातवें खाने में प्रत्येक आवृत्ति में सम्बन्धित योग जितनी बार आता है इसकी मिलान रेखाएं खीचीं जाती है। आठवें खाने में इन रेखाओं का योग लिखा जाता है। जिस आवृत्ति के आगे सर्वाधिक रेखा होती है, वहीं बहुलक होता है। सारणी से स्पष्ट होता है कि राष्ट्र का बहुलक उदार समाजवादी है।

(3) **मध्यका या मध्यांक** (Median)

केन्द्रीय प्रवृत्ति का औसत निकालने की यह एक महत्त्वपूर्ण तरीका है। मध्यका चरों के औसत माप पर वह बिन्दु है, जो चरों के कुल जोड़ को दो समान भागों में बांटता है।

उदाहरण – 15, 20, 25, 30, 35 इनका मध्यांक निकालना हो तो इनका

जोड़ करें, वह 125 आता है। इसे 2 से भाग दें तो मध्यांक आएगा = 62.5।

राजनैतिक मूल्य, विचारधारा, सम्पन्नता आदि का माध्य ज्ञात करने के लिए मध्यका सर्वोत्तम माना जाता है।

माध्य, बहुलक एवं मध्यक के गुणधर्म

माध्य या मध्यमान के गुणधर्म

(1) राजनीति विज्ञान में "माध्य" का उपयोग प्रचुर मात्रा में किया जाता है। "माध्य" निकालना सरल एवं सुलभ होता है। "माध्य" संशोधकों में बहुत प्रचलित है।

(2) क्रमिकता में लिए गये प्रत्येक घटक का "माप" उस क्रमिकता के मूल्य को प्रभावित करता है।

(3) बीजगणित की दृष्टि से मध्यमान मध्यांक एवं बहुलक से श्रेष्ठ है।

बहुलक के गुणधर्म

(1) बहुलक स्थिति दर्शक औसत है और सिरों के मूल्य से प्रभावित नहीं होता।

(2) बहुलक निश्चित करना एक दुष्कर काम है।

(3) बड़े नमूनों का उपयोग करते वक्त उन में खुलकर दिखने वाली प्रवृत्ति के मापन के लिए प्रयोग में लायी जा सकती है।

(4) बीजगणित की दृष्टि से यह उपयोग की नहीं।

मध्यम या मध्यांक के गुणधर्म

(1) क्रमिकता के दोनों सिरों के घटकों के अंकात्मक प्रतिरूप मध्यका को प्रभावित नहीं कर सकते।

(2) गणित की दृष्टि से सरल है।

(3) मध्यमान की तुलना में कम स्तर का एवं बीजगणित की दृष्टि से परिपूर्ण नहीं है।

निष्कर्ष

केन्द्रीय प्रवृत्ति के मापन में अनेक पद्धतियों का उपयोग किया जाता है। "माध्यम" या मध्यमान को राजनीति विज्ञान के अलावा सामाजिक विज्ञान के अनेक विषयों के संशोधकों में लोकप्रियता प्राप्त है क्योंकि "माध्य" को आलेख, सारणी एवं तालिका के माध्यम से अभिव्यक्त किया जाता है, इसीलिए इसे मध्यांक एवं बहुलक की सूचना में अधिक महत्त्व प्राप्त हुआ है।

राजनीति विज्ञान में अध्ययन का केन्द्र "औसत" या "सामान्य" व्यक्ति होता है। इसी "आम" आदमी को केन्द्र मानकर सभी योजनाएं एवं कार्यक्रम बनाकर

कार्यान्वित किए जाते हैं। आम जनता की आवश्यकताएं एवं उनकी पूर्ति के इर्द–गिर्द ही राज्य का शासन एवं राजनीति मंडराती रहती है। शासन एवं राजनीति की गतिविधि को समझने एवं उसका मूल्यांकन करने के लिए इसके केन्द्रीय प्रवृत्ति के माप का अध्ययन जरुरी हो जाता है। केन्द्रीय प्रवृत्ति के मापन के बाद ही संशोधन में अगले चरण पर पहुंचा जा सकता है। इसलिए हर एक संशोधक की इसमें महारत हासिल करना आवश्यक हो जाता है।

25

अपकिरण
(Dispersion)

निरपेक्ष समानता एक काल्पनिक संकल्पना है जो मनुष्य के व्यवहार–जगत में दिखाई नहीं देती। समग्र से चुन हुए निदर्शक या नमूना एक श्रेणी या एक वर्ग से लिए जाते हैं। चुने हुए नमूने समान हैं ऐसा मान लिया जाता है किन्तु यथार्थ में एक नमूना अन्य नमूनों से भिन्नता रखता ही है। नमूनों में जो पद मूल्य की भिन्नता होती है उसका मापन संशोधन में आवश्यक है। एक नमूने के पदमूल्य से दूसरे नमूने के पदमूल्य में जो अन्तर है, उसका माप ही अपकिरण है।

अंग्रेजी के Dispersion शब्द के लिए हिन्द में "अपकिरण" शब्द का उपयोग किया जाता है। Disperse शब्द से 'Dispersion' संज्ञा का निर्माण किया गया है।

सैन्य–विज्ञान में अनेक आदेश–सूचक संज्ञाओं का उपयोग किया जाता है। उदाहरण को लिये फॉल–इन, अटेन्शन, स्टॅंड–अंट इज, डिसपर्स आदि। राजनीति विज्ञान ने डिसपर्स को सैन्य–विज्ञान से आत्मसात करने वक्त सैनिकी अर्थ से अलग अर्थ दिया गया किन्तु इस अर्थ में भी मूल अर्थ प्रतिध्वनित होता दिखाई पड़ता है।

सेना में "फॉल–इन" का आदेश देते ही सभी सैनिक एक साथ "परेड" के लिए पंक्तिबद्ध होते हैं। कमाडर का हर आदेश उन सभी सैनिकों के लिए समान है और सभी सैनिक कमांडर के लिए समान हैं। सैनिकों में जो समानता है वह "फॉल–इन" के आदेश ने निर्माण की है। कमांडर "परेड" समाप्त करने के लिए "डिसपर्स" का आदेश देता है–"फॉल–इन" से जो कृत्रिम समानता सैनिकों में लागू की गई थी उसे समाप्त कर वे सैनिक कहीं भी जाने के लिए स्वतंत्र हो जाते हैं। इसके साथ ही वे व्यक्तिगत स्तर पर "परेड–पूर्व" की स्थिति पर पूर्व–प्रस्थापित हो जाते हैं। सैनिकों का व्यक्तिगत स्तर पर अध्ययन करें तो वे परस्पर में भिन्न है यह स्पष्ट हो जाता है। अतः सैनिकों में व्यावसायिक–सेना से सम्बन्धित

समानता को अलग रखें तो अन्य क्षेत्रों में उनके व्यवहार अलग–अलग दिखलाई पड़ते हैं।

राजनीति विज्ञान ने सैन्य–विज्ञान से अनेक शब्द, संकल्पनाएँ, उपकल्पनाएँ, सिद्धांत एवं संज्ञाएँ ली हैं, उन्हीं में से एक हैं Dispersion या अपकिरण। आधुनिक राज्यों ने "समानता" की स्वीकृत किया है किन्तु यह समानता कानून के समक्ष है या इसे "वैधानिक" कहते हैं। पृथ्वी पर कहीं भी संपूर्ण अर्थ में समानता लागू नहीं है इसीलिए "निरपेक्ष समानता" यह एक काल्पनिक संकल्पना है जो मानव–समाज में कहीं भी नजर नहीं आती।

राजनीति–विज्ञान का संशोधक अपने "समग्र" में से नमूनों का चुनाव करते वक्त यही अपेक्षा करता है कि "चुने हुए सभी नमूने समान हों।" उदाहरण के लिए–कर्मचारियों के राजकीय अध्ययन के लिए 10 साल की शासकीय सेवा पूरी करने वाले कर्मचारियों में से दैवसंयोग (Random) नमूना पद्धति का उपयोग कर 10 नमूनों का चुनाव किया गया। इन 10 कर्मचारियों का वेतन, काम के घंटे, सुविधा आदि मं जो समानता दिखलाई पड़ती है वह निरपेक्ष समानता नहीं है। ये 10 कर्मचारी व्यवसाय की दृष्टि से समान हैं किन्तु यह समानता "आभास" है, "कृत्रिम" है और इसे निरपेक्ष या वास्तविक समानता समझना कितना गलत है यह उन 10 नमूनों के गहन और सूक्ष्म अध्ययन से प्रकट हुई। उनमें उपलब्ध भिन्नता से स्पष्ट हो जाता है। इन 10 नमूनों में हर एक नमूने का पदमूल्य एक दूसरे से अलग है भिन्न है। इस पदमूल्य की भिन्नता के आधार पर उन्हें क्रम दिया जाता है और एक "सम्यक श्रृंखला" का निर्माण अपने आप हो जाता है। यह सम्पर्क–श्रृंखला जिस "समग्र" का प्रतिनिधित्व कर रही है उसके केन्द्रित प्रवृत्ति का "माप" लेना आवश्यक हो जाता है। सम्यक श्रृंखला के एक पद (कड़ी) से दूसरे पद (कड़ी) के बीच का जो अन्तर है, उसका जो "माप" (Measure) है उसे ही "अपकिरण" (Dispersion) कहते हैं।

"अपकिरण" को जानने के लिए जो पद्धतियां उपलब्ध हैं, उनमें से नीचे दी गई पद्धतियाँ प्रमुख हैं –

(1) सीमा रीति (Method of Limits)
(2) विचलन माध्य रीति (Method of Averaging Deviation)
(3) बिन्दुरेखीय रीति (Graphic Method)

(1) सीमा रीति – चुने हुए 10 नमूनों को प्रतिमाह वेतन रु. 3,000 है। यह केवल वेतन की समानता है। वे 10 नमूने एक ही वर्ग के होने से यह समानता दिखती है पर यथार्थ में वेतन समान नहीं है क्योंकि कि इन 10 नमूनों में से एक नमूने पर तीन व्यक्तियों के भरणपोषण की जिम्मेदारी है तो अन्य एक पर सात व्यक्तियों के भरण–पोषण की जिम्मेदारी है।

कर्मचारी नमूना

(1) पहला+3 व्यक्ति=4 व्यक्तियों के लिए रु 3000 अर्थात 4 पर समान खर्च माने प्रति व्यक्ति पर रु 750/- खर्च।

(2) दूसरा+7 व्यक्ति = 8 व्यक्तियों के लिए रु 3000 अर्थात 8 पर समान खर्च माने प्रति व्यक्ति पर रु 375 /- खर्च।

पहला नमूना कर्मचारी परिवार के हर एक सदस्य पर खर्च करने की सीमा रु 750 है। तो दूसरे में नमूना कर्मचारी की खर्च करने की सीमा रु 375 है। इन दोनों नमूनों द्वारा परिवार के हर सदस्य पर किए जाने वाले खर्च में जो अन्तर है उसका माप ले तो रु 750-रू. 375= रू. 375 आता है अर्थात् रु 375 अपकिरण है।

(2) विचलन माध्य रीति – आज आदमी को खाना, रहना, कपड़ा आदि पर रु 250 खर्च आता है। प्राप्त उत्पन्न से कितने व्यक्तियों पर खर्च किया जा रहा है इसे आधार बनाकर विचलन माध्य निकाला जाता है। उदाहरण – तीन चुने हुए नमूना कर्मचारियों का प्रतिमाह वेतन रु 3000।

पहला कर्मचारी 4 सदस्यों पर यह वेतन खर्च करता है। अतः प्रति व्यक्ति खर्च रु 750 अत्यावश्यक खर्च रु 250 = रु 500/- होते हैं। यह रू. 500 अत्यावश्यक खर्च की दो गुनी राशि वह कुटुम्बीय सदस्य पर खर्च कर रहा है। यह 500 रू. प्रति व्यक्ति पर खर्च उनका जीवन अधिक आरामदेह बनाने के लिए, उनके रहने के स्तर में सुधार में दृष्टिगोचर होता है।

दूसरा नमूना कर्मचारी – उसे प्रतिमाह रु 3000 वेतन कुटुम्ब के 12 सदस्यों पर खर्च करना है, यह खर्च समान माना जाय तो प्रति सदस्य वह रु 250/- खर्च कर रहा है। यह नमूना केवल अत्यावश्यक खर्च ही वेतन से कर पा रहा है।

तीसरा नमूना कर्मचारी – उसे मिलने वाला प्रतिमाह वेतन रु 3000 कुटुम्ब के 20 सदस्यों पर खर्च कर रहा है। इसका ही मतलब होता है वह प्रति सदस्य रु 150 खर्च कर रहा है। यह कर्मचारी अपने वेतन से कुटुम्ब के प्रत्येक सदस्य पर अत्यावश्यक खर्च की राशि रु 250 खर्च नहीं कर सकता, अतः उसे अत्यावश्यक खर्च के अनेक वस्तुओं में कटौती करना पड़ता है, इसका प्रभाव उस कुटुम्ब के खाने एवं रहने के स्तर में गिरावट में देखा जा सकता है। इस कुटुम्ब को अगर औसत स्तर पर आना हो तो आय बढ़ाना आवश्यक हो जाता है।

(1) पहला नमूना – प्रत्येक कुटुम्बीय सदस्य पर व्यय रु 750
(2) दूसरा नमूना – प्रत्येक कुटुम्बीय सदस्य पर व्यय रु 250
(3) तीसरा नमूना – प्रत्येक कुटुम्बीय सदस्य पर व्यय रु 150

पहला नमूना और दूसरा नमूना के बीच जो अन्तर है वह है रु 500 इसका

ही मतलब है उनके बीच विचलन रु 500 है। इसी प्रकार दूसरे और तीसरे नमूने के बीच विचलन रु 100 है। पहले एवं तीसरे नमूने के मध्य का जो विचलन है वह रु 600 है।

(4) बिन्दु-रेखीय रीति – बिन्दु रेखीय रीति में अपकिरण को आलेख में अभिव्यक्त किया जाता है। अपकिरण ज्ञात करने के लिए एक ही आलेख में रेखाएँ अंकित की जाती है। इन दोनों रेखाओं के मध्य के अन्तर का माप लिया जाता है। यह माप ही अपकिरण होता है।

अपरिकण की स्पष्टता से अध्ययन के लिए हुए नमूनों में जो भिन्नता होती है वह प्रकट की जाती हैं। "निरपेक्ष समानता" किस तरह आभास निर्माण करती है और "वैधानिक समानता" मानवीय मूल्यों को सहेजने के लिए किस तरह प्रयत्न कर रही है और उसकी सफलता या असफलता कौन–कौन सी, इसकी "अनुभूती" और "सजम" अपकिरण व्यक्त करती है।

राजनीति विज्ञान के विद्यार्थी यह अच्छी तरह से जानते हैं कि "समानता" और "स्वतंत्रता" में कटौती कर ही उन्हें एक साथ लागू किया जाता हैं अन्यथा वे परस्पर–पूरक नहीं हो सकते। राजनीति विज्ञान का संशोधक व्यक्ति–व्यक्ति, रहिवासी–रहिवासी, नागरिक–नागरिक में जो भिन्नता या अन्तर होता है उसे अपकिरण से अधिक सशक्त रूप में अभिव्यक्त कर सकता है। इसी तरह संस्था–संस्था, शासन–शासन, संघटन–संघटन, राज्य–राज्य के बीच की भिन्नता भी "अपकिरण" से अभिव्यक्त कर सकता है। इसीलिए "अपकिरण" को संशोधन महत्त्वपूर्ण स्थान प्राप्त हुआ है।

26

सूची–अंक निर्माण

(Index Construction)

मौलिक एवं उलझे सम्बन्धों का अभिज्ञान एवं मापन के लिए सूची–अंक का उपयोग आवश्यक हो गया है। सामाजिक विज्ञान के किसी भी विषय में जटिल एवं महत्त्वपूर्ण समस्या–परिस्थिति का मापन करने के लिए अनेक "सूची–अंकों" का उपयोग किया जाता है।

पी. व्ही. यंग के अनुसार "सूची–अंक" एक अवलोकन योग्य साधारण घटना है जिसका उपयोग इस घटना के परीक्षण योग्य जटिल स्वरूप का मापन करने के लिए किया जाता है।" स्मिड ने "सूची–अंक" के अनेक गुणों का वर्णन किया है, इसमें से प्रमुख गुण नीचे दिये गये हैं –

(1) विषय से जुड़ी है।

(2) गिनती एवं मात्राओं में अभिव्यक्त कर सकते हैं।

(3) विषय को स्पष्ट एवं परिभाषित करने की इसमें क्षमता है।

(4) समुदाय प्रणाली को सत्यरूप में प्रस्तुत करने की इसमें क्षमता है।

(5) सभी प्रकार का अध्ययन में प्रमाणिकता से कार्यान्वित की जाती है।

(6) सूची–अंक के कुछ आदर्श है।

(7) अगर अध्ययन में आंकड़े अधिक हों तो दो या अधिक सूची–अंकों का उपयोग कर सकते हैं।

सूची–अंकों में उपरोक्त गुणों के होने के बावजूद उसका उपयोग कर सफलता एवं असफलता का किया हुआ मापन सही है, इस बाबत संदेह व्यक्त किया है। पाऊलिन यंग और राजनीति के अनेक विद्वानों ने यह प्रश्न उपस्थित किया का है।

आज सामाजिक–आर्थिक स्तर का मापन करने के लिए सूची–अंकों का उपयोग बहुतायात में किया जा रहा है। उलझी हुई समस्या का निष्कर्ष निकालने

के लिए एक सूची–अंक का उपयोग पर्याप्त नहीं है। अतः अनेक सूची–अंकों का प्रयोग एक साथ करना संशोधक के लिये आवश्यक हो जाता है। उदाहरण अध्ययन में जन्म, जाति, शिक्षा, व्यवसाय, आदत, अपराध आदि का मापन करना हो तो प्रत्येक के लिये एक–एक सूची–अंक उपयोग में लाया जाता है।

राजनीति विज्ञान में अध्ययन के लिये अनेक सूची–अंकों का उपयोग किया जाता हैं कुछ महत्त्वपूर्ण सूची–अंक निम्न है –

(1) अन्तःक्रिया सूचक अंक या निर्देशांक (Index of Interaction)
(2) सामाजिक स्थिरता निर्देशांक (Social Stability Index)
(3) सामाजिक स्थिति निर्देशांक (Social Status Index)
(4) सामाजिकता सूचकांक का निर्देशांक (Sociation Index)
(5) एकता मापक निर्देशांक (Cohesion Index)

(1) अन्तक्रिया सूचक-अंक : व्यक्तियों में जो परस्पर आकषर्ण–विकर्षण होता है उसका गणितीय पद्धति से मापन करने के लिए अन्तक्रिया सूचक अंक का उपयोग किया जाता हैं इस में मापन का मुख्य आधार सम्भावित अधिमान (Probable Choices) होता है।

इस प्रणाली में अध्ययन के लिये गये प्रत्येक व्यक्ति अपनी स्वीकृति या अस्वीकृति देते हैं। उदाहरण–एम. फिल. (राजनीति विज्ञान) के दस छात्रों को यह पूछा जाए कि वे उन छात्रों के नाम बताएँ जिन्हें वे मन से चाहते और स्वीकृति देते हैं। इसमें चुनाव संख्या संभावित या अधिकतम चुनाव संख्या के बराबर या कम भी हो सकती है। पसंदगियों की संभावित या अधिकतम संख्या का पता लगाने के लिए सूत्र $n^2 - n$ लागू किया जाता है।

20 छात्र पसन्द वाले है, तो अधिकतम स्वीकृतियाँ $n^2 - n$ माने $10^2 - 10 = 100 - 10 = 90$ हो सकती है जिसमें हर छात्र दूसरे छात्र को पसन्द करे।

यदि चुनने वाले 10 है तथा कुल पसन्दगियाँ 30 है तो अन्तःक्रियाओं का निर्देशांक इस प्रकार होगा –

$$\text{सूत्रः—अन्तक्रिया सूचकांक} = \frac{\text{कुल दी गई स्वीकृत्तियां} \times 100}{n^2 - n}$$

$$= 30 \times 100/100 - 10 = 3{,}000/90$$

$$= 100/3 = 33.3$$

अतः अन्तक्रिया सूत्रकार 333 होगा।

(2) सामाजिक स्थिरता निर्देशांक

हर्ट शोर्न (Hart Shorne) ने समूह की स्थिरता मापने के लिये सामाजिक स्थिरता निर्देशांक प्रणाली का विकास किया है। सामान्यतः समूह के सदस्यों में

स्थिरता नहीं होती। वे परिस्थितिनुसार एक समूह की सदस्यता छोड़ दूसरे समूह की सदस्यता प्राप्त करते हैं और यह व्यवहार जिरंतन "आगमन–निर्गमन" की प्रक्रिया बन जाती है। इसका प्रभाव एवं परिणाम समूह की संरचना एवं उद्देश्यों पर पड़ता है। अतः समूह के सदस्यों के इस परिवर्तन और स्थिरता की मात्रा को मापने के लिये एक सूत्र का प्रतिपादन किया गया है जो इस प्रकार है –

$$\text{सामाजिक स्थिरता निर्देशांक} = \frac{2\text{र}}{\text{ग}_1+\text{ग}_2} \times 100$$

ग_1 = प्रथम अवलोकन के समय समूह का आकार

ग_2 = द्वितीय अवलोकन के समय समूह का आकार

र = दोनों अवलोकनों में पाए गए व्यक्ति

उदाहरण – राजनीति का एम. ए. (भाग 1) वर्ग में

$\text{ग}_1 = 33$

$\text{ग}_2 = 37$

र = 21

एम. ए. (भाग 1) का

सामाजिक स्थिरता निर्देशांक निकालने के लिये सूत्र :

$$\frac{2\text{र}}{\text{ग}_1+\text{ग}_2} \times 100$$

$$= \frac{2\times21}{3+37} \times 100$$

$$= \frac{42}{70} \times 100 = \frac{4200}{70} = 60$$

एम. ए. (भाग 1) (राजनीति विज्ञान) वर्ग का सामाजिक स्थिरता निर्देशांक 60 होगा।

(3) सामाजिक स्थिति निर्देशांक : यह एक ऐसा निर्देशांक है जिसकी सहायता से व्यक्ति के सामाजिक स्तर का पता लगाया जा सकता है कि उसका समाज सीढ़ी में क्या स्थान है? उदाहरण – राजनीति विज्ञान ने समाज को चार राजकीय स्तर में विभाजित किया है :

(1) श्रेष्टीन,

(2) सत्ताशोधक,

(3) राजकीय वर्ग, एवं

(4) अराजकीय वर्ग।

इन चार स्तरों में से जिस स्तर में व्यक्ति आता है उसी के अनुसार वह समाज में स्थान पाता है।

इस प्रणाली का विकास जेलेनी ने किया है। जेलेनी एवं उसके पश्चात् राजनीति विज्ञान के संशोधकों ने इसका अधिकाधिक उपयोग किया एवं कर रहे हैं और इसी वजह से इसका महत्त्व बढ़ता गया। आज इस प्रणाली को सामाजिक विज्ञान के अन्तर्गत आने वाले सभी विषयों ने आत्मसात् किया है। अतः इसकी लोकप्रियता में लगातार वृद्धि हुई है।

(4) सामाजिकता सूचकांक या निर्देशांक : एल. डी. जेलेनी (L. D. Zeleny) ने इस निर्देशांक की रचना की है। निर्देशांक निकालने के लिये जो विधि अपनायी जाती है उसके अनुसार प्रत्येक सदस्य को दूसरे सदस्यों के लिये पसन्दगी, नापसन्दगी या तटस्थता लिखने को कहा जाता है। साथ में उसे यह भी कहा जाता है कि वह पहली पांच स्वीकृतियाँ तथा अनितम पाँच स्वीकृतियाँ स्पष्ट रूप में व्यक्त करें। पहली पाँच स्वीकृतियाँ वाले व्यक्ति पसन्द पक्ष के होंगे और उन्हें +.5 अंक प्रदान किये जाएंगे। अन्तिम पाँच अस्वीकृतियाँ वाले व्यक्ति नापसन्द पक्ष के होंगे और उन्हें – .5 अंक प्रदान किये जायेंगे। इसके बाद दिये गये अंकों को जोड़कर उनका औसत (Average) निकाला जाता है। व्यक्ति का निकाला हुआ औसत ही उसका सामाजिकता सूचकांक है।

(5) एकतामापक निर्देशांक : वर्ग की एकता का माप करने के लिये एकतामापक निर्देशांक का उपयोग किया जाता है। वर्ग पर आन्तरिक एवं बाह्य दोनों लोगों का असर पड़ता है। परिणामस्वरूप वर्ग संघटित हो जाता है और विघटित। इस निर्देशांक द्वारा बाह्य तत्त्वों के प्रभाव का पता लगाया जा सकता है कि इन्होंने वर्ग पर कितना प्रभाव डालकर इसको पक्ष में कर लिया। उदाहरण के लिये एक वर्ग में सभी लोग अपने वर्ग के अन्दर वाले सदस्यों को पसन्दगियाँ देते हैं तो यह स्पष्ट हो जाता है कि वर्ग में कोई गुट मौजूद नहीं है अर्थात् उनमें उच्च कोटि की एकता विद्यमान है। यदि इस वर्ग के लोग अपनी पसन्दगियाँ या स्वीकृतियाँ बाहर दे देते हैं तो हम यही कहेंगे कि उस वर्ग के लोगों में आन्तरिक एकता का अभाव है। इस निर्देशांक को दो तरह के अनुपातों की तुलना करके प्राप्त किया जा सकता है। एक आन्तरिक वर्ग को मिलने वाली पसन्दगियों का उस वर्ग के सभी व्यक्तियों के अनुपात से, दूसरी बाहर जाने वाली और बाहर से प्राप्त होने वाली पसन्दगियों या स्वीकृतियों के अनुपात से इस निर्देशांक को प्राप्त किया जा सकता हैं। बाहर से अधिक संख्या में आने वाली पसन्दगियों का अभिप्राय यह है कि वर्ग में एकता है, लेकिन उसी अनुपात से स्वीकृतियाँ बाहर चली जाएँ तो एकता में कमी या अभाव है।

एकतामापक निर्देशांक निकालने के लिये आज एल. फिल्ड (L. Field) द्वारा संशोधित सूत्र का उपयोग किया जाता है।

$$\frac{\frac{Ca}{Ni} + \frac{Ca}{Ni}}{\frac{Co}{No} + \frac{Ci}{Ni}}$$

जहां

Ca = आन्तरिक वर्ग के व्यक्तियों के द्वारा प्राप्त पसन्दगियाँ।
Ci = आन्तरिक वर्ग को बाहर से प्राप्त होने वाल पसन्दगियाँ।
Co = आन्तरिक वर्ग के व्यक्तियों की बाहर जाने वाली पसन्दगियाँ।
Ni = आन्तरिक वर्ग के व्यक्तियों की संख्या।
No = बाह्य वर्ग के व्यक्तियों की संख्या जिन्हें आन्तरिक वर्ग द्वारा प्राप्त पसन्दगियाँ।

उपरोक्त पांच निर्देशांकों के अलावा अन्य प्रकार के निर्देशांकों का भी निर्माण किया जाता है। निर्देशांकों के आज की राजनीति में लोगों का दलों के प्रति आकर्षण – विकर्षण, लगाव, अलगाव, विश्वास–अविश्वास का मापन करने के लिए किया जाता है। इससे राजनीति की गतिविधियाँ, लोकमत, जागरुकता आदि का पता लगाया जाता है।

मापन या परिमाण की विभिन्न पद्धतियों द्वारा विश्लेषण सरलता से किया जा सकता है। इसीलिये "सूची–अंक" पद्धति का उपयोग संशोधन में लोकप्रिय एवं महत्त्वपूर्ण हो गया है।

27
संकेतीकरण
(Coding)

आधुनिक संशोधन में संकेतीकरण को महत्त्वपूर्ण स्थान प्राप्त है। संकेतन का उपयोग पहले से सेना में प्रशासनिक सेवा में किया जाता रहा है, और इन सेवाओं में संकेतन के उपयोग से प्रभावित होकर संशोधकों ने संकेतीकरण को संशोधन में स्वीकार किया। संकेतीकरण के उपयोग से संशोधन कार्य की कुशलता में वृद्धि हुई और समय की भी बचत हुई। संशोधन में शुद्धता अधिक प्रमाण में आये इसलिये संकेतीकरण प्रणाली का उपयोग संशोधक करने लगे। संकेतन प्रणाली में तथ्यों को संकेतन संख्या दी जाती है, इन संख्याओं को गिनकर किस वर्ग में कितनी "वस्तु" (Item) संख्या है यह कह सकते हैं। संकेतन प्रणालीनुसार सावधानीपूर्वक किया गया संकेतीकरण संशोधन की सम्पत्ति मानी जाती है।

पी. व्ही. यंग – "तथ्यों को प्रस्तुत करने के लिये संकेतीकरण में वर्ग अथवा श्रेणी की निर्मिती करके उनको संकेत अथवा चिन्ह् दिये जाते हैं।"

सेलिज, जहोदा, डयूस और **फक** – "संकेतीकरण ऐसी प्रविधि है जो तथ्यों की श्रेणीबद्ध करती हैं संकेतीकरण द्वारा कोरे तथ्यों को संकेतों में रूपान्तर करके साधारणः अंकों में सारणीबद्ध किया जाता है और उनका मापन भी कर सकते हैं।"

गुडे और हॉट्ट – "संकेतीकरण ऐसी प्रक्रिया है जिसके द्वारा तथ्यों को वर्गों में संकलित किया जाता है, उसके प्रत्येक घटक को वर्गानुसार अंक अथवा चिन्ह् दिये जाते है। इन अंकों और चिन्हों का मापन करके प्रत्येक वर्ग में कितने घटक हैं यह बता सकते है। परन्तु इसकी मूलभूत प्रक्रिया वर्गीकरण की है।"

उपरोक्त परिभाषाओं से ऐसा स्पष्ट होता है कि संकेतीकरण पूर्णतः वर्गीकरण पर आधारित वर्गीकरण के बाद की प्रक्रिया है।

संकेतीकरण की प्रमुख विशेषताएं निम्नलिखित हैं :

(1) संकेतीकरण यह तथ्यों को वर्गों में संकलित करने वाली प्रक्रिया है।

(2) संकेतीकरण हुई प्रत्येक वस्तु को वर्गानुसार संकेत अथवा चिन्ह् अथवा अंक प्रदान करती है।

(3) अपरिष्कृत तथ्यों को भी संकेतों में रूपांतरिक करके सारणीबद्ध करती है और ऐसे तथ्यों का भी मापन भी कर सकते हैं।

(4) तथ्यों को विभिन्न वर्गों में वर्गीकृत करती है। संकेतीकरण तभी लाभदायक रहता है जब–

(अ) पर्याप्त उत्तरदाताओं की संख्या और तथ्य सामग्री के साधन अध्ययन के लिए उपलब्ध हैं।

(ब) पर्याप्त जानकारी और तथ्य प्राप्त हो इतनी संख्या में प्रश्न पूछे गए हों।

(स) संशोधन के गहन, जटिल और सांख्यिकी प्रश्नों को हल करने के लिये लागू की गई प्रक्रिया को सफल करती है।

संकेतीकरण यह संशोधन को किसी भी व्यवस्था में लागू कर सकते हैं। प्रश्नवली पद्धति में पूछे गये प्रश्नों के उत्तर 'हां' अथवा 'नहीं' में प्राप्त हों तो उनका अत्यधिक सरलता से अथवा प्राप्त हुए उत्तरों का अथवा तथ्य सामग्री का स्वयं संकेतीकरण कर सकते हैं और उनको सारणीबद्ध भी जल्दी कर सकते हैं।

संकेतीकरण के लाभ

(1) अध्ययन में अचूकता लाने के लिये उपयोगी रहती है।

(2) समय और स्थान की बचत करती है।

(3) पुनःसारणीयन से मुक्ति मिलती है अथवा पुनर्सारणीयन के लिये कम श्रम करना पड़ता है।

(4) संशोधक के अधिकाधिक श्रम की बचत करने का प्रयत्न करती है।

संकेतीकरण में विश्वसनीयता की समस्या

संकेतीकरण करने वाले के निर्णय को प्रभावित करके उसे योग्य मार्ग से पदच्युत करने वाले अनेक तत्त्व हैं। जिन तथ्यों को संकेतीकरण किया जा रहा है वे तथ्य की संकेतीकरण करने वाले को दिग्भ्रमित करते है अथवा अनेक संकेतीकरण करने वाले की गलती से विश्वसनीयता की समस्या पैदा होती है। अनेक कारणों में से सर्वसाधारण रूप से प्रत्येक संशोधक को निम्नलिखित दो कारण अन्यों की अपेक्षा परेशान करते हैं क्योंकि इन कारणों के फलस्वरूप आने वाली कमी संशोधन को अर्थहीन बना देती है।

(1) तथ्य जब अपर्याप्त हों तब संकेतीकरण विश्वसनीय नहीं हो सकता।

(2) जब तथ्यों को संकलन करने की योग्य पद्धति उपलब्ध न हो अथवा पूछे जाने वाले प्रश्नों की संख्या और विस्तार पर्याप्त न हो अथवा तथ्य

संकलनकर्ता प्रशिक्षित न हो तब संकेतीकरण विश्वसनीय नहीं बन सकता।

उपरोक्त दो और आगे आने वाली विश्वसनीयता सम्बन्धित अन्य समस्याओं को व्यावहारिक और यथार्थ के स्तर पर हल करके वर्तमान कमी दूर करनी चाहिये और फिर संकेतीकरण करना चाहिये।

संकेतीकरण में संशोधन के लिये आवश्यक सम्पूर्ण तथ्य सामग्री समाविष्ट रहती हैं और इसलिये लिखित कार्य करते समय जो कुछ लिखा जाये वह स्पष्ट और सुवाच्य अक्षरों में होना चाहिए। प्रश्नावली, अनुसूची, साक्षात्कार एवं प्रतिवेदन में दी गई जानकारी वाचक और संकेतीकरण करने वाले की दृष्टि से ज्ञेय होनी चाहिये। संकेतन में वर्ग अथवा श्रेणी की स्पष्ट परिभाषा करनी चाहिये। संकेतीकरण में हुए परिवर्तन को अपने संकेतीकरण में समाविष्ट करके फलस्वरूप संकेतन करना चाहिए।

28

सारणीयन
(Tabulation)

सामाजिक शास्त्र में किये जा रहे वर्गीकरण और संकेतीकरण की प्रक्रिया के बाद तथ्यों को सारणी में व्यवस्थित रूप दिया जाता है। उनको सारणीबद्ध करते समय उनकी रचना स्तम्भ अथवा पंक्ति में की जाती है, इससे तथ्य अधिक स्पष्ट होते हैं और जब उनका उपयोग करना होता है तब वे सहजता और सुलभता से उपलब्ध होते हैं। इसी प्रकार इस प्रमाण में रचे गये तथ्य विश्लेषण में अधिक उपयोगी रहते हैं। सारणीयन सांख्यिकी तथ्यों की विश्लेषण प्रविधि का एक अंग है।

परिभाषा

घोष और **चौधरी** – "विचाराधीन समस्या को स्पष्ट करने के लिये गणनात्मक तथ्यों को व्यवस्थित और वैज्ञानिक पद्धति से रखना सारणीयन है।"

प्रो. नीएस्वैंगर (Neiswangar) – "स्तम्भ और पंक्ति में अंकों के क्रमबद्ध संगठन को सारणीयन कहते हैं।"

एल. आर. कोन्नर – "एकाघ विशेष समस्या को स्पष्ट करने के लिये अंकों को नियमित और सुव्यवस्थित रूप में रखने को सारणीयन कहते हैं।"

एच. सेक्रिस्ट (H- Secrist) के मतानुसार "सारणीयन के अन्तर्गत समान और तुलना किये जाने वाले घटकों को उचित स्थान पर रखा जाता है।"

उपरोक्त परिभाषाओं और मतों से यह स्पष्ट होता है कि सारणीयन यह संशोधन की सांख्यिकी से सम्बन्धित हैं और सांख्यिकीय की विश्लेषण प्रविधि का एक महत्त्वपूर्ण अंग है। सारणी के द्वारा सांख्यिकी का तुलनात्मक अध्ययन भी अधिक विश्वसनीय, स्पष्ट और सरल होता है। संशोधक अपनी विषय–वस्तु के स्वरूपानुसार खड़ी अथवा आड़ी और तत्त्वों के संशोधन के प्राधान्यानुसार अग्रक्रम देकर सारणी निर्माण कर सकता है।

सारणीयन के उद्देश्य (Aims of Tabulation)

सारणीयन के प्रमुख उद्देश्य चार हैं :

(1) तथ्य सामग्री को स्पष्ट और व्यवस्थित पद्धति में प्रस्तुत करना जिससे उन तथ्यों को समझना सरल हो और एक ही दृष्टि में ही उनमें निहित सूचना के स्वरूप का आकलन हो सके।

(2) तथ्यों की विशषेताओं को स्पष्ट रूप से प्रक्षेपित करना, इससे सारणी के प्रत्येक तथ्य की विशेषता जल्दी ध्यान में आती है।

(3) तथ्यों को सारणी में प्रस्तुत करने पर उनका तुलनात्मक अध्ययन सुलभता से हो सकता है।

(4) तथ्यों को उनके सभी गुणों सहित कम स्थान प्रस्तुत करना।

श्रीमती पी. व्ही. यंग ने "सांख्यिकीय सारणी को सांख्यिकी की आशुलिपि कहा है।"

अच्छी सारणी की विशेषताएं

अच्छी सारणी वह है जिसमें निम्नलिखित विशेषतायें समाविष्ट हों –

(1) जो स्पष्ट और सरल हो।

(2) यथावश्यक आकार की हो।

(3) आकर्षक और प्रभावशाली हो।

(4) जिसमें तथ्यों की परस्पर तुलना सुगमता से की जा सके।

(5) जो संशोधन विषय से सादृश्य हो।

(6) जो सत्य और प्रमाणिकता पर आधारित हो।

(7) जिसमें अलग–अलग लक्षणों को दिखाने के लिये दोहरी पृथक्करण रेखा का उपयोग किया हो।

प्रत्येक संशोधक को सारणी का उपयोग करना हो तो उसमें कम से कम अच्छी सारणी के लिये आवश्यक गुण है अथवा नहीं यह देखना चाहिये, नहीं रहने पर उसकी कमी दूर करनी चाहिये।

सारणी के प्रकार (Types of Table)

मुख्य रूप से सारणी को दो विभागों में विभाजित किया जाता है :

(1) सरल सारणी (Simple Table).

(2) जटिल सारणी (Complex Table)

(1) सरल सारणी : सरल सारणी को "घटक सारणी" नाम भी प्राप्त हुआ है। सरल सारणी में तथ्यों के केवल एक ही लक्षण को प्रस्तुत किया जाता है यानि इस सारणी में तथ्यों के एक ही गुण की जानकारी दी जा सकती है। उदाहरण–

सरल सारणी

अनु. क्रम	स्थान	जनसंख्या
1	"अ"	1,55,000
2	"ब"	1,77,500
3	"स"	2,01,478

उपरोक्त सरल सारणी में स्थान यह "तथ्य" है और जनसंख्या यह उसका लक्षण है। इस सारिणी में केवल जनसंख्या ही प्रदर्शित होने से इसे घटक सारणी भी कह सकते हैं।

(2) द्विगुण सारणीयन : ऐसी सारणी जो विशिष्ट तथ्यों के, घटना के केवल दो लक्षण अथवा गुण प्रस्तुत करें। उदाहरण –

द्विगुण सारिणी

कक्षा	कुल विद्यार्थी	लड़के	लड़कियां
बी.ए.–1	80	47	33
बी.ए.–2	65	40	25
बी.ए.–3	44	25	19

उपरोक्त सारणी में लिंग लक्षण माना गया होने के कारण कुल विद्यार्थियों को लड़के और लड़कियों की संख्या पर सारणीयन ने प्रस्तुत किया है।

(ब) त्रिगुण सारिणीयन : त्रिगुण सारिणी में किसी भी तथ्य को अथवा विशिष्ट घटना को उसके तीन लक्षणों सहित अथवा गुणों सहित प्रस्तुत किया जाता है। उदाहरण –

त्रिगण सारणी

अ. क्र.	उद्योग	कर्मचारी		
		कुशल	अर्धकुशल	अकुशल
1	लोहा	25	70	95
2.	वस्त्र	11	80	45
3.	सीमेण्ट	9	97	137

उपरोक्त सारणी में कर्मचारियों के लक्षणों को आधार बनाकर सांख्यिकी प्रस्तुत की गई है।

(स) बहुगुण सारणीयन

इस सारणी में तथ्यों के अथवा घटना के तीन से अधिक लक्षण अथवा गुण प्रस्तुत किये जाते हैं। संशोधन में यह सारणी सबसे अधिक जटिल मानी गयी है। इस सारणी में तथ्यों के लक्षणों अथवा गुणों का तुलनात्मक अध्ययन सरल बना दिया है और इसीलिये इस सारणी का महत्त्व संशोधन में बढ़ गया है। आज इस सारणी का उपयोग सामाजिक शास्त्रों के संशोधकों द्वारा अधिक प्रमाण में रहा है।

बहुगुण सारिणी

अ. क्र.	जनसंख्या	धर्मानुसार	व्यवसायनुसार	सांपत्तिक स्थिति के अनुसार	सामाजिक प्रतिष्ठा के अनुसार
1.	10,000,000	हिन्दू मुसलमान क्रिश्चन बुद्ध अन्य	कृषि व्यापार नौकरी	अमीर मध्यम गरीब	प्रतिष्ठित सर्वसाधारण

उपरोक्त सारिणी में जनसंख्या को पहले धर्म के आधार पर विभजित करके स्पष्ट किया, उसके बाद प्रत्येक धर्म के अनुयायियों द्वारा आत्मसात व्यवसाय के आधार पर विभाजित करके स्पष्ट किया, उसके बाद इन व्यवसायियों की सांपत्तिक स्थितिनुसार विभाजित करके प्रस्तुत किया और अन्त में सामाजिक प्रतिष्ठा को आधार मानकर तथ्यों की सामाजिक स्थिति अथवा प्रतिष्ठा प्रस्तुत की। उपरोक्त सारणी में अनेक लक्षण एक ही समय स्पष्ट होने के कारण संशोधन को तुलनात्मक अध्ययन करके निष्कर्ष निकालना सुलभ हो गया है।

सारणी निर्मित के नियम

सारणी निर्मिती के लिये कुछ नियमों का पालन करना अत्यावश्यक है। सारणी सरल व जटिल किसी भी प्रकार की बनानी हो अपनी इच्छानुसार उसकी निर्मिती नहीं की जा सकी। ऐसे नियम जिनको लागू किये बिना सारणी अस्तित्व में नहीं आ सकती, अधोलिखित है :

(अ) शीर्षक (Heading)

(1) छोटे आकार में पूर्ण अर्थ प्रकट करने वाला हो।

(2) स्पष्ट और आकर्षक होना चाहिए।

(3) सारणी के अक्षरों की अपेक्षा बड़े अक्षरों में होना चाहिए।

(4) उद्देश्य अभिव्यक्ति की क्षमता उससे होनी चाहिए।

(ब) स्तम्भ (Columns)

(1) आवश्यक हो उतने ही आकार के होना चाहिए।
(2) स्तम्भ परस्पर अनुपात में होने चाहिए।
(3) योग अथवा कुल के स्तम्भ सारणी में होने चाहिए।

(स) अनुशीर्षक और अनुलेख (Caption and Stubs)

(1) प्रत्येक स्तम्भ पर लिखे जाने वाले अनुशीर्षक और बड़ी–बड़ी पंक्तियों के शीर्षक होने चाहिए।
(2) सारणी के अक्षर सुन्दर और शुद्ध होने चाहिए।

(द) पंक्ति (Rows) सूचनाओं को पंक्ति में निलखने के लिये वर्णनात्मक, भौगोलिक, संख्यात्मक और सामाजिक पंक्तियों का उपयोग अधिक प्रमाण में किया जाता है।

(इ) स्तम्भों के क्रम (Sequence of Columns)

(1) प्रत्येक स्तम्भ विवरणात्मक होना चाहिए।
(2) महत्त्व की सूचना दायीं ओर के स्तम्भों में लिखनी चाहिए।
(3) जिन संख्याओं में परस्पर तुलना की जानी हो वे संख्यायें जिन स्तम्भों में हो उनको एक–दूसरे के आसपास रखना चाहिए।
(4) जिन निरपेक्ष संख्याओं का प्रतिशत, अनुपात आदि निकाला है। वह प्रतिशत अनुपात आदि का स्तम्भ अलग रहना चाहिए।

(ई) योग अथवा कुल (Total)

स्तम्भ के योग को सारणी की अन्तिम पंक्ति में रखा जाता है।

(य) टिप्पणी (Notes)

(1) सारणी से सम्बन्धित कुछ सूचना देनी हो तो वह टिप्पणी में देनी चाहिए।
(2) अलग–अलग सांख्यिकी को अलग–अलग चिन्ह् देकर उन चिन्हों का स्पष्टीकरण टिप्पणी में करना चाहिए।

सारणीयन की दो पद्धतियां प्रचलित हैं, हाथों से तैयार की हुई सारणी और मशीन द्वारा तैयार की हुई सारणी। सरल अथवा एकल, द्विगुणी और त्रिगुणी सारणी सर्व सामान्य रूप में हाथों से तैयार की जाती है, लेकिन जहां संख्या का प्रमाण अधिक हो और सारणी में निहित तथ्य क्लिष्ट और कठिन हो ऐसे समय यंत्रों की सहायता ली जाती है। गणक यंत्र, विद्युतचलित यंत्र, सॉर्टर आदि मशीनों का उपयोग सारणी के निर्माण के लिये किया जाता है।

सारणीयन के लाभ (Advantages of Tabulation)

(1) तथ्यों को तर्कपूर्ण और व्यवस्थित रूप से प्रस्तुत करने की सारणीयन उत्तम पद्धति है।

(2) विस्तृत सामग्री को संक्षिप्त और सुलभ बनाने के लिये सारणीय उपयोगी रहता है।

(3) तथ्यों के विश्लेषण, सहसंबंध आदि के लिये सारणीयन लाभदायक है।

(4) तथ्यों को कम स्थान में अभिव्यक्ति प्राप्त होती है इस कारण स्थान और समय की बचत तो होती ही है लेकिन उसके साथ तथ्यों को समझना भी सरल रहता है।

(5) तुलनात्मक अध्ययन के लिये उपयोगी रहती है।

(6) इस पद्धति के द्वारा जटिल अंक समूह ऐसे रूप में प्रदर्शित किये जाते है कि पढ़ने वाला सरलता से समझ सके।

सारणीय की सीमा (Limitations)

सारणीयन पद्धति की उपयोगिता सिद्ध होने के बाद भी उसकी कुछ सीमा और मर्यादा है। निम्नलिखित चार मर्यादाएं प्रमुख हैं –

(1) सारणी में अंकात्मक तथ्यों को ही प्रस्तुत किया जाता है इसलिये गुणात्मक तथ्यों के प्रस्तुतीकरण के लिये यह पद्धति उपयुक्त नहीं है।

(2) तथ्यों को केवल संख्या में प्रस्तुत किये जाने के कारण सारणी आकर्षण रहित रहती है। लम्बे अंकों की सूची देखकर साधारण व्यक्ति ही नहीं बल्कि विद्वान भी सहम जाता है।

(3) सर्व साधारण औसत बुद्धिमता वालों के लिये सारणी (विशेषतः जटिल सारणी) आंकलन के बाहर की वस्तु रहती है।

(4) महत्त्वपूर्ण "वस्तुओं को" (Important Items) सारणीयन पद्धति में अभिव्यक्त नहीं कर सकते।

सारणीय की उपरोक्त मर्यादाएं रहने के बाद भी सामाजिक संशोधन में सारणी को अलग व्यक्तित्व प्राप्त है और इसीलिये उसके महत्त्व में निरन्तर वृद्धि हो रही है। 'सारणी बिना संशोधन अपूर्ण' इस मुहावरे की सभी ओर मान्यता प्राप्त है। सारणीयन का सावधानी से उपयोग करने पर संशोधन में यश मिलता है, संशोधक की यह भावना सारणीयन को जनप्रिय बनाने में कारणीभूत है।

29

वस्तु -विश्लेषण
(Content Analysis)

इसे विषय आशय विश्लेषण भी कहते हैं।

संशोधन में समूह संचार को महत्त्वपूर्ण स्थान प्राप्त है। समूह संचार से प्राप्त सामग्री संशोधन की विभिन्न समस्याओं का समाधान खोजने में सहायक होती है। प्राप्त की हुई सामग्री सत्य है, तर्कसंगत है, विषय–वस्तु में सुसंगत है, उसका उपयोग किस प्रकार करना चाहिए, इसके लिये विभिन्न प्रविधियों का विकास किया गया जो संचार वस्तु का वर्णन व्यवस्थित रूप में करती है। सामाजिक, वाणिज्यिक, राजकीय आदि घटना अधिक प्रमाण में गुणात्मक और अमूर्त रहती है इसलिए उनका विश्लेषण कठिन रहता है। योग्य विश्लेषण के लिये उनको अलग–अलग वर्गों में वर्गीकृत किया जाता है। इसका हेतु रहता है सामाजिक घटना से जो प्राप्त हुआ उसका परिवर्तन वैज्ञानिक तथ्यों में करना, जो संशोधन की समस्याओं का समाधान खोजने में सहायक हो और भविष्य के संशोधनकर्ताओं के लिये मार्गदर्शक हो।

आधुनिक वस्तु–विश्लेषण ने संशोधन के क्षेत्र में उल्लेखनीय कार्य किया है। नयी प्रविधि, नये यंत्र और साधनों के विकास से वस्तु विश्लेषण का कार्य सरल हो गया है। आधुनिक वस्तु विश्लेशण में जो नयी पद्धति का उपयोग किसया जाता हैं उसमें मात्रात्मक (Quantification) तत्त्व को जोड़ा गया है।

परिभाषा

बेरलसन : "वस्तु विश्लेषण यह संचार के व्यक्त तथ्यों के वैषयिक, व्यवस्थित और कलात्मक विवरण के लिए एक संशोधन प्रविधि है।"

करलिंगर : "वस्तु विश्लेषण चरों के मापन के लिए संचारों का व्यवस्थित, वस्तुनिष्ट और मात्रात्मक ढंग से अध्ययन और विश्लेषण करने की पद्धति है।"

केपलान, "वस्तु विश्लेषण यह सम्बन्धित बातों का अर्थ व्यवस्थित और मात्रात्मक परिप्रेक्ष्य में परिभाषित करने का प्रयत्न है।"

उपरोक्त परिभाषाओं में से वस्तु विश्लेषण की निम्नलिखित विशेषताओं का बोध होता हैं :

(1) इसका सम्बन्ध संचार वाहनों के प्रभाव को निर्धारित करने से है।
(2) मात्रात्मक रहते है।
(3) इसका उपयोग सामान्यीकरण के लिये किया जाता है।
(4) इसमें वस्तुनिष्ठता के गुण है।
(5) इसमें क्रमबद्धता के भी गुण है।

करलिंगर के अनुसार वस्तु विश्लेषण पद्धति अवलोकन और मापन की विधि है। यह विश्लेषण से कुछ अधिक है। कारण इसमें संशोधक द्वारा लोगों के प्रत्यक्ष व्यवहारों में जिन संचारों (Communications) द्वारा कार्य होता है उन चरों का निरीक्षण और मापन करता है। आधुनिक यंत्र सामग्री (कम्पयूटर) द्वारा ऐसा अध्ययन सरल हो गया है।

वस्तु विश्लेषण के घटक (Units of Content Analysis)

वस्तु विश्लेषण के अनेक घटक हैं। इनमें से कुछ प्रमुख घटक प्रसंग, घटना, पात्र, शब्द, वाक्य, स्थान, पैराग्राफ आदि हैं। इन घटकों का महत्त्व आज अधिक हैं। दर्शन–विचाराधारा, अथवा सिद्धांत का महत्त्व विश्लेषित करते समय उसमें प्रयुक्त शब्दों का आधार लेते हैं। ये शब्द उस विचारधारा का महत्त्व विषद करने के साथ उसका औचित्य तथा वर्तमान और भविष्यकाल में उसकी उपयोगिता के सन्दर्भ में स्पष्टीकरण देने के लिये उपयोग में लाए जाते हैं।

प्रसिद्धि और प्रचार के माध्यम से विचाराधारा ही नहीं बल्कि उत्पादन भी अन्यों की तुलना में कितना श्रेष्ठ है यह बराबर संसूचन माध्यमों से जनता के सामने रखा जाता है और इससे जनता की इस बारे में विचार करने के लिये प्रवृत्त किया जाता है। इस चेतन अथवा अवचेतन प्रभाव का अध्ययन ही वस्तु विश्लेषण समाविष्ट किया जाता है। इसलिये वस्तु विश्लेषण को संशोधन में महत्त्वपूर्ण स्थान प्राप्त है।

वस्तु विश्लेषण की विभिन्न श्रेणी (Categories of Content analysis)

अध्ययन विषय में सामग्री के स्वरूपानुसार विभिन्न श्रेणियों का निर्माण होता है। ये श्रेणी एक दूसरे से पूर्णतः भिन्न रहती है। अस्तित्व में रही अनेक श्रेणियों में से कुछ महत्त्व की निम्नलिखित हैं –

(1) मूल्य-भेद : मानव और उसके जीवन के विभिन्न क्षेत्रों के सन्दर्भ में निर्धारित किये हुए मूल्यों में निहित अन्तर के आधार पर मूल्य–भेद यह श्रेणी अस्तित्व में आयी है। उदाहरणतः – आन्तरिक संसार में सम्बन्धित आध्यात्मिक मूल्य, बाह्य संसार से सम्बन्धित भौतिक मूल्य, सामाजिक जीवन में सम्बन्धित सामाजिक संसार आदि।

(2) स्तर-भेद : नैतिक और अनैतिक, सुख और दुख, हिम्मती और डरपोक, अमीर और गरीब आदि।

(3) सामग्री-साधन के आधार पर : प्रसिद्ध–दीवार पत्र, प्रचार साहित्य रचना, आदि। उदाहरण – चुनाव में परस्पर विरोधी पक्ष अथवा उम्मीदवार अपने प्रतिद्वंद्वी की अपेक्षा स्वयं कैसे श्रेष्ठ है अथवा प्रतिद्वंद्वी कैसे कनिष्ठ और पद के लायक नहीं है यह प्रचार और प्रसिद्ध के माध्यमों द्वारा सिद्ध करने का प्रयत्न करता है।

(4) कथन : सार्थक, तथ्यहीन, वास्तविक, काल्पनिक आदि।

(5) भाषण : भाषण की ओर से, विरोध में, शान्ती प्रस्थापित करने के लिए, अधिकारों की मांग के लिए आदि।

(6) विभिन्न-प्रसंग : सुखद, उद्घाटन के, कार्य–पूर्ति के, नैसर्गिक, समुदाय अथवा वर्ग के साहित्य, कला आदि।

(7) व्यक्तित्व सम्बन्धी : अन्तर्मुखी और बहिर्मुखी।

(8) सामाजिक, राजकीय, वाणिज्यिक, आर्थिक वातावरण से और स्थिति से सम्बन्धित श्रेणी।

उपरोक्त श्रेणियों में से प्रत्येक श्रेणी अपने से सम्बन्धित क्षेत्र में अत्यन्त उपयोगी सिद्ध हुई है। उदाहरण– स्तर-भेद श्रेणी का उपयोग करके भ्रष्टाचार, अनाचार आदि से सम्बन्धित तथ्य संकलित करके विश्लेषित करने पर निकाले गये निष्कर्षों से जन प्रशासन में अनियमित कार्य को स्पष्ट किया गया है। ईमानदार जन सेवक आज अपवाद है।

वस्तु सामग्री विश्लेषण में कुछ समस्याएँ है, उसकी कुछ सीमाएँ है, तथ्यों की प्रमाणिकता देखने के लिए परिमाणों की अनुपलब्धता होने से संशोधक को इस पद्धति का उपयोग करते समय निम्नलिखित बातों का ध्यान रखना चाहिए –

(अ) विश्लेषण की परिभाषा स्पष्ट रहनी चाहिए।
(ब) तथ्यों के वर्गीकरण के लिये श्रेणी की निर्मिती करनी चाहिए।
(स) तथ्यों को व्यवस्थित रूप में सारणीबद्ध करना चाहिए।
(द) प्रमाणिकता की कसौटी निश्चित करके विश्लेषण के आधार का चयन करना चाहिए।
(इ) जिस सामग्री का विश्लेषण नहीं किया जा सकता, उसमें समग्र के सभी गुण निहित होने चाहिए। यह सामान्यीकरण के लिये अत्यावश्यक है।

वस्तु विश्लेषण प्रारूप की निर्मिती के स्तर (Main Steps in the Construction of the outlines of Content Analysis)

वस्तु विश्लेषण व्यवस्थित और पद्धतिनुसार किया गया हो तो ही उसके

परिणाम यथार्थ और वास्तविक निकलेंगे, इसलिये वस्तु–विश्लेषण करने से पहले उसके प्रारूप का निर्माण करना आवश्यक हो गया है। इसके लिये निम्नलिखित स्तरों का उपयोग करने की सिफारिश संशोधन प्रणाली के वैज्ञानिकों ने की है:

(अ) उपयोगी तथ्यों का संकलन (Collection of useful data)
(ब) अध्ययन के घटकों का चयन (Selection of the units)
(स) सारणी का निर्माण (Construction of Tables)
(द) अध्ययन–स्वरूप की रूपरेखा (Outline of the nature of Study)
(इ) श्रेणी का निर्माण (Construction of Categories)
(फ) श्रेणी का परीक्षण (Verification of Categories)
(म) सामग्री का विश्लेषण (Analysis of Content)
(भ) प्रतिवेदन निर्माण (Preparation of the Report)

सामाजिक संशोधन में वस्तु–विश्लेषण की उपयोगिता संशोधक के गुणों पर निर्भर रहती है। उदाहरण– पत्र–पत्रिकाएँ अथवा दैनिकों का उपयोग तथ्य संकलन के लिए करना हो तो किस दैनिक को अन्तर्राष्ट्रीय स्तर का, किसे राष्ट्रीय स्तर का, किसे क्षेत्रीय स्तर का अथवा स्थानीय स्तर का माना जाता है, यह स्पष्ट करें। पत्रकारिता में उस दैनिक का स्तर कौनसा है, वह दैनिक किसके प्रभाव और प्रभुत्व में है आदि का आकलन किए बिना अध्ययन में निष्पक्षता और यथार्थता नहीं आ सकती। विचाराधारा, सिद्धांत अथवा संज्ञा का अर्थ विभिन्न मत प्रणालियों के क्या है, सन्दर्भ में क्या बनता है, कालानुसार उसमें क्या परिवर्तन हुए और इस दृष्टिकोणों से आज उसकी क्या परिभाषा की जाती है, ऐसी अनेक परिभाषाओं में से अध्ययन के समीप कौनसी परिभाषा है इसका अति सूक्ष्म अध्ययन अत्यधिक सावधानी करने की क्षमता भी संशोधक में होनी चाहिये। इसके अलावा वस्तु विश्लेषण प्रक्रिया में सहयोगी की नितांत आवश्यक रहती है। ऐसे सहयोगियों को संशोधन कैसे करना चाहिये इसका प्रशिक्षण देना आवश्यक है। यह संभव न हो तो कम से कम तथ्यों का वर्गीकरण कैसे करें यह सिखाना आवश्यक होता है।

30

सामग्री विश्लेषण

(Analysis of Data)

सामग्री क्या है, इसकी जानकारी आवश्यक है। उसका विश्लेषण कैसे करना है, यह जानने के पहले विश्लेषण का क्या अर्थ है यह समझना भी आवश्यक है। **विश्लेषण (Analysis)** शब्द का प्रयोग के लिए किया जाता है। **Analysis** शब्द अंग्रेजी ने ग्रीक भाषा से लिया है। ग्रीक भाषा में इस शब्द का अर्थ **पृथक्** करना (Loosen Ul) होता है। अंग्रेजी बने इस ग्रीक शब्द को संशोधन प्रणाली में विशेष अर्थ प्राप्त हुआ है। संशोधन के सन्दर्भ में "पृथक करना" अथवा "विश्लेषण" निम्नलिखित तत्त्वों से सम्बन्धित है।

(अ) तर्क अथवा सांख्यिकी प्रविधि के आधार पर "वस्तु को" तत्त्वों में पृथक् करना।

(ब) कार्य–कारण भाव प्रस्थापित करना।

(स) वर्गीकरण की कुछ समस्याओं को हल करना।

इसका अर्थ यह है कि विश्लेषण सामग्री संकलन के बाद की प्रक्रिया में सामग्री को उसके तत्त्वों में अलग करके परिशुद्ध करना और बाद में वर्गीकरण करके विश्लेषण के लिए सामग्री तैयार रखना, अथवा तथ्यों को परीक्षित करके ऐसा क्रमबद्ध रूप देना कि उसके द्वारा संशोधन का निष्कर्ष निकालने में मदद हो। संशोधक के उद्देश्यों की पूर्ति विश्लेषण के बिना नहीं हो सकती।

परिभाषा

पाउलीन यंग–"वैज्ञानिक विश्लेषण की ऐसी संकल्पना है कि संकलित किये तथ्यों के पीछे कुछ तथ्यों की अपेक्षा अधिक महत्त्वपूर्ण तथ्य एवं जानकारी छिपी है। यदि क्रमबद्ध और व्यवस्थित रूप में सभी तथ्यों को सम्पूर्ण अध्ययन से जोड़ा जाये तो इस प्रकार एक महत्त्वपूर्ण सामान्य अर्थ स्पष्ट होगा। इस अर्थ का उपयोग करके नयी और परिभाषाओं की निर्मिती की जा सकेगी।"

तथ्यों के पीछे जो कुछ छिपा हुआ है उसका प्रकटीकरण करने के लिए

विश्लेषण आवश्यक है। इस प्रकटीकरण से नये ज्ञान की उपलब्धि होती है जो सिद्धांत निर्माण के लिये अथवा नई परिभाषाओं की निर्मिती के लिये कारक रहती हैं। विश्लेषण के महत्व में तब दुगनी वृद्धि होती है जब इसके द्वारा प्राचीन परम्पराओं–धारणाओं की पुष्टि की जाती है अथवा प्राचीन धारणाएँ असत्य हैं अथवा अप्रमाणिक हैं यह सिद्ध किया जाता है।

सामग्री का विश्लेषण करना एक वैज्ञानिक प्रक्रिया है। यह सर्व–साधारण व्यक्ति की शक्ति के बाहर है। संशोधक और विश्लेषणकर्ता को "विश्लेषण करना चाहिये" इसकी शिक्षा लेना चाहिये। केवल यही शिक्षा सही विश्लेषण के लिये पर्याप्त नहीं हैं। शिक्षा के साथ–साथ निम्नलिखित गुण भी संशोधक में होने चाहिएः

(1) बौद्धिक निष्पक्षता
(2) विवेक–बुद्धि
(3) अन्तर्दृष्टि
(4) अनुभव

उपरोक्त गुणों के अतिरिक्त अन्य गुण जो विश्लेषण के लिये पोषक रहते हैं वे संशोधक में रहें तो वे ही संशोधक के विश्लेषण होंगे।

विश्लेषण के लिये आवश्यक बातें

(1) विश्लेषणकर्ता में आलोचनात्मक कल्पना शक्ति होना आवश्यक है, क्योंकि इस शक्ति का उपयोग करके ही तथ्यों का वैज्ञानिक विश्लेषण किया जा सकता है।

(2) आलोचना का परीक्षण करने की क्षमता भी संशोधक में रहनी चाहिए। इसके अभाव में संशोधन में कल्पना की अधिकता होगी और वैज्ञानिक पक्ष कमजोर बन जाएगा।

(3) कल्पना रचनात्मक होनी चाहिये। संशोधक को आदर्श और कृत्रिम कल्पना के आधार पर विश्लेषण नहीं करना चाहिए।

(4) विश्लेषणकर्ता तटस्थ रहना चाहिए, पक्षपात रहित दृष्टिकोण से किया उसका विश्लेषण विश्वसनीय होगा।

विश्लेषण-पूर्व तैयारी : विश्लेषण प्रक्रिया लागू करने के पहले संशोधक को निम्नलिखित तैयारियां करनी पड़ती हैं, इसके बिना तथ्यों का विश्लेषण होना असंभव है :

(1) तथ्यों का सम्पादन – संकलित सामग्री की कमी, अशुद्धि आदि दूर करके तथ्यों को वर्णाक्षर अथवा 'भौगोलिक अथवा कार्यकर्ताओं के आधार पर सम्पादित करना चाहिये। सम्पादित तथ्य शुद्ध और विश्वसनीय होना चाहिये।

(2) द्वैतियक साधनों से प्राप्त सामग्री को भी देखना आवश्यक है। जिस संस्था, व्यक्ति आदि से सामग्री एकत्रित की गई है वह विश्वसनीय है अथवा नहीं।

जिस पद्धति का उपयोग सामग्री संकलन के लिये किया गया है उस पर निर्भर रह सकते हैं कि नहीं इसका परीक्षण करना चाहिए। प्राप्त हुए तथ्य विश्लेषण के लिये पर्याप्त हैं अथवा नहीं यह भी देखना चाहिए।

(3) तथ्यो का वर्गीकरण – तथ्यों की विश्वसनीयता और उपयोगिता देखने के बाद उनको वर्गीकृत किया जाता है। वर्गीकरण से तथ्य व्यवस्थित, स्पष्ट, संक्षिप्त और सुलभ बनाये जाते हैं।

(4) प्रत्येक वर्ग को चिन्ह् अथवा अंक देकर संकेतन किया जाता है। संकेतन से विश्लेषण सरल होता है और समय की बचत भी की जा सकती है।

(5) गणनात्मक तथ्यों को वैज्ञानिक और व्यवस्थित स्वरूप में रखने की विधि है। इसके द्वारा विस्तृत तथ्यों को, संक्षिप्त रूप में समझ में आयें, इस प्रकार सारणी में रखा जाता है। सारणी अव्यवस्थित अंक समूहों को सरलता से समझने के लिए उपयोग में लाई जाती है। सारणी तुलनात्मक अध्ययन के लिए भी उपयोगी रहती है। संशोधन में सारणी के उपयोग से समय और श्रम की बचत होती है।

विश्लेषण-प्रक्रिया के चरण – विश्लेषण पूर्व तैयारी पूर्ण होने के बाद तथ्यों के विश्लेषण की प्रक्रिया शुरू होती है। विश्लेषण प्रक्रिया क्रम–क्रम से निम्न चरणों में पूर्ण की जाती है :

(1) तथ्यों का मूल्यांकन – तथ्यों के विश्लेषण के लिए उपयुक्तता का परीक्षण करना चाहिए। तथ्यों में वैषयिकता, विश्वसनीयता, परिपूर्ण प्रतिनिधित्व आदि गुणों को देखना चाहिये। जो तथ्य यथायोग और महत्त्व के हों उन्हें ही संशोधन में स्थान देना चाहिए। अर्थहीन, महत्त्वहीन, संदिग्ध आदि स्वरूप के तथ्यों को विश्लेषण से अलग रखना चाहिए।

(2) विश्लेषण के लिये प्रारूप का निर्माण – प्रारूप विश्लेषित किए जाने वाले तथ्यों का महत्त्वपूर्ण लेकिन छिपे हुए हेतु का रहस्योद्घाटन करता है। तथ्यों के विश्लेषण में से नये तथ्यों को प्रक्षेपित करने में प्रारूप की मदद संशोधक को प्राप्त होती है। इसी प्रकार तथ्यों की सत्य सम्बन्धी खोज परस्पर सम्बन्ध, पहले गलती से रही कमी को दूर करने की क्षमता प्रारूप में रहती है, इसलिये प्रारूप का निर्माण पूर्णतः वैज्ञानिक और विश्लेषित किये जाने वाले तथ्यों के स्वरूपानुसार होना चाहिए।

(3) संशोधन के उद्देश्यों से असम्बन्ध और विषयानुरूप नहीं रहने वाले तथ्यों को और सांख्यिकी जानकारी को कुछ समय तक अलग रखना चाहिए। ये असंबद्ध तथ्य उद्देश्य की पूर्ति में सहभागी न हों तो भी नये ज्ञान की प्राप्ति करके देने की क्षमता उनमें रहती है और उस नये ज्ञान की मदद से अर्थ निरूपण नए सन्दर्भ में किया जा सकता है।

(4) तथ्यों का भाग विश्लेषण – व्यवस्थित रूप में वर्ग **बद्ध तथ्यों** के गुण–दोष का परीक्षण करके मुख्यतः किस "भाव" की अभिव्यक्ति कर रहे है, यह जान लेना, इन "भावों" का पृथक्–पृथक् विश्लेषण करना और बाद में परस्पर तुलना करके, उनके अन्तर का मापन करना और गुणात्मक अध्ययन से हुए परिणामों का सांख्यिकीय अंकों में रूपान्तर करना।

(5) कार्य-कारण सम्बन्धों का विश्लेषण – भाव विश्लेषण के बाद तथ्यों के कार्य कारण सम्बन्धों का विश्लेषण करने के लिये अध्ययन में लेना चाहिये। अध्ययन करते समय यथार्थ में "कार्य" कौन–कौन से कारणों से घटा उसके क्रमबद्ध स्तर कौन से थे उन स्तरों को स्पष्ट विशदीकरण करना चाहिए। इस विशदीकरण में ऐसे ही स्तरों को समाविष्ट करें जो नियमित रूप से दिखाई देते हैं अथवा स्तरों को समाविष्ट करें जो नियमित रूप में दिखाई देते हैं अथवा ऐसी अधिक संभावना है अथवा इन स्तरों का निरन्तर अनुभव है।

कार्य–कारण विश्लेषण करते समय निम्न क्रम में अध्ययन करना चाहिए:

(अ) घटना का प्रमापीकरण घटना घटी यह सिद्ध करना या यथार्थ में जैसी वह घटी वैसी ही अध्ययन के लिये ली गयी है इसका प्रमाण देना।

(ब) समदृश्य घटना पीछे घटी या नहीं, इसकी खोज करना। घटी हो तो ऐतिहासिक दस्तावेजों के आधार पर उसकी सत्य सिद्ध करना।

(स) घटना में अवलोकित स्थिति अलग–अलग परीक्षणात्मक पद्धतियों द्वारा परीक्षण करना और परीक्षण से निकले निष्कर्ष को लिखित रूप में रखना।

(द) कार्य-कारण विश्लेषण में जिनकी पुष्टि नहीं हुई हो ऐसे स्पष्टीकरणों को रद्द करना। रद्द किये गये स्पष्टीकरण में घटना के नियमित रूप में घटने वाले संचेबद्ध क्रमिकता से बाहर के होने चाहिये।

(6) संकल्पना का निर्माण – अध्ययन से उपलब्ध ज्ञान और जानकारी के आधार पर संकल्पना का निर्माण करना चाहिए। संकल्पना अभिव्यक्ति ऐसी संज्ञा में अथवा शब्दों में करनी चाहिये जो संशोधक की संकल्पना के सन्दर्भ में मस्तिष्क में रहे अर्थ, स्वरूप, संरचना, उद्देश्य आदि के सन्दर्भ में लघु स्वरूप में प्रतिनिधित्व यदि शीर्षक के रूप में कर सके। संशोधक द्वारा संकल्पना अभिव्यक्ति के लिए प्रयुक्त किए गए शब्द संकल्पना के लिये उपयुक्त है अथवा नहीं इसकी अनेक बार जांच करना चाहिए और इस जांच में प्रयुक्त शब्दों की उपयुक्तता पूर्ण रूप से दिखाई दे तभी उन शब्दों का उपयोग करना चाहिए।

(7) परिभाषा की निर्मिती – संकल्पना निर्मिती से तथ्यों के प्रतिमान (Pattern) पूर्णतः स्पष्ट होते हैं। इन स्पष्ट प्रतिमानों की परस्पर तुलना करके तथ्यों

की गहन और विस्तृत जानकारी प्राप्त की जाती है। इस प्रकार एकत्रित रूप से सभी तथ्यों का विश्लेषण करके जो निष्कर्ष निकाले जाते है, इस क्रिया को "परिभाषा" कहते हैं। परिभाषा में संशोधक कार्य–कारणों के सम्बन्धों को स्पष्ट करने का प्रयत्न करता है क्योंकि ऐसा नहीं करने से परिभाषा को औचित्य प्राप्त नहीं होता। परिभाषा सरल, सुग्राही, और पढ़ते ही समझ में आये ऐसी होनी चाहिए।

(8) अर्थनिरूपण अथवा निवर्चन – परिभाषा को स्पष्ट करना और उसमें उद्देश्य रहे अर्थों का विशदीकरण करना। उसी प्रकार अवधारणा के इस लघु स्वरूप में जिन्हें समाविष्ट नहीं किया गया लेकिन जानकारी लाभदायक रहने वाली हो ऐसे तत्त्वों को पूर्ण विशदीकरण अर्थ निरूपण में करना चाहिए। अर्थ निरूपण में सर्व साधारण के साथ–साथ बुद्धिवादी का भी समाधान हो ऐसी रचना करनी चाहिए।

(9) सिद्धांत निर्मिती – तथ्यों की परिभाषा और अर्थ निरूपण के बाद सिद्धांत की निर्मिती की जाती है। सिद्धांत की निर्मिती की गई अर्थात् संशोधन के उद्देश्यों की पूर्ति हो गई। सम्पूर्ण अध्ययन में से निकाले गये निष्कर्षों के आधार पर जो सिद्धांत प्रस्थापित किये गये है उन सिद्धांतों को स्पष्ट और व्यवस्थित रूप में अभिव्यक्त करना चाहिए, उसी प्रकार प्रस्तुति के लिए प्रयुक्त प्रणाली भी साधारणजन समझ सकें ऐसी होनी चाहिए।

(10) सामान्यीकरण – प्रस्थापित किये हुए सिद्धांत अध्ययन विषय के नमूनों पर आधारित रहते हैं। ये सिद्धांत जितने नमूनों के लिए सत्य हैं उतने ही वे जिस सामग्री में से लिए गए है उस सभय सामग्री के सन्दर्भ में जो सत्य है, यह सिद्ध करना चाहिए।

विश्लेषण प्रणाली में कितनी भी प्रवीणता प्राप्त हो तो भी विश्लेषण पूर्णतः तथ्य और विश्लेषणकर्ता के गुणों पर निर्भर है। यदि विश्लेषित किये जाने वाले तथ्य अथवा सामग्री पूर्णतः विषयानुरूप, क्रमबद्ध, प्रामाणिक, विश्वसनीय, और परिष्कृत रहनी चाहिए अन्यथा विश्लेषण के परिणाम विपरीत निकलेंगे। इसी प्रकार संशोधक में विश्लेषणकर्ता के लिए आवश्यक गुण (कुशल, निष्पक्ष, अनुभवी, ईमानदार आदि) न हो तो संशोधन की सफलता पर इसका प्रभाव पड़ेगा। इस सम्पूर्ण आधार पर यह स्पष्ट कर सकते हैं कि विश्लेषण की सम्पूर्ण सफलता के लिए तीन घटक कारण होते हैं। तथ्य, संशोधक और विश्लेषण प्रणाली इसमें से एक भी घटक थोड़ा सा कम रहा तो संशोधन की सफलता संदिग्ध होती है, इसीलिए संशोधक के लिए सामग्री विश्लेषण में प्राविण्य मिलाना अत्यावश्यक हो गया है।

31

उपकल्पना का परीक्षण

(Testing of Hypothesis)

उपकल्पना, परिकल्पना, प्रकल्पना, प्राक्कल्पना या गृहितकृत्य का परीक्षण आवश्यक है। विज्ञान किसी भी ऐसी उपकल्पना को स्वीकृत नहीं करता जो प्रमाणित न हों, अतः उपकल्पना को प्रमाणित करने के लिए उसका परीक्षण आवश्यक ही नहीं अपितु बन जाता है।

उपयोगी (Usable) और अनुपयुक्त (Null) उपकल्पना में से उपयोगी (Usable) या इसे ही कार्यकारी (Workable) उपकल्पना कहते हैं का परीक्षण किया जाता है। अनुपयुक्त या अनुपयोगी उपकल्पना का परीक्षण नहीं किया जाता। अनुपयुक्त उपकल्पना संशोधन में नकारी जाती है, अतएवं इसके परीक्षण का कोई मूल्य नहीं होता है और इसीलिए उसका परीक्षण करने या करने का कोई अर्थ नहीं होता।

उपयोगी उपकल्पनाएँ जो कि चार वर्गों में रखी गई है उन सबका परीक्षण किया जाता है :

(1) एक–चरीय एवं बहुचरीय उपकल्पनाएँ
(Univariate and Multivariate Hypothesis)

(2) सहचारी एवं असहचारी उपकल्पनाएँ
(Associational & Non-associational Hypothesis)

(3) शाश्वत एवं सांख्यिकीय उपकल्पनाएँ
(Universal & Statistical Hypothesis)

(4) क्रमिक एवं एक–समग्र उपकल्पनाएँ
(Temporal & Cross-Sectional Hypothesis)

रॉर्बट बेल्स ने उपकल्पना को परीक्षण में लाने के पूर्व क्या वह निम्नांकित प्रश्नों के उत्तर देने में सक्षम है या नहीं, इसकी जांच आवश्यक माना है।

(1) क्या शब्द या पद निश्चित अर्थ लिए है, क्या वे अनुभवाश्रित है, क्या वे निर्धारित परिस्थिति में भी संकल्पना एवं चरों को परस्पर से अलग कर सकती है?

(2) अनुभवाश्रित प्रक्रिया के आधार पर चरों के बीच का सम्बन्ध प्रमाणित या अप्रमाणित कर सकते हैं?

(3) क्या संशोधक के पास ऐसे प्रमाण हैं जो सम्बन्धों को सही या गलत सिद्ध कर सकते?

(4) क्या "उपयोगी" प्रारूप की रचना की जा सकती?

(5) क्या "चरों" की समूह तक सीमित किया गया है, या वे समूह के बाहर भी लागू किये जा सकते?

(6) क्या सामान्यीकरण किसी एक संस्कृति तक ही लागू किया जा सकता या अन्य संस्कृतियों पर भी समान रूप से लागू कर सकते?

(7) अवलोकन के वक्त अध्ययन से सम्बन्धित अन्य तथ्यों में बदल आया हो, तो क्या उस बदल का स्पष्टीकरण दिया है? जो कि बाद के अवलोकनकर्ताओं द्वारा बदले का प्रमाणीकरण करने के लिए उपयोग में लाया जा सके?

(8) क्या सिद्धांत का सामान्यीकरण अनुभव से जोड़ा एवं प्रमाणित किया जा सकता है?

(9) संशोधन के लिए उपयोग में लाई अनुभव आधारित पद्धति जो अचूक एवं व्यावहारिक मानी गई है निर्धारित परिस्थिति में पूर्व–कथन की क्षमता रखती है।

ब्रिटिश तत्त्वज्ञानी जॉन स्टुअर्ट मील ने उपकल्पनाओं के तार्किक सत्यापन के लिए दो प्रयोगात्मक प्रक्रिया पद्धति का निर्माण किया। इन दोनों पद्धतियों मे कालान्तर में सुधार किया गया। आज भी इन दोनों पद्धतियों का उपयोग संशोधन में किया जाता है।

(1) सम-मत प्रणाली (Method of Agreement)

समान परिस्थितियों में दो या अधिक घटनाएँ समरूप लिए घटती है तो उसके मूल में वह परिस्थिति है जो समान परिणाम की कारक होती है।

उदाहरण –

परिस्थिति "अ"............ निर्माण (ज्ञ) के तत्त्व

(क) (ख) (ग)

परिस्थिति "ब" .... निर्माण (ज्ञ) के तत्व

(ग) (घ) (ङ)

अतः (ग) ही (ज्ञ) का निर्माण करता है।

जब दो समूहों में समत्व होता है तो वह किस प्रकार का है इसे जान लेना आवश्यक हो जाता है।

(अ) पूर्णतः एक दूसरे के समान है।

(ब) कहीं–कहीं एक दूसरे के समान है तो कहीं असमान।

(स) दैव–संयोग में समान।

(2) सम-मत नकारात्मक विधि (The negative cannon of Agreement)

इसमें पर्यायी उपकल्पना रखी जाती है। मील स्पष्ट करता है कि जब कोई विशिष्ट कृति नहीं होती या करीब–करीब नहीं होती तब अन्य एकाध कृति भी अस्तित्व में नहीं आती है अतः ये कृतियाँ अन्तस्थ सम्बन्धित है।

तत्त्व एवं कृति

(क) (ख) (ग) ....निर्माण (ज्ञ)

(क) (ख) ( ) ....निर्माण ( )

"क", "ख", "ग", तत्त्वों में हुई कृति "ज्ञ" का निर्माण करती है, इनमें से "ग" तत्त्व अलग किया है, अर्थात : "ग" को क्रिया से मुक्त किया है क्योंकि "ग" द्वारा कोई कृति नहीं की जा रही है। अतः इस कृति के अनुपस्थिति में "ज्ञ" का निर्माण नहीं हो रहा है। अतः "क", "ख", के साथ "ग" जब कृतिरत होता है तो "ज्ञ" निर्माण होता है अन्यथा नहीं होता। इसीलिए इस उदाहरण से सिद्ध होता है कि इनके बीच जो सम्बन्ध है वह इस तरह से रख सकते है कि एक कृति अन्य कृति पर निश्चित निर्माण के लिए कारक होती। अतः ये कृतियाँ अन्तस्थ सम्बन्धित है।

उपकल्पना के स्वरूप का विश्लेषण आगमनात्मक (Inductive) और निगमनात्मक (Deductive) विचार–नियमों के आधार पर किया जाता है। जिस उपकल्पना में निगमनात्मक मात्रा अधिक होती है वह उपकल्पना श्रेष्ठ मानी जाती है। परीक्षणीय स्तर पर सही है या गलत है, सिद्ध किया जा सके इतनी क्षमता उपकल्पना में होनी ही चाहिए। यह क्षमता और गुण रखने वाली उपकल्पना को "अनुभविक आशय" (Empirical import) धारण करने वाली उपकल्पना कहते हैं। उपकल्पना के यही गुण उसके वैज्ञानिक ज्ञान को आध्यत्मिक ज्ञान से अलग करते हैं।

परीक्षण (Test) यह एक जटिल संकल्पना है। ऐसे ही उपकल्पनाओं का परीक्षण किया जाता है जिनमें स्पष्टता, मापनियता एवं उपलब्ध तकनीकों से सम्बन्धित होने के गुण हो। परीक्षण के लिए चुनी हुई उपकल्पना को सत्य या असत्य सिद्ध करने के लिए निम्नलिखित प्रक्रिया से गुजरना होगा :

(1) उपकल्पना बाबत वक्तव्य देना (Making a formal Statement)

(2) परीक्षण के लिए स्तर का चुनाव (Selecting a significance level)

(3) वितरण–उपयोग का निर्णय (Deciding the distribution to use)

(4) किसी एक नमूने का दैवसंयोग पद्धति से चुनाव एवं उसका मूल्य (करीब–करीब) निर्धारण, (Selecting a random Sample and Computing an appropriate Value)

(5) सभवनियता की गणना, (Calcuation of the Probability)

(6) संभवनियताओं की परस्पर तुलना, (Comparing the Probability)

उपकल्पना परीक्षण के लिए नीचे दी हुई दो पद्धतियों को उपयोग में लाते हैं :

(1) पॅरोमेट्रिक टेस्ट (Parametric Test)

(2) नॉन–पॅरामेट्रिक टेस्ट (Non-Parametric Test)

(1) पॅरामेट्रिक टेस्ट या स्तरीय परीक्षण : स्तरीय परीक्षण के लिये चुने हुए नमूनों में समग्र (Universe) की कुछ प्रवृत्तियाँ एवं गुण होते ही हैं। अध्ययन में आवश्यक मध्यमान (Mean) एवं विचरण (Variance) आदि निश्चित करने के बाद ही उपकल्पना का परीक्षण किया जाता है।

इस परीक्षण के लिए उपयोग में लाई जाने वाल तथ्य सामग्री का उसके शुद्ध स्वरूप में अत्यन्त सूक्ष्मतापूर्वक मापन किया जाता है।

पॅरामेट्रिक टेस्ट के चरण

(1) उपकल्पना के मध्यमानों को परीक्षण (Hypothesis testing of means)

(2) उपकल्पना के मध्यमानों के बीच जो भेद या अन्तर है, उनका परीक्षण, (Hypothesis testing for difference between the means)

(3) परस्पर सम्बन्धित दो नमूनों का तुलनात्मक परीक्षण,

(4) नमूनों के तुलनात्मक परीक्षण से निकले अनुपात का परीक्षण,

(5) अनुपातों के बीच जो भेद हैं, उनका परीक्षण,

(6) नमूने के विचरण का समग्र के विचरण से तुलनात्मक अध्ययन,

(7) नमूना जिस समूह से लिया है उसे समूह के व्यक्तियों में जो विचरण समानता है उसका परीक्षण,

(8) उपकल्पना के गुणक–परस्पर सम्बन्धों (Correlation-Co-efficient)

उपरोक्त चरणों से जब उपकल्पना सफलता से गुजरती है तब ही वह सही या सत्य मानी जाती है। संशोधक ने तोड़–मरोड़ कर किसी भी चरण में उपकल्पना को सफल बनाने का प्रयास नहीं करना चाहिए।

(2) नॉन-पॅरामेट्रिक परीक्षण : संशोधन में कभी–कभी ऐसी भी परिस्थिति आती है जब मध्यमान एवं विचरण आदि का उपयोग उपकल्पना के परीक्षण हेतु नहीं कर सकते या संशोधक ठान लेता है कि इनका उपयोग नहीं करेगा। ऐसी अवस्था में उपकल्पना के परीक्षण के लिए संशोधक को सांख्यिकी पद्धतियों का

उपयोग आवश्यक हो जाता है। पॅरामीटर या स्तर का निर्धारण इन पद्धतियों में करना आवश्यक नहीं इसीलिए सांख्यिकीय पद्धतियों को नॉन–पॅरामेट्रिक टेस्ट कहते हैं। नॉन–पॅरामेट्रिक टेस्ट में "आम–प्रकृति" की तथ्य–सामग्री का उपयोग किया जाता है। सभी नान–पैरामेट्रिक टेस्ट "सांख्यिकीय" ही होती है। सांख्यिकी विज्ञान के परीक्षण पद्धतियों का उपयोग कर उपकल्पना का परीक्षण किया जाता है, इसीलिए परीक्षित की जाने वाली उपकल्पना के आंकड़े ही इन परीक्षणों के आधार बनते हैं।

महत्त्व की परीक्षण पद्धतियाँ

उपकल्पना परीक्षण के लिए अनेक परीक्षण पद्धतियाँ है। राजनीति विज्ञान में :

(1) महत्त्वपूर्ण अर्थ के वितरण आधार पर परीक्षण,
(Test of Significance based on distribution)

(2) महत्त्वपूर्ण अर्थ का प्रक्रिया में हुए बदल के आधार पर परीक्षण,
(Test of Significance based on functional trasformation)

(3) काई वर्ग परीक्षण (Chi Square Test);

ये तीन परीक्षण पद्धतियां महत्व की मानी गई है एवं इनका उपयोग भी किया जाता है।

(1) अर्थ-वितरण-आधार पर परीक्षण : इस परीक्षण में जिस उपकल्पना का परीक्षण किय जाने वाला है उसके समग्र का सर्वप्रथाम मध्यमान निकाला जाता है। फिर उस समग्र से चुने हुए नमूने का मध्यमान निकाला जाता है। इसके बाद इन दोनों मध्यमानों के बीच जो अन्तर है उसे माप कर नमूने के विचरण (Sample Standard Deviation) में प्रस्तुत किया जाएगा, मापन में प्राप्त हुआ विचरण अंकों में स्पष्ट न कर चिन्ह् में अभिव्यक्त किया जायेगा।

(2) अर्थ का प्रक्रिया में बदल के आधार पर परीक्षण : साक्षेप सत्य प्रक्रिया में आए बदल के अनुसार बदलता जाता है और उसका अर्थ भी बदल जाता है। अतः संशोधन में प्रक्रिया में आए बदल के आधार पर पूर्व में स्वीकृत अर्थों का परीक्षण आवश्यक हो जाता है। यह परीक्षण करने के लिए —O=नमूना; n=उस नमूने का आकार, और Z=O नमूना एवं अन्य नमूनों की वजह से समग्र में आया हुआ बदल है।

Z की वजह से क्रिया–विचरण अस्तित्व में आई हैं। सांख्यिकी का उपयोगी कर Z का मूल्य निकाला जाता है।

O नमूने का सूक्ष्म एवं गहन अवलोकन कर उसने किये हुए विचरण का माप लिया जाता है और उसके बाद उसका मध्यमान निकाला जाता है। O नमूने के विचरण और मध्यमान निकालने की पद्धति का उपयोग कर समग्र के अन्य

नमूनों का विचरण और मध्यमान निकाला जाता है। नीचे दिया गया सूत्र समग्र का मध्यमान निकालने के लिए है।

$$\frac{\text{सभी नमूनों का विचरण}}{\text{नमूनों की संख्या}} = \text{मध्यमान}$$

किसी भी अकेले नमूने का मध्यमान हरदम समग्र के निकाले गये मध्यमान से अधिक ही होता है।

(3) काई वर्ग परीक्षण : "समग्र" नमूने परस्पर से कितनी सुसगती रखते हैं; ऐसा करते वक्त वे एक–दूसरे का खंडन नहीं करते इसकी जांच कर लेनी चाहिए।

उपकल्पना में दी हुई सुसंगतता या गुणवत्ता का यथार्थ में निकाली हुई सुसंगतता या गुणवत्ता से तुलना की जाती है। यह जो तुलनात्मक परीक्षण है इसे ही काई वर्ग पद्धति परीक्षण कहते हैं। उपकल्पना का परीक्षण करने के लिए $\times^2$ की गणना की जाती है। यदि X^2 का मूल्य शून्य आता है तो सम्भावित और यथार्थ में प्राप्त सुसंगतता समान है और परिणाम पूर्णतः उपकल्पना के अनुसार ही प्राप्त हुए है। संक्षिप्त में X^2=O का परीक्षण करते हैं।

$$X^2 = \frac{(O - E)^2}{E}$$

X^2 = काई वर्ग

Σ = योग

O = यथार्थ आवृति (संसुगतता)

E = संभावित आवृत्ति (सुसंगतता)

काई वर्ग को निम्न सूत्र द्वारा किया जा सकता है –

उपरोक्त तीन परीक्षण पद्धतियों के अलावा F परीक्षण (F Test) पद्धति का भी उपयोग किया जाता है।

(4) F Test या परीक्षण : यह परीक्षण पद्धति F के वितरण पर आधारित है। F माने प्रमाण या Ratio, F यह प्रमाण दो नमूनों के विचरण का है। एक ही समग्र से दो नमूने चुने जाते हैं। उन दोनों का स्वतन्त्र विचरण निकाला गया।

पहले नमूने का विचरण S^2_1 आया।

दूसरे नमूने का विचरण S^2_2 आया।

उपकल्पना के परीक्षण के लिए यह सूत्र लागू किया जाता है :

$$F = \frac{S^2_1}{S^2_2}$$

उपकल्पनाएँ प्रारम्भ में अनुमान मात्र होती है, अतः इनका परीक्षण किया जाना आवश्यक हो जाता। परीक्षण पद्धति का उपयोग कर जब उपकल्पना परीक्षित हो जाती है तो उस उपकल्पना का रूपान्तरण नियम में किया जाता सकता या उस उपकल्पना को सिद्धान्त–निर्माण के लिए उपयोग में लाया जा सकता है। उपकल्पना संशोधन को अगले चरण में ले जाने के लिए अत्यावश्यक हो जाता है अन्यथा संशोधन में ठहराव आ जाता है।

32

अर्थ निरूपण अथवा विवेचन
(Interpretation)

तथ्यों का विश्लेषण करने के बाद उपलब्ध हुई जानकारी को विशेष अर्थ में रखना पड़ता है। जानकारी प्रस्तुतीकरण में प्रयुक्त संज्ञा अथवा विशिष्ट शब्दों के अर्थ भी स्पष्ट करने पड़ते हैं। सांख्यिकी विश्लेषण में प्रयोग किये गये चिन्हों का, पदों का, अंकों का, अर्थ स्पष्ट करना पड़ता है अथवा उसका प्रयोग क्यों और किसके लिये किया गया इसका स्पष्टीकरण करना पड़ता है। विश्लेषण के दरम्यान तथ्यों में छिपे हुये रहस्य का प्रगठन क्या विदित करता है, उसके स्तर के, कार्य कारण सम्बन्धों के विशदीकरण के लिये योजित की गई संज्ञा से ज्ञान कैसे समृद्ध हुआ और उसकी क्या उपयोगिता है, वह भी स्पष्ट करना पड़ेगा।

परिभाषा

"बौद्धिक प्रक्रिया द्वारा 'चरों का' अथवा तथ्यों का अथवा घटना का स्वरूप प्रगट करके उसमें सम्बन्धों को यथायोग्य प्रकार से स्पष्ट करना यानि अर्थ निरूपण। दूसरों को कुछ ज्ञान प्राप्त कराना यह अर्थ निरूपण का उद्देश्य है।"

उपरोक्त परिभाषा में ऐसा स्पष्ट होता है कि अर्थ निरूपण पूर्णतः बौद्धिक प्रक्रिया है। बुद्धि को जो कुछ संशोधन में महत्त्वपूर्ण और नया लगता है उनकी स्पष्ट रचना करना अपरिहार्य माना गया है और उपलब्ध ज्ञान में वृद्धि करने के लिये संशोधक तथ्यों में छिपे सत्य का जो आकलन होता है उसे भी स्पष्ट रूप से विशुद्ध करता है। अर्थ निरूपण पूर्णतः वृद्धि पर और तर्क पर निर्भर होने के कारण संशोधक विशेष गुणी होना आवश्यक हो गया है।

(I) अर्थ निरूपणकर्ता में विचारों के आधार पर विषय वस्तु के केन्द्रीय मुद्दों को और अन्य महत्त्वपूर्ण मुद्दों को अत्यधिक स्पष्ट रूप में रखने की कला से अवगत होना चाहिए।

(2) उसके अध्ययन में तटस्थता रहनी चाहिए। यह तटस्थता त्रिगुणात्मक है:

(अ) संशोधक अथवा अर्थनिरूपणकार को पूर्णतः तटस्थ रहना चाहिए, यानि उसे किसी प्रकार का पक्षपात नहीं करना चाहिए।

(ब) अर्थ निरूपण के लिये उपयोग में लाये जाने वाले तथ्य तटस्थ रहने चाहिये यानि उन तथ्यों का अर्थ निरूपण करते समय अन्यों का मत क्या है इससे वे प्रभावित नहीं रहने चाहिए।

(स) तथ्यों का विश्लेषण तटस्थ रूप से होना चाहिए यानि विश्लेषण के समय जो पहलू (स्तर घटक) प्रगट हुये है उनको समान मानकर अध्ययन करना चाहिए।

(3) संशोधक को तर्क–शास्त्र का ज्ञान होना आवश्यक है। तर्क–शास्त्र के आधार पर वह स्वयं को ज्ञात हुये नये ज्ञान की पुष्टि कर सकता हैं। यदि संशोधक को तर्क–शास्त्र का ज्ञान न हो तो उसे अर्थ निरूपण के लिए जो–जो उसके अध्ययन विषय से सम्बन्धित हैं ऐसे तर्क–शास्त्र के अध्यायों का अध्ययन कर उसमें प्रवीणता प्राप्त करनी चाहिये, योग्य सिद्ध करके है।

(4) संशोधक को परिमाण प्रविधि का प्रयोग आना चाहिए। मापन के लिये योग्य प्रविधियों का चयन, तत्पश्चात् मापन प्रविधि योग्य सिद्ध करके तथ्यों का मापन करना चाहिए। सांख्यिकी परिमाण लेना सरल है लेकिन गुणात्मक मापन कैसे करे? यह ज्ञात न हो तो उसका प्रशिक्षण लेने के बाद विद्वानों की देखरेख में अनुभव लेना चाहिए।

(5) विश्लेषण के अंतिम चरण में किये गये सूक्ष्म अवलोकन में जो कुछ नया दिखाई दे उसको व्यवस्थित वैज्ञानिक स्वरूप में स्पष्ट रूप से रखने की उसकी क्षमता रहनी चाहिए।

प्रत्येक संशोधन में उपरोक्त पांच गुण रहने चाहिये, इनकी अपेक्षा ज्यादा गुण रहे तो उनका उपयोग संशोधन को अधिक सफल और विश्वसनीय बनाने के लिये उपयोगी रहता है और संशोधन के उद्देश्य कम समय में, खर्च में और श्रम में प्राप्त किये जा सकते हैं।

(1) तथ्य सामग्री एकजीव (Homogeneous) होनी चाहिए।

(2) तथ्य सामग्री उचित (Appropiate) होनी चाहिए।

(3) तथ्य सामग्री पर्याप्त (Adequate) होनी चाहिए।

(4) तथ्य सामग्री वैज्ञानिक पद्धति से विश्लेषित (Scientifically Analysed) की हुई होनी चाहिए।

अर्थ निरूपण करते समय उपलब्ध सभी तथ्यों को "समान" नहीं रख सकते। कुछ तथ्यों को सर्वाधिक महत्त्व देना पड़ता है तो कुछ को अन्यों की तुलना में महत्त्व का मानना पड़ता है। कुछ को ज्यों का त्यों ही अर्थ निरूपण के लिए

उपयोग में लाना पड़ता है अथवा आवश्यकता पड़ने पर "बाहरी" तथ्यों को कैसे और कितना महत्त्व देकर उपयोग में लाये यह निश्चित करने की बौद्धिक शक्ति अर्थ निरूपणकर्ता में होनी चाहिए। उसी प्रकार तथ्यों के गुणक परस्पर सम्बन्धों को (Coefficient of Correlation) और सांख्यिकी जानकारी का अर्थ निरूपण करने में वह पारम्गत होना चाहिये। गुणक परस्पर सम्बन्धों का अर्थ निरूपण करते समय निम्नलिखित बातों का ध्यान में रखना चाहिए :

(अ) गुणक का आकार

(ब) समग्र से तुलनात्मक स्वरूप में निदर्शन का आकार

(स) तत्त्वों का स्वरूप

उपरोक्त तीनों बातों को सर्वाधिक महत्त्व देकर गुणकों के निकाले हुए सांख्यिकी परिणाम को सुबोध भाषा में और व्यवस्थित रूप में विशद करना चाहिए।

भिन्न–भिन्न व्यक्ति जब विश्लेषक के परिणामों को अलग–अलग प्रकार से स्पष्ट करते है तब उनके किये हुये अर्थ निरूपण संशोधक में संभ्रम और अस्वस्थता उत्पन्न करते हैं। अनेक अर्थ निरूपणों से "अधिक बराबर और योग्य" ऐसा अर्थ निरूपण कौनसा है यह निश्चित करने की समस्या सामने आती है। ऐसी परिस्थिति में अर्थ निरूपण करने की प्रक्रिया को अधिक महत्त्व प्राप्त होता है और अर्थ निरूपण करना यह विद्वानों का कार्य क्षेत्र बनता है। दूसरे अर्थ निरूपण विशेषज्ञ हैं इसलिए उसकी मदद लेना यह संशोधक के लिये लज्जास्पद है इसलिये संशोधक को इस सन्दर्भ में विशेषज्ञ बनना ही चाहिये। योग्य और यशस्वी अर्थ निरूपण करना यह एक विशेष कला है। इस कला का ज्ञाता संशोधक अपने अर्थ निरूपण में दोष नहीं रहने देता और यदि यह असंभव न हो तो दोषों को कम से कम "अत्यल्प" करता है।

अर्थ निरूपण में दोष निर्माण के कारक

अर्थ निरूपण में "दृष्टि दोष से" अथवा परस्पर रूप में किये कार्य से दोष अस्तित्व में आते है। सामान्यतः अर्थ निरूपण में निम्नलिखित दोष दिखाई देते हैं:

(1) **व्यक्तिगत पक्षपात** – अर्थ निरूपण में यह दोष हेतु पूर्वक अस्तित्व में लाया जाता है। इसमें संशोधक अर्थ निरूपण करते समय कुछ तथ्यों को सीमा से अधिक अथवा कम महत्त्व देता हैं बहुत बार यह दोष संशोधक की दुर्लक्षितता से भी अस्तित्व में आता है।

(2) **सामान्य परिमाण का उपयोग** – जब संशोधक को प्रमाणित परिमाण प्रयत्न करने के बाद भी उपलब्ध नहीं होता तब उसके पास जो सामान्य परिमाण है उसका उपयोग करके तथ्यों का और घटनाओं का मापन करता है। ऐसे प्राप्त हुआ परिणाम पूर्ण विश्वसनीय नहीं रहता और कम विश्वसनीयता यह अर्थ निरूपण का प्रमुख दोष है।

(3) **गलत अनुमान निकालना** – तथ्यों को पूर्ण आकलन नहीं होने अथवा तथ्य क्लिष्ट और अर्थहीन हैं ऐसा समझ कर उपेक्षित करके निकाला गया अनुमान गलत है।

(4) **अनावश्यक परिणाम निकालना** – तथ्यों का अर्थ निरूपण करते समय संशोधन के विषय तक न जाकर संशोधन विषय से बाहरी भी जो अर्थ व तथ्य प्रतिध्वनित करते है उनको भी अपने निष्कर्ष में जोड़कर अनावश्यक परिणाम निकालकर वह अर्थ निरूपण में प्रस्तुत करना।

(5) **सांख्यिकी संकल्पना का गलत उपयोग** – सांख्यिकी संकल्पना का उपयोग करते समय यदि जरा सी भी गलती हो गई तो परिणाम तक पहुंचने तक वह गलती बहुत बड़ी गलती थी ऐसा दिखाई देता है। इसलिये संशोधक को सांख्यिकी संकल्पना, का उपयोग करते समय उनके प्रयोग के सम्बन्ध में बार–बार विश्वास कर लेना चाहिये।

(6) **प्रतिशत निकालने की पद्धति का गलत उपयोग** – संशोधन में प्रतिशत कहां निकालना है और कहां नहीं निकालना है इसका ध्यान संशोधक को रखना चाहिये उसका अंकों पर प्रतिशत नहीं निकाले अन्यथा दिशाभूल होगी। उदाहरण–एक महाविद्यालय में से तीन विद्यार्थी एम. ए. परीक्षा में बैठे, उसमें से दो उत्तीर्ण हुए। यह संख्या वैसे ही देना चाहिए, इसे प्रतिशत में देने पर प्रति छियासठ (66%) विद्यार्थी उत्तीर्ण हुये ऐसा देना पड़ेगा और यह प्रतिशत संशोधन में निष्कर्ष निकालते समय दिशाभूल करने वाला होगा, क्योंकि दूसरे महाविद्यालय में उत्तीर्ण विद्यार्थियों की संख्या पचास में से पन्द्रह है यानि 30 प्रतिशत है। छियासठ प्रतिशत यह 30 प्रतिशत की अपेक्षा अच्छा परिणाम है ऐसा निष्कर्ष निकालने पर सांख्यिकी दृष्टि से यदि वह योग्य रहा तो भी गुणात्मक मापन की दृष्टि से अयोग्य होगा इसलिये असमतौल संख्याओं का प्रतिशत निकालकर उसकी तुलना संशोधक को नहीं करनी चाहिए।

(7) **गलत निष्कर्ष और सामान्यीकरण** – संशोधक संशोधन प्रारूप की संकल्पना सत्य और यथार्थ है ऐसा सिद्ध करने के लिये जब तथ्यों को हेतुपूर्वक उपयोग में लाता है तब वह यथार्थ से दूर होता जाता है और उसके निकाले हुये निष्कर्ष वैसे ही रहते हैं जैसे उसने प्रारूप की निर्मिती के समय निश्चित किये होते है। ऐसे निष्कर्ष वास्तविक, यथार्थ और विश्वसनीय नहीं रहते। संशोधक संशोधन के आधार पर प्रस्थापित किये सिद्धांतों का जब सामान्यीकरण करता है तब अपना संशोधन कितना महत्त्वपूर्ण और व्यापक है यह दिखाने के लिये ऐसे क्षेत्रों को भी वह शामिल करता है जिनको व्याप्ति में समाविष्ट करना योग्य नहीं होता इस मोह के वशीभूत होकर संशोधक गलत सामान्यीकरण करते हैं।

परिपूर्ण अर्थ निरूपण संशोधन की आवश्यकता है। इस आवश्यकता की पूर्ति के लिए दोष रहित अर्थ निरूपण करना आवपश्यक है ओर ऐसा करना हो तो उपरोक्त दोषों को अन्य छोटे दोषों सहित अथवा किसी भी दोष को अर्थ निरूपण में रहने देना खतरे का है। अतः संशोधक को अर्थ निरूपण सावधानी से और होशियारी से करना चाहिए।

33

सामान्यीकरण

(Generalisation)

अर्थनिरूपण अर्थात् निर्वचन प्रक्रिया के बाद "सामान्यीकरण" कर "सिद्धांत निर्माण" की ओर अग्रसर होना पड़ता हैं। आम अर्थ में वस्तुओं, घटनाओं आदि के मध्य कतिपय समानताओं या सामान्य विंशेषताओं का निर्णयन ही सामान्यीकरण कहलाता है। विशेष दृष्टि से देखा जाये तो संकल्पनाएं एवं वर्गीकरण सामान्यीकरण की प्रक्रिया पर आधारित दिखती है। किन्तु सामान्यीकरण इनसे भिन्न और श्रेष्ठ एवं उच्च स्थिति में होकर संकल्पनाओं के मध्य जो विविध सम्बन्ध होते हैं उन्हें अभिव्यक्त करता है। यह उपकल्पना तथा विधि या नियम से भिन्न होता हैं। सामान्यीकरण निश्चित, स्पष्ट और सशर्त होता है।

मीहान : "सामान्यीकरण एक ऐसा प्रस्ताव या सुझाव है जो घटनाओं के दो या दो से अधिक वर्गों को इस तरह जोड़ता है कि किसी एक वर्ग में आने वाले सदस्य दूसरे वर्ग के भी सदस्य बन जाते है। ये वर्णन से परे जाकर बिना देखी हुई बातें भी कहते हैं। इनके द्वारा संकल्पनाएं, वर्गों आदि के अन्तर्गत आने वाली अनन्त वस्तुओं, घटनाओं आदि का कथन किया जा सकता है। इनसे उन वस्तुओं और घटनाओं का व्यक्तिगत प्रेक्षण करने में लग सकने वाले समय और श्रम की बचत तथा ज्ञान की तीव्र गति से वृद्धि होती है।"

वैज्ञानिक सामान्यीकरण (Scientific Generalisation) संकल्पनाओं के मध्य सम्बन्धों को व्यक्त करता हैं सामान्यीकरण हमें राजनीतिक घटनाओं के बारे में अधिक परिष्कृत एवं व्यापक विवरण देते हैं, परिणामस्वरूप इनको राजनीति विज्ञान में महत्त्वपूर्ण स्थान प्राप्त हुआ। इने द्वारा परिभाषा निर्माण एवं पूर्वकथन में सहयोग प्राप्त होता है तथा ज्ञान को "व्यवस्थित" किया जाता है। वैज्ञानिक पद्धति के विचारनियमों के अनुसार उपलब्ध साक्ष्य के आधार पर जांच करके, उसको स्वीकार या अस्वीकार किया जाता है। स्वीकार कर लेने पर उसे नियम (Law) कहा जाता है। नियम एक सच्ची या सिद्ध परिकल्पना है।

सभी सामान्यीकरण मूलभूत रूप से, अनुभविक संकल्पनाओं के मध्य प्रस्तावित या पुष्ट सम्बन्ध होते हैं। इस कारण सामान्यीकरण को युक्तियुक्तता संकल्पनाओं की युक्तियुक्तता पर निर्भर है। एक बेहूदा सामान्यीकरण अनुभविक नहीं हो सकता।

सामान्यीकरणों का क्षेत्र (Scope of Generalisation)

सामान्यीकरण किसी व्यक्ति विशेष घटना से सम्बन्धित नहीं होते। सामान्यीकरण घटकों, इकाइयों या तथ्यों के वर्ग से सम्बन्धित होता है। उसे विशेषकों (Qualifiers) द्वारा सीमित किया जा सकता है। एक सामान्यीकरण क्षेत्रों पर लागू होता है, उसे उसकी जनसंख्या कहते हैं। सामान्यीकरणों के क्षेत्र के दो मानदंड है : प्रथम–परिभाषा द्वारा सीमित क्षेत्र वाला वाक्य सामान्यीकरण नहीं हो सकता, तथा द्वितीय–व्यापक क्षेत्र वाले सामान्यीकरण विकसित किए जाने चाहिए। जितना क्षेत्र व्यापक होगा, सामान्यीकरण की उतनी ही अधिक शक्ति होगी।

शाश्वत एवं सांख्यिकीय सामान्यीकरण

(Universal and Statistical Generalisation)

शाश्वत सामान्यीकरण समस्त प्रकृति के होते हैं। राजनीति में शाश्वत विवरण नहीं दिये जा सकते अतः सांख्यिकीय सामान्यीकरणों की आवश्यकता पड़ती है। सांख्यिकीय सामान्यीकरणों को अपूर्ण शाश्वत ज्ञान माना जाता है। लेकिन अपूर्ण ज्ञान को पूर्ण बनाया जा सकता है, ज्यों–ज्यों प्रभाव डालने वाले कारकों का पता चलता है त्यों–त्यों अपूर्णता के क्षेत्र में कमी आती जाती है। क्षेत्र की दृष्टि से शाश्वत तथा सांख्यिकी सामान्यीकरणों में केवल दावों (Claims) की पुष्टि का ही अन्तर होता है।

सामान्यीकरण, उपकल्पनाएँ एवं नियम

उपकल्पनाएँ वे सामान्यीकरण होते हैं, जिनका निर्माण किया गया है, किन्तु जिनका परीक्षणा अभी बाकी हैं। नियम वे सामान्यीकरण हैं जिनका परीक्षण हो चुका है तथा जिनको या तो पुष्ट कर दिया है अथवा अस्वीकार नहीं किया गया है। उपकल्पनाओं की आगमनात्मक पद्धतियुक्त प्रक्रिया से ठोस आधार पर की जाती है और इस तरह सामान्यीकरण की और उपकल्पना को अग्रसर किया जाता है। इसमें अवलोकन का उपयोग किया जाता है। इसमें आगमनात्मक उछाल (Inductive Leap) होना विषय–वस्तु में निहित पूर्व–कथन की क्षमता को उजागर करने के लिए आवश्यक है।

सामान्यीकरण एवं कार्य कारण सम्बन्ध

(Generalization and Cause Effect Relationship)

सामान्यीकरण तथा कार्य–कारण सम्बन्ध एक दूसरे से सम्बन्धित हैं। नियमपूर्ण सम्बन्ध कार्य कारण सम्बन्धों के रूप में अस्वीकार कर लिए जाएंगे।

राजनीति विज्ञान में कारणात्मक सम्बन्धों को नियमपूर्ण सम्बन्धों की खोज करने के लिए या उनके शुद्धिकरण के लिए उपयोग में लाए जाते हैं। ये सम्बन्ध अनुभाविक होते हैं तथा इन्हें सांख्यिकीय सह–सम्बन्धों के रूप में प्रस्तुत किया जा सकता है। इसे ह्यूम की सतत संयुति (Conjunction) के विचारबन्ध से समायोजित किया जा सकता है।

34

सिद्धान्त –निर्माण

(Theory Building)

कार्य–उद्देश्य के दृष्टिकोण से सिद्धांत सामान्यीकरणों की ऐसी व्यवस्था है जो अनुभवजन्य (Empirical) खोजों पर आधारित होती है या व्यावहारिक रूप से परीक्षण के योग्य हो। सिद्धांत–व्यवहार पर आधारित है या उसे आधारित किया जा सकता है। सिद्धांत इस बात की परिभाषा करता है कि वास्तव में क्या घटित होना चाहिए। कथनों के समूह (Set of Statements) को सिद्धांत के योग्य तभी माना जाता है जब वे सिद्धांत–परीक्षण योग्य हों।

परिभाषाएँ

रॉबर्ट के मर्टन, "वैज्ञानिक द्वारा अपने निराक्षणों के आधार पर तर्क–वाक्यों के रूप में सुझाई गई तार्किक रूप से परस्पर सम्बन्धित संकल्पनाएं ही एक सिद्धांत का निर्माण करती है।"

पीटर एच. मेन, "तथ्यों को एक अर्थपूर्ण विधि से व्यवस्थित करने और उनमें तार्किक सम्बन्ध स्थापित करने से ही सिद्धांत बनता है।"

स्टीफेन एल. बेसबी : "सिद्धांत कथनों के उस समूह (कम से कम दो) को कहते है जिन्हें या तो नियम या तर्क वाक्य कहा गया है, जो एक दूसरे से सम्बन्धित है और जो व्यवस्था की बदलती अवस्थाओं के अन्तर्गग्त विभिन्न चरों (Variables) के मध्य सम्बन्ध स्थापित करते हैं।"

उपरोक्त परिभाषाओं से स्पष्ट होता है कि

(1) सिद्धांत का निर्माण तथ्यों से होता है।

(2) सिद्धांत का निर्माण तथ्यों पर आधारित सामान्यीकरण होता है।

(3) सिद्धांत में उपकल्पना एवं कथनों के समूह का सम्मिश्रण भी हो सकता है।

(4) सिद्धांत में विभिन्न चरों के सम्बन्धों को भी व्यक्त किया जा सकता है।

(5) सिद्धांत का निर्माण अनुभवों एवं सिद्धान्त के आधार पर किया जा सकता है।

तथ्यों और सिद्धांत का घनिष्ट सम्बन्ध है। कोरी कल्पना तथ्यों का निर्माण नहीं कर सकती। उपकल्पनाओं के परिणामस्वरूप तथ्यों की प्राप्ति होती है। उपकल्पनाओं के परीक्षण के बाद ही किसी तथ्य की सत्यता या असत्यता प्रकट होती है। तथ्य सिद्धांत के निर्माण, पुनर्निर्माण, उनके स्पष्टीकरण में अत्यधिक सहायक होते हैं। नए सिद्धांतों की खोज के लिए वे मार्गदर्शन का काम करते हैं। तथ्य पुराने सिद्धान्तों की सत्यापनशीलता के लिए संशोधक द्वारा उपयोग में लाए जात्ते हैं।

सिद्धांत के द्वारा विभिन्न घटनाओं का वर्गीकरण किया जा सकता है। उनमें पारस्परिक सम्बन्ध स्थापित किया जा सकता है एवं समानताओं और असमानताओं को प्रकट किया जा सकता है। तथ्यों की स्पष्ट परिभाषा सिद्धांत द्वारा सरलतापूर्वक की जा सकती है।

सिद्धांत-निर्माण के तत्त्व

सिद्धांत–निर्माण के निम्नलिखित तत्त्व महत्त्वपूर्ण माने जाते हैं –

(1) संकल्पना–निर्माण (Concept Formation)

(2) संक्रियाकरण (Operationalization)

(3) चर (Variables)

(4) प्रकार विज्ञान (Typologies)

(5) उपकल्पनाएँ (Hypothesis)

(6) निगमन और आगमन (Deduction and Induction)

(1) संकल्पना निर्माण : यह सिद्धांत–निर्माण का प्रथम और सबसे महत्त्वपूर्ण भाग है। प्रयोग में लाई गई संकल्पनाओं से ही सिद्धांत का निर्माण होता है। यद्यपि सिद्धांत पर्याप्त विकसित संकल्पनाओं पर आधारित होने चाहिए फिर भी संकल्पनाओं का विकास एवं उनकी परिभाषा एवं उनकी परिभाषा सदैव के लिए एक समान नहीं रहती। संकल्पनाओं का विकास होता रहता है। उनकी प्रकृति एवं विशेषताओं से परिवर्तन आ सकता है। इसलिए संकल्पनाओं और परिभाषाओं को सिद्धांत–निर्माण के लिए निश्चित अर्थों में "स्थिर" किया जाता है। राजनीति विज्ञान में संकल्पनाओं का अभाव है, इस अभाव को दूर करने के प्रयत्न अपर्याप्त साबित हुए अतएवं रोजमर्रा के राजनीतिक जीवन में आत्मसात् की गई संकल्पनाओं ने अनेक समस्याओं को जन्म दिया हैं। समस्याओं, जटिलताओं और कठिनाइयों ने संकल्पनाओं के स्पष्टीकरण की आवश्यकता को ओर भी बढ़ा दिया है। अतः सिद्धांत–निर्माण में इनके सही एवं उपयुक्त अर्थ के लिए संकल्पनाओं के ढांचे में और किसी प्रणाली को काम में लाना होगा।

(2) संक्रियाकरण : संकल्पनाओं की आवश्यकता अनुभवजन्य संशोधनों (Empirical Research) में होती है, अतः इनके विकास के लिए जिस विधि को अपनाया जाता है, उसे "संक्रियाकरण की विधि" कहते हैं। संकल्पनाओं को किस विधि तक काम में ला सकते हैं? यह इस बात पर निर्भर है कि वे कहां तक ठोस (Concrete) हैं अर्थात् संक्रियाकरण विधि द्वारा संकल्पनाओं को कार्य (Operation) या क्षेत्र के रूप में परिभाषित किया जाता है कि जिससे उनमें ठोसपन (Concreteness) आ सके। संकल्पना सक्रियाकरण करने के कई तरीके हैं–संकल्पनाओं का अधिक स्पष्टीकरण, उनके क्षेत्र को अच्छी तरह से समझना, उद्देश्यों के बारे में सन्देह से परे होना तथा व्यक्ति–प्रधानतावाद से मुक्ति पाना आदि।

संकल्पना के प्रामाणिकता की समस्या संक्रियाकरण विधि में प्रथम रुकावट बनती है। उदाहरण – "शक्ति" यह एक सम्बन्धित संकल्पना है न कि व्यक्तिगत विशेषता। इसका प्रयोग दूसरों के सम्बन्ध में किया जाता है। शक्ति "सम्बन्धी" होने के साथ–साथ "स्थितीय" भी है। कुछ लोग शक्ति प्रयोग अधिक करते हैं तो कुछ कम। यदि हम कहें कि शक्ति "स्थितीय" और "सम्बन्धी" है तो इससे भी संकल्पना की प्रत्यक्ष परिभाषा नहीं होती।

इसी प्रकार वर्ग (Class) का भी विभिन्न तरीकों से संक्रियाकरण किया जा सकता है। मार्क्स ने उत्पादन के साधनों के सन्दर्भ में वर्ग की परिभाषा की है। कुछ वर्ग समुदायों पर आधारित है। वार्नर ने वर्गों और उपवर्गों के बीच भेद स्पष्ट किया है।

(3) चर : सिद्धांत–निर्माण में चरों का योगदान आवश्यक है। मुख्यतः सतत् चर (Continuous Variables) और खंडित चर (Discrete Variables) ये दो चरों के प्रकार उपयोग में लाए जाते है। चरों के तीनों वर्ग (1) स्वतन्त्र; (2) हस्तक्षेपी; (3) निर्भर; सिद्धांत निर्माण में अपनी–अपनी भूमिकाएँ निभाते हैं।

(4) प्रकार विज्ञान (Typologies) : संकल्पनाओं का प्रयोग समूहों (Sets) में किया जाता है। शब्दों की परिभाषाओं से ही इनका विकास होता है। इन शब्दों (Terms) या पदों के अधिकाधिक विकसित समूहों को हम प्रकार–विज्ञान (Typologies) की संज्ञा देते हैं। प्रकार–विज्ञान कोई सिद्धांत नहीं है, परन्तु इसके द्वारा प्रदत्त श्रेणी या पद–समूह सिद्धांतों के विकास का सहायक प्रदान है जो बड़ी श्रेणियों के समूहों द्वारा संशोधन–कार्य को आगे बढ़ाते हैं। प्रकार–विज्ञान केवल "तार्किक रचना" है जो यह दर्शाती है कि किस प्रकार श्रेणियों के समूह अस्तित्व में है?

प्रकार विज्ञान के निर्माण के नियम

(Rules for Constructing Typologies)

(1) प्रत्येक श्रेणी आन्तरिक रूप से सजातीय होना चाहिए।

(2) वे एक दूसरे से पृथक् होनी चाहिए।

(3) श्रेणियों के समूह में वे पद (Items) आ जाने चाहिए जिनका अध्ययन किया जाना है।

उदाहरण – कांग्रेस और भारतीय जनता पक्ष। कांग्रेस को सेल्युलर या धर्म–निरपेक्ष और भारतीय जनता दल को हिन्दूत्ववादी मानें। दोनों पक्षों में कट्टर एवं सहिष्णुओं के समूह है। अतः इनमें चार श्रेणियां अस्तित्व में आती हैं– (1) कट्टर कांग्रेसी, (2)सहिष्णु कांग्रेसी, (3) कट्टर भा. ज. दल वाले, तथा (4) सहिष्णु भा. ज. दल वाले। ये चारों श्रेणियों के सदस्यों में सरकार–तत्त्व आवश्यक हैं किन्तु उनके स्वरूप के बाबत मतभेद हैं।

(5) उपकल्पनाएं : उपयुक्त उपकल्पना ही सिद्धांत का निर्माण कर सकती है। उपकल्पना का परीक्षण होने के पश्चात् ही सिद्ध की गई एवं उपयोगी उपकल्पनाओं का समूह (Set) तर्क के आधार पर अस्तित्व में लाया जाता है और फिर तार्किकता का आधार ले तथ्यों के माध्यम से उसे सिद्धांत के रूप में "स्थित" करने की प्रक्रिया में ढाला जाता है।

(6) निगमन और आगमन : इनका सिद्धांत निर्माण में महत्त्वपूर्ण योगदान है।

निगम उपकल्पना–परीक्षण के लिए प्रेरित करने के अतिरिक्त यह भी बतलाता है कि सिद्धांत के भाग आन्तरिक रूप से एक–दूसरे से जुड़े हुए हैं अथवा नहीं।

आगमन का सिद्धांत–निर्माण के मुख्य कार्य यह है कि सामान्यीकरणों का जो उपकल्पना–परीक्षण पर आधारित है, तथ्यों के द्वारा समर्थन करना।

आगमन एवं निगमन सिद्धांत का निर्माण, सिद्धांत का परीक्षण और सिद्धांत में संशोधन किया जाता है।

सिद्धांत के गुण (Qualities of Theory)

सिद्धांत के गुण में दो मापदंड माने गये हैं – (1) सिद्धांत का सौन्दर्य, और (2) सिद्धांत में मितव्ययता।

जिसमें कम सामान्यीकरण हो वही सिद्धांत अच्छा होता हैं। सिद्धांत संक्षिप्त एवं स्पष्ट भाषा में होना चाहिए–सहज समझ में आना चाहिए एवं उपयोग में कोई कठिनाई न हो। सिद्धांत के भाग (Parts) एक–दूसरे से अच्छी तरह जुड़े होने चाहिए। सिद्धांत में भविष्य कथन का गुण होना चाहिए।

अपरिक्षित सिद्धांतों को प्रतिरूप कहते हैं। प्रतिरूप किसी वस्तु का सांकेतिक प्रतिनिधित्व (Symbolic Representation) है जिसका उद्देश्य उस वस्तु के गुणों को या विशेषताओं का दर्शाना है। प्रतिरूप केवल भविष्य कथन कर सकता है। प्रतिरूप हमें नई सामग्री प्राप्त करने के लिए प्रेरित करता है जिसको

अभी तक ढूंढा नहीं गया है एवं अन्य सम्बन्धों की खोज में सहायता देता है।

राजनीति विज्ञान में सिद्धांतों का अभाव हैं। समग्र और साधनों का प्रभाव, विकास का निम्न–स्तर, भाषा की अपूर्णता, परम्परावादियों का विरोध, अविकसित प्रविधियों आदि अनेक बाधाएं उसके विकास को रोके हुए है, इन सब अड़चनों के बावजूद सिद्धांत–निर्माण कार्य अबाधित रूप से किया जा रहा है।

35

संशोधन अहवाल या प्रतिवेदन

(Research Report)

संशोधन का प्रतिवेदन प्रस्तुत करना संशोधन का अन्तिम पड़ाव है। संशोधन संस्था या विश्वविद्यालय में संशोधन–रत संशोधक के लिये प्रतिवेदन प्रस्तुत करना ही चाहिए। संशोधन का स्तर कितना ऊंचा हो अगर उसे प्रतिवेदन में प्रस्तुत किया नहीं गया तो उस संशोधन का कोई महत्त्व नहीं होता। अतः प्रतिवेदन में संशोधन प्रस्तुत करना केवल महत्त्वपूर्ण ही नहीं, राष्ट्रीय धरोहर भी है। संशोधन में प्राप्त ज्ञान पर स्वामित्व व्यक्ति का न होकर समाज का होता है। समाज के उत्सुक सदस्यों तक संशोधन से प्राप्त ज्ञान पहुंचाना संशोधक का उत्तरदायित्व होता है।

संशोधक संशोधन अहवाल में पाठक के लिये अध्ययन में "समस्या" को सुलझाने के लिये उपयोग में लायी गयी संशोधन–प्रणाली संशोधन के परिणाम व निकाले गये निष्कर्ष सुलभ, सटीक एवं सरल भाषा में स्पष्ट रूप से रखता है। जिस संशोधन को लिखित स्वरूप में नहीं रखा जाता उस संशोधन से समाज लाभान्वित नहीं होता और उस पर खर्च हुआ धन, समय और श्रम व्यर्थ जाता है।

परिभाषा

गुडे व हॉट्ट : "प्रतिवेदन लिखना संशोधन का अंतिम चरण है और इसका उद्देश्य इच्छा रखने वाले पाठ तक संशोधन परिणाम पहुंचाना है। पाठक जिन्हें पढ़कर समझ सके इस तरह से संशोधन को व्यवस्थित एवं विस्तार रूप में प्रस्तुत करना। इसे पढ़कर पाठक समझ सकें और स्वयं निष्कर्षों की प्रामाणिकता की जांच करने योग्य हो सकें।"

गुडे एवं हॉट्ट के परिभाषा से प्रतिध्वनित अर्थ प्रतिवेदन में संशोधक सम्पूर्ण अध्ययन का विवरण देता हैं। समस्या–विधान से संशोधन के अन्तिम परिणाम प्रस्तुत करता है। समय महत्त्वपूर्ण घटक है। इसलिये प्रबन्ध प्रस्तुत करने का दिन एवं तारीख पूर्व–निश्चित होती है।

संशोधन का प्रतिवेदन लिखने के लिये कितना समय, पैसा और श्रम खर्च करना पड़ेगा गह अध्ययन के स्वरूप, व्याप्ति और उद्देश्यों पर निर्भर रहता है। संशोधन सैद्धांतिक हो या व्यावहारिक, गहन हो अथवा केवल किसी एक समस्या से सम्बन्धित, परीक्षणात्मक हो या क्षेत्रीय, उनके प्रतिवेदन अपनी–अपनी विशेषता लिये रहते हैं। अलग–अलग विशेषता रही तो भी सभी संशोधन के प्रतिदेदनों को प्रस्तुत करने के लिये वैज्ञानिक पद्धति निर्धारित की गयी है। भारत में सामाजिक विज्ञान का संशोधन प्रतिवेदन प्रस्तुत करने के लिये विश्वविद्यालय अनुदान आयोग ने प्रमाणित प्रारूप तैयार करके सभी संशोधन संस्थाओं तक पहुंचाया है।

संशोधन प्रतिवेदन की आकृति

संशोधन प्रतिवेदन जिस आकृति में प्रस्तुत किया जाता है उसे "संशोधन आरूप" कहते है। प्रारूप को तीन मुख्य विभागों में विभाजित किया जाता है।

(1) प्राथमिक विभाग,

(2) मुख्य विभाग,

(3) सन्दर्भ विभाग,

(1) प्राथमिक विभाग : इस विभाग को निम्नलिखित तीन उपविभागों में विभाजित किया गया है :

(अ) शीर्षक पृष्ठ

(ब) सहयोग देने वालों का धन्यवाद

(स) अनुक्रमणिका

(अ) शीर्षक पृष्ठ : प्रतिवेदन के मुख्य पृष्ठ जिस पर संशोधन से सन्दर्भित सर्वाधिक महत्त्व की जानकारी अत्यधिक लघु–स्वरूप में दी जाए। यह जानकारी अध्ययन का शीर्षक, अध्ययन का स्वरूप, संशोधक का नाम, जहां संशोधन किया उस संस्था का नाम और प्रस्तुत करने की तारीख के सन्दर्भ में रहती है।

....विद्यापीठ के.................
....................संकाय में...पदवी
प्राप्ति के लिये सादर किया हुआ...
....संशोधक
का नाम ....मार्गदर्शक
का नाम ....
....
विद्यापीठ/विश्वविद्यालय..............................वर्ष ....
....

संशोधन प्रतिवेदन का शीर्षक पृष्ठ छपा हुआ होना चाहिए। सम्पूर्ण प्रतिवेदन टाइपिंग किया हुआ रहता हो तो भी शीर्षक टाईपिंग किया हुआ नहीं होना

चाहिये, मुद्रित करना संभव न हो तो सुन्दर अक्षरों में हाथ से शीर्षक पृष्ठ लिखना चाहिए।

(ब) सहयोग देने वालों का धन्यवाद : इसमें सबसे पहले मार्गदर्शक का प्रमाणपत्र दिया जाता है। इस प्रमाणपत्र में मार्गदर्शक ऐसा प्रमाणित करता है कि संशोधन विश्वविद्यालय के द्वारा लगाई गई सभी शर्तों का पालन करते हुए उसके मार्गदर्शन में पूर्ण हुआ है। यही संशोधन....................................उपाधि प्राप्त करने के लिये परिपूर्ण है ऐसा भी प्रमाणित करता है।

मार्गदर्शक के प्रमाणपत्र के बाद संशोधक की घोषणा रहती है। इस घोषणा में संशोधक ऐसा घोषित करता है कि यह संशोधन उसके कार्यों का ही फल है। उसी प्रकार यह संशोधन पूर्णतः अथवा अंशतः कही भी प्रकाशित नहीं किया गया है अथवा किसी भी विश्वविद्यालय में किसी भी उपाधि प्राप्त करने के लिये स्वीकृत नहीं किया है, ऐसा भी स्पष्ट करता है।

संशोधक की घोषणा के पन्ने के बाद के पन्न पर संशोधक ऐसे सभी व्यक्तियों का आभर मानता है जिन्होंने उसे संशोधन के कार्य में मदद की हो। इसमें सबसे पहले संशोधक संशोधन संस्था के निर्देशक और विभाग प्रमुख के प्रति उनके प्रोत्साहन और सहयोग के लिए कृतज्ञता व्यक्त करता है। उसके बाद मार्गदर्शक के प्रति उसकी भावना व्यक्त करके उसका आशीर्वाद उसे हमेशा प्राप्त हो ऐसी कामना व्यक्त करता है और उनके दिये मार्गदर्शन के लिये कृतज्ञता व्यक्त करता है। उसके बाद जिन्होंने अप्रत्यक्ष रूप से संशोधन कार्य में सहयोग दिया है उनका नामोल्लेख करके धन्यवाद और आभार मानता है।

(स) अनुक्रमणिका : अनुक्रमणिका, यह संशोधन प्रतिवेदन में कहाँ–कहाँ क्या–क्या है इसकी सारणी है। अनुक्रमणिका में व्यवस्थित रूप से प्रकरण, उसके उपप्रकरण और आवश्यकता पड़ने पर उप–उपप्रकरण पृष्ठ क्रमांक के विवरण सहित दिये जाते हैं। इसी प्रकार इसमें सारणी, आलेख, नक्शों आदि की सूची दी जाती है। इसके बाद सन्दर्भ–ग्रंथ सूची और संलग्न किये गये दस्तावेजों की सूची देनी पड़ती है।

उदाहरण –

अनुक्रमणिका

	पृष्ठ–क्रमांक
मार्गदर्शक का प्रमाण–पत्र	1
संशोधक की घोषणा	2
ऋण निर्देश	3
अध्याय पहला	
....	1 से 10

सन्दर्भ सूची

प्राथमिक विभाग शीर्षक से अनुक्रमणिकता तक रहता है और अनुक्रमणिका की सूचीपत्रों की समाप्ति के साथ समाप्त होता है। प्राथमिक विभाग में सम्पूर्ण संशोधन से सन्दर्भित थोड़े से सारांश दिया रहता है।

(2) मुख्य विभाग

मुख्य विभाग में अधोलिखित तीन उप–विभाग हैं :

(अ) प्रस्तावना अथवा विषय प्रवेश

(ब) सामग्री और संशोधन प्रणाली

(स) सूचना और निष्कर्ष

(अ) प्रस्तावना अथवा विषय प्रवेश

इसके भी तीन भाग निर्माण किये गए है, वे निम्नलिखित हैं :

(1) विषय का सर्वसाधारण परिचय

(2) समस्या प्रस्तावना

(3) परीक्षण के लिये प्रस्तुत की गयी उपकल्पना

(1) विषय का सर्व साधारण परिचय : संशोधन के लिये लिया विषय क्या है, ज्ञान की कौनसी शाखा का है यह स्पष्ट करना पड़ता है। इसकी अभिव्यक्ति शीर्षक से भी होती है। यदि विषय क्लिष्ट हो तो परिचय ऐसे शब्दों में देना पड़ेगा जिसे सर्व–सामान्य के द्वारा पढ़कर समझा जा सके।

(2) समस्या का विधान और उसका फैलाव : इसमें समस्या की पहचान करवाने के बाद उस समस्या में कौन से घटकों को केन्द्रीभूत मानकर अध्ययन किया जाएगा और ऐसा अध्ययन करते समय अध्ययन क्षेत्र कितना रहेगा इसकी भी जानकारी स्पष्ट रूप में दी जाती है।

(3) परीक्षण के लिए प्रस्तुत की गई उपकल्पना : अध्ययन के लिये ली गई समस्या कितनी महत्त्व की है इसका स्पष्टीकरण देना। इस समस्या को अध्ययन के लिये लेने के पीछे उद्देश्य क्या है इसका विवरण देना। अध्ययन के भौगोलिक और कार्य–क्षेत्रीय मर्यादा निश्चित करके उसका स्पष्टीकरण देना। इसके बाद जिन संकल्पनाओं को उपयोग में लाया गया है उनको कौनसे अर्थ में लिया गया है इसका स्पष्टीकरण देना।

(ब) सामग्री और संशोधन प्रणाली : मुख्य विभाग के इस उप–विभाग के भी चार भाग निर्माण किए गए हैं :

(1) सामग्री स्रोत, उसकी प्रमाणिता और निर्भरता : संशोधन के लिये आवश्यक सामग्री कहाँ से प्राप्त होगी यह देखने के बाद सामग्री स्रोतों को निश्चित करना, इन स्रोतों से सामग्री मिलने के लिए योजना बनाकर उसे क्रियान्वित करना, आवश्यकता पड़ने पर सम्बन्धों का उपयोग करके जानकारी प्राप्त करना, निर्धारित किये हुए स्रोतों से पर्याप्त सामग्री के संकलन का कार्य बन्द नहीं करना चाहिए।

संकलित किये गये तथ्यों और जानकारी की प्रामाणिकता की जांच करनी पड़ेगी। प्रामाणिकता की जांच किए बिना और विश्वसनीयता के बिना तथ्यों और जानकारी का संशोधन में महत्त्व नहीं है। तथ्यों और जानकारी पर निर्भर रह सकते हैं अथवा नहीं इसके लिए वे तथ्य और जानकारी प्रामाणिक और विश्वसनीय हैं इसके साथ–साथ वे विषय–वस्तु के वास्तविक घटक हैं और उनके अध्ययन से विषय–वस्तु का यथार्थपूर्ण अध्ययन होगा इसका विश्वास कर लेना चाहिए।

(2) नमूना पद्धति, नमूने का आकार और चयन : "समग्र" का अध्ययन करना संभव नहीं होने के कारण "समग्र" का प्रतिनिधित्व करने वाले नमूनों का चयन गहन अध्ययन के लिए करना चाहिए।

संशोधन प्रणाली में प्रमाणित की हुई है अनेक नमूना पद्धतियां संशोधक के उपयोग के लिए उपलब्ध हैं। संशोधक को इन पद्धतियों में से दो अथवा अधिक पद्धतियों का चयन कर और उसका उपयोग कर तथ्य और जानकारी इकट्ठी करनी चाहिए। एक नमूना पद्धति का उपयोग करके इकट्ठा किए हुए तथ्य और जानकारी संशोधन के लिए पर्याप्त, प्रामाणिक और निर्भर रहने लायक होगा इसकी संभावना नहीं रहती। सर्वसाधारण रूप में संशोधक ईश्वरीय–संयोग, चयन, उद्देश्यपूर्ण वर्गीकृत पुनरावृत्ति और अभ्यंश निदर्शन पद्धति का ज्यादा प्रयोग करते दिखाई पड़े हैं।

संशोधन की भौगोलिक सीमा व्याप्ति और उसमें लोगों की संख्या के आधार पर अथवा संशोधन का स्वरूप और उद्देश्य के आधार पर नमूने का आकार निर्भर रहता है। नमूने का चयन करते समय संशोधक ने किसी भी आधार पर व्यक्ति का विभाजन किया हो, प्रत्येक विभाग में से पर्याप्त प्रतिनिधित्व किया जा

सके इतने नमूनों का चयन करता है। ऐसा करते समय वह प्रतिनिधित्वों का "समग्र" से रहा प्रतिशत कम–ज्यादा कर सकता है। उदाहरण– एक कारखाने का अध्ययन करना हो तो उसके नौ व्यवस्थापकों में से तीन का चयन किया और साठ (60) कामगारों में से नौ कामगारों का चयन किया याने व्यवस्थापकीय कर्मचारियों में से 33 प्रतिशत का अध्ययन और मजूदरों में से 15 प्रतिशत का अध्ययन करके संशोधन का निष्कर्ष निकालना संभव है।

नमूने की नमूना पद्धति का प्रयोग करके चयन करते समय योग्य और विश्वसनीय तथ्य और जानकारी प्राप्त होगी ऐसों का ही चयन संशोधक को करना चाहिए। यदि प्रयोग की गई नमूना पद्धति ऐसे नमूने उपलब्ध नहीं कर सकती हो तो संशोधक को स्वयं चयनित नमूना पद्धति का उपयोग करके नमूनों का चयन करना चाहिए।

(3) "चरों" (Variables) का चयन और विश्लेषण की रूपरेखा

अध्ययन के लिये चयन किये गये सभी नमूनों से तथ्य और जानकारी इकट्ठा करने के बाद वे तथ्य और जानकारी अलग–अलग प्रक्रिया में से निकालकर विश्लेषण के लिए पूर्व तैयारी की जाती है। ऐसे तथ्य जो अन्यों की अपेक्षा अधिक महत्त्वपूर्ण हों और जो नया ज्ञान उपलब्ध करके देने की क्षमता रखने वाले हों ऐसा संशोधक को लगे तो उनका रूपान्तर "चरों" में होता है अथवा करना चाहिये और उनको विश्लेषण में प्रधानता देनी चाहिए। इन चरों का वैज्ञानिक पद्धति से विश्लेषण किया जा सके ऐसा ही विश्लेषण का प्रारूप बनाना चाहिए और उसके बाद उनका विश्लेषण करना चाहिए। विश्लेषण के प्रारूप में गुणात्मक तथ्य और सांख्यिकी जानकारी का विश्लेषण सरल और परिपूर्ण हो ऐसा बनाने के लिये कौन–कौनसी परिणाम पद्धति का उपयोग करके मापन किया जायेगा यह स्पष्ट करना, और मापन में उपलब्ध हुई सांख्यिकी कौन–कौनसी सारणी और आलेख पद्धति के द्वारा प्रस्तुत की जाएगी, यह भी स्पष्ट करना चाहिये। गुणात्मक सारणी और आलेख में प्रदर्शित सांख्यिकीय एवं अंकीय जानकारी विश्लेषित करके निष्कर्ष निकालने के लिये कौन–कौनसी विश्लेषण पद्धतियों का उपयोग किया जायेगा इसका भी स्पष्टीकरण देना चाहिये।

(4) अध्ययन के लिये प्रयुक्त संशोधन प्रणाली

"विषय–वस्तु" के अध्ययन के लिये उपलब्ध अनेक संशोधन प्रणालियों में से कौनसी संशोधन प्रणाली उपयोग में लाई गई है। उदाहरण– व्यक्तिगत अथवा समूह, निदानात्मक अथवा परीक्षणात्मक आदि। संशोधन के लिये चयन की गई संशोधन प्रणाली को अध्ययन के लिए क्रियान्वित कैसे किया जायेगा इसका भी निर्णय देना पड़ेगा। इस प्रणाली में अध्ययन के लिये उपलब्ध साधनों में से कितने साधन संशोधक को उपलब्ध हैं और उनमें से वह कितनो का उपयोग कर सकेगा यह सोचकर निश्चित करना चाहिए। संशोधक के पास कौन–कौन से वैज्ञानिक

उपकरण और यंत्र सामग्री उपलब्ध हैं, नहीं रहने पर उनके उपलब्ध होने की संभावना है क्या यह भी देखना चाहिये। विश्लेषित किये जाने वाले चरों को और सांख्यिकीय का विश्लेषण करके परिणम निकालने के लिये कौनसी सामग्री–विश्लेषण पद्धति लागू की जानी है यह भी ख्याल रखना चाहिए। उदाहरण–तुलनात्मक विश्लेषण पद्धति का उपयोग करके परिणाम निकालते समय "आय" का आधार लेकर समाज के विविध घटकों की आर्थिक परिस्थिति कैसी है और उसका परिणाम उनके जीवन–स्तर पर कैसा हुआ है इस सन्दर्भ में निष्कर्ष निकाल सकते हैं।

विश्लेषण में से निकाले गये निष्कर्षों का उपयोग संकल्पना के परीक्षण के लिये करना पड़ता है। संशोधक की जो संकल्पना थी वह निष्कर्षों के कितने अनुरूप हैं, इसकी जांच करनी चाहिए। संकल्पना से निकाले गए निष्कर्ष पूर्णतः जाएंगे ऐसी नहीं होता, इसलिये निष्कर्ष कितने प्रमाण में संकल्पना के साम्य में हैं यह देखना चाहिए। संकल्पना और संशोधक के निष्कर्ष यदि परस्पर एक जैसे न हों तो भी संशोधक को असफल नहीं कहा जा सकेगा क्योंकि संशोधन से नए ज्ञान की प्राप्ति हुई है, याने संकल्पना की सत्यता की जांच के लिये उपयोग में लाई हुई संशोधन प्रणाली अपर्याप्त है। किसी भी संशोधन में जिस पर संकल्पना आधारित है उसके एक अथवा अनेक पहलुओं का अध्ययन असंभव है और इसीलिये संशोधन के जो उद्देश्य निश्चित किये गये हैं वे संशोधन से सिद्ध नहीं हुए तो भी वह संशोधन असफल और अनुपयोगी है ऐसा नहीं माना जाता।

(अ) सामग्री विश्लेषण

संशोधन प्रतिवेदन के मुख्य विभाग में इस उपविभाग को फिर से तीन विभागों में विभाजित किया गया है। इन तीनों उप उप–विभागों को प्रतिवेदन में अत्याधिक महत्त्व का स्थान है क्योंकि संशोधन का केन्द्र बिन्दु यही है।

(1) तथ्य विश्लेषित करके निकाले हुए परिणामों की चर्चा।

(2) तथ्यों का वर्गीकरण, सारणीकरण और आलेखन और उनके वैज्ञानिक अध्ययन में से प्राप्त परिणाम।

(3) अध्ययन में से प्राप्त सभी परिणाम की चर्चा और अर्थ–निरूपण।

(1) तथ्य विश्लेषित करके निकाले गये परिणामों की चर्चा : तथ्यों का विश्लेषण करके निकाले गये परिणामों की उपयोगिता के संदर्भ में संशोधक अपने प्रतिवेदन में चर्चा करता है। उदाहरण – निदानात्मक संशोधन प्रणाली का उपयोग करके संशोधन करने पर समस्याओं का स्वरूप, उनकी निर्मिती के कारक, उनकी उप–समस्या, और उनके परस्पर सम्बन्ध, इससे अस्तित्व में आने वाली नयी समस्या उन समस्याओं का समाज पर परिणाम, उपपरिणामों का परिणाम, उसमें से अस्तित्व में आने वाली सामाजिक अराजकता अथवा अव्यवस्था आदि की चर्चा संशोधक करता है।

(2) तथ्यों का वर्गीकरण, सारणीयन, आलेखन और वैज्ञानिक के अध्ययन में से प्राप्त परिणाम : विश्लेषण में तथ्यों का गुणों के आधार पर वर्गीकरण करने के बाद उनकी गुणात्मकता की परस्पर तुलना करके समग्र में कौनसे वर्ग का कौनसा स्थान है यह स्पष्ट किया जाता है। सांख्यिकीय अंकों को सारणी में अथवा आलेख में प्रस्तुत किया जाता है। यह प्रस्तुति एक दृष्टि में अकात्मक तुलना स्पष्ट करती है और आवश्यकता पड़ने पर प्रतिशत की तुलना भी की जा सकती है। आलेख के माध्यम से अंकात्मक तुलना स्पष्ट होते समय प्रगति अथवा अवनति भी स्पष्ट दिखा सकते हैं यानि सारणी और आलेख में विश्लेषित किये गये तथ्य–सरल पद्धति में सर्वसाधारण भी समझ सकें और वे उसमें से स्वयं निष्कर्ष निकाल सकें ऐसे स्वरूप में संशोधक रखता है और उत्सुक पाठक उसका अध्ययन करके स्वयं निकाले हुए निष्कर्षों का क्या परिणाम होगा इसकी कल्पना अथवा अन्दाज निकाल सकते हैं।

(3) परिणामों की चर्चा और निर्वचन : संशोधक आपने संशोधन में से निकाले गये निष्कर्षों के परिणाम की अलग–अलग दृष्टिकोण से चर्चा होने के बाद उसमें हित वाले कौनसे और अहित करने वाले तत्त्व कौनसे इसका स्पष्टीकरण देते समय, स्पष्टीकरण में की हुई अभिव्यक्ति और उस अभिव्यक्ति में प्रयुक्त संज्ञा और शब्दों का अर्थ निरूपण इच्छुक पाठक प्रतिवेदन पढ़कर उससे स्वयं निकाले हुए निर्वचन से तुलना करता है और ऐसे बहुसंख्यक पाठकों की मान्यता मिलने पर वह संशोधन प्रतिवेदन जनप्रिय भी बनता है और संशोधक भी प्रसिद्धि प्राप्त करता है।

(4) सूचना और निष्कर्ष : अर्थ निरूपण जो कुछ हित का निश्चित हुआ है उसके कारकों की क्षमता में कैसे वृद्धि की जा सके और जो हितकारी नहीं है ऐसे कारकों को कैसे दूर करें, अथवा उनकी कारकत्व क्षमता कैसे कम कर सकें, इसका वैज्ञानिक दृष्टिकोण और तर्क के आधार पर आलोचनात्मक रूप में सूचना देता है। ये सूचनाएँ समाज ने स्वीकार कर लागू की तो उसमें से किसकी और कितनी फलप्राप्ति होगी इसका भी निष्कर्ष वैज्ञानिक दृष्टिकोण का उपयोग करके निकाले गये अन्दाज पर रखता है और उसके बताने का स्वरूप यदि कठिन, और पूर्णतः वैज्ञानिक हो तो सरल और सर्वसाधारण व्यक्ति को समझ में आये ऐसी भाषा में अर्थ–निरूपण भी करता है।

(5) संदर्भ विभाग

संशोधन प्रतिवेदन का यह तीसरा प्रमुख विभाग। इस विभाग का निम्न तीन उपविभागों में विभाजित किया गया है :

(अ) ग्रंथ सूची (Bibliography)

(ब) परिशिष्ट (Appendix)

(स) सूची–पत्र (Index)

(अ) ग्रंथ सूची : संशोधक ने जिन–जिन लिखित स्रोतों से तथ्य–सामग्री संशोधन के लिये संकलित की है उनका संक्षिप्त विवरण ग्रन्थ सूची में देता है। यह विवरण देते समय वह वर्णक्रम पद्धति का उपयोग करता है।

ग्रंथ सूची को भी निम्न विभागों में विभाजित किया गया है :

(1) ग्रंथ और पुस्तकें
(2) शोधपत्रिकाएँ
(3) पत्र–पत्रिकाएँ
(4) प्रतिवेदन
(5) दस्तावेज
(6) अप्रकाशित स्रोत

(1) ग्रंथ और पुस्तकें : जिन ग्रंथों में से और पुस्तकों में से लिखित सामग्री का संशोधन में उपयोग हो रहा है उन सभी के लेखकों की अथवा सम्पादकों की आकार विल्लानुसार (Alphabetical) सूची बनानी चाहिये। उसमें लेखकों अथवा सम्पादकों के नाम के सामने उनकी लिखी हुई पुस्तकों अथवा सम्पादित किये हुए ग्रंथों के शीर्षक तथा उनके सामने प्रकाशक का नाम, स्थान वर्ष और आवृत्ति लिखना चाहिये। इस व्यवस्थित रूप में लिखने से स्वतः ही उदाहरण के रूप में दी हुई प्रस्तुत सारणी का आकृतिबंद, ग्रंथ और पुस्तकों का विवरण प्राप्त होगा :

अनुक्रमांक	लेखक अथवा संपादक का नाम	ग्रन्थ अथवा पुस्तक का नाम	प्रकाशक का नाम और स्थान	प्रकाशन वर्ष और आवृत्ति
(1)				
(2)				
(3)				
(4)				
(5)				
(6)				
(7)				
(8)				
(9)				
(10)				
(11)				

(2) शोध पत्रिका : शोध पत्रिका शोध संस्थाओं के द्वारा अथवा विश्वविद्यालयों द्वारा प्रकाशित की जाती है और उसमें नये शोध के सन्दर्भ में और संशोधन के लिये उपयोग में आई हुई नयी पद्धति और प्रविधि के सन्दर्भ में सम्पूर्ण जानकारी दी रहती है। इसीलिए संशोधन विषय से सम्बन्धित जिन–जिन संशोधन–पत्रिकाओं का उपयोग संशोधक ने अपने संशोधन में किया है उनका विवरण निम्न प्रकार से देना चाहिए।

अनुक्रमांक	सम्पादक का नाम	संशोधन पत्रिका का शीर्षक	प्रकाशक, वर्ष, अंक
(1)			
(2)			
(3)			
(4)			
(5)			
(6)			

(3) नियतकालिक पत्र-पत्रिकायें (Peridoicals) **:** पत्र–पत्रिकाओं का उपयोग करते समय अधिक सावधानी रखनी आवश्यक है कि क्योंकि प्रत्येक पत्रिका विश्वसनीय और प्रमाणिक नहीं होती। अतः संशोधक का प्रामाणिक और विश्वसनीय पत्रिकाओं का ही उपयोग करना चाहिए। उदाहरण– भारत में *इंडियन एक्सप्रेस टाईम्स ऑफ इंडिया,* "*दि–हिन्दू*" और "*अमृत बाजार–पत्रिका*" ये दैनिक समाचार–पत्र अन्तर्राष्ट्रीय स्तर के माने गए हैं। इसलिये इनसे प्राप्त जानकारी विश्वसनीय रहती है। पत्र–पत्रिकाओं को लिखते समय उनकी प्रकाशन अवधि को आधार मानकर वर्गीकृत कर लिखना चाहिए। यानि प्रथम दैनिक, उसके बाद साप्ताहिक, उसके बाद मासिक, उसके बाद त्रैमासिक, उसके बाद वार्षिक अंक इस क्रम में।

अनुक्रमांक	नियतकालिक पत्र-पत्रिकाएँ	सम्पादक	तारीख, माह, वर्ष और अंक
(1)			
(2)			
(3)			

(4) प्रतिवेदन : शासकीय, अशासकीय अथवा संशोधन संस्थाएँ, समय–समय पर प्रतिवेदन प्रकाशित करती हैं। प्रतिवदेन में दी गयी जानकारी सांख्यिकीय,

विश्वसनीय और प्रामाणिक रहती है इसलिए इसका वैसे का वैसा उद्धरण संशोधन में दे सकते हैं। प्रतिवेदन के सन्दर्भ में विवरण इस प्रकार देना चाहिए :

अनुक्रमांक	प्रतिवेदन का शीर्षक	लेखक अथवा प्रकाशक	प्रकाशन संस्था	तारीख, माह, वर्ष

(5) दस्तावेज : ऐसे शासकीय और अशासकीय दस्तावेज जिनका उपयोग संशोधन में किया गया है उसको इस प्रकार प्रस्तुत करना चाहिए :

अनुक्रमांक	दस्तावेज का शीर्षक अथवा क्रमांक	संस्था	वर्ष

(6) अप्रकाशित स्रोत : जिन–जिन अप्रकाशित स्रोतों में से संशोधन के लिए जानकारी प्राप्त की गयी है उन स्रोतों का जितना विवरण दे सकें उतना देना चाहिए। यदि संभव हो तो पर्याप्त विवरण सारणी में देना चाहिए।

(ब) परिशिष्ट (Appendix) : जिस लिखित सामग्री का उपयोग उसी रूप में संशोधन में किया गया है उन सभी की सत्य–प्रतिलिपियों का विवरण परिशिष्ट में आकार चिन्ह् पद्धति से देने के बाद उन सत्यप्रतिलिपियों को क्रमवार संलग्न करना चाहिए।

(स) सूचीपत्र : सूचीपत्र विषयानुसार या लेखकानुसार बनाना पड़ता है। विषयानुसार बनाये गये सूची–पत्र में संशोधन प्रतिवेदन में आयी महत्त्वपूर्ण

संकल्पना, संज्ञा शब्द और घटना कौन–कौन से पृष्ठ (page) पर है इसकी जानकारी दी जाती है इसमं संकल्पना, संज्ञा, शब्द और घटनाओं को वर्णाक्षरानुसार क्रमबद्ध किया जाता है।

लेखकानुसार बनाये गये सूची–पत्र में लेखकों को वर्णाक्षरानुसार क्रमबद्ध करके उनका उल्लेख किस पृष्ठ (page) पर किया गया है। इस सन्दर्भ में जानकारी दी जाती है।

तलटिप (Foot-Notes)

तलटिप पृष्ठ के नीचे अथवा प्रकरण के अन्त में दी जाती हैं। प्रत्येक पृष्ठ पर तलटिप देते समय उस पेज की पहली तलटिप जहां वाक्य समाप्त होता है वहां पर एक अंक लिखकर सूचित की जाती है और उसके बाद आने वाली तलटिपों को अनुक्रमानुसार क्रमबद्ध किया जाता है।

एक ही पेज पर एक ही पुस्तक में से दो अथवा अधिक उद्धरण देने हों तो प्रथम उद्धरण के सन्दर्भ में विवरण देकर बाद में आने वाले उद्धरणों के लिये "इबिड" का उपयोग करना चाहिये। "इंबिड़" *(Ibid)*" का अर्थ होता है "उपरोक्त के अनुसार"। यदि एक ही पुस्तक से उद्धरणों का फिर से उपयोग करना हो तो बाद के पन्ने पर उद्धरण के लिए "ऑप–सिट *(Op. Cit)* का प्रयोग करना चाहिये। "ऑप–सिट" इस लेटिन शब्द का अर्थ होता है "पीछे आ चुका है"। तलटिप उदाहरण–1 जैन. बी. एस. *रिसर्च मैथाडालॉजी*, पृष्ठ 41.

लिंखने की शैली (Style of Writing)

जो कुछ संशोधन से सम्बन्धित है केवल वही संशोधन प्रतिवेदन में रहना चाहिये। असम्बद्ध कुछ भी नहीं रहना चाहिए। संशोधन की प्रस्तुति स्पष्ट और मुद्दे सहित करनी चाहिए। संशोधन से सम्बन्धित सभी विधान छोटे, स्पष्ट और सरल वाक्यों में करने चाहिए। प्रतिवेदन में बड़े वाक्य, क्लिष्ट भाषा, अलंकार, कहावतों आदि का उपयोग न करें। संशोधन की उपलब्धियों को वैज्ञानिक और तर्कपूर्ण शैली में स्पष्ट करना चाहिए। कभी संशोधक को "मैं", "हम" और "हम सब" इनका उपोग नहीं करना चाहिए। इसके अलावा संशोधक अथवा शोधकर्ता आदि का उपयोग करना चाहिये। प्रतिवेदन में किसी का उल्लेख करते समय सीधे उसका नाम लिखें और उसके नाम के आगे श्री, श्रीमती, पंडित अथवा कोई भी विश्लेषण अथवा उपाधि नहीं लिखनी चाहिए, इसे शैक्षणिक क्षेत्र एवं सैनिकी क्षेत्र की उपाधि अपवादत्मक रहेगी। प्रतिवेदन का पूरा लेखन भूतकाल में करना चाहिए।

प्रत्येक प्रकरण के उप–प्रकरणों को अनेक परिच्छेदों (Paragraphs) में रखना चाहिए। महत्त्वपूर्ण सन्दर्भों को अथवा वाक्यों को विशेष चिन्हों द्वारा प्रक्षेपित करना चाहिए। सांख्यिकी जानकारी की प्रस्तुति सारणी, आलेख आदि के द्वारा

करना चाहिए तथा अन्य जानकारी के लिये नक्शे, कोष्ठक आदि का उपयोग करना चाहिए।

संशोधन प्रतिवेदन लिखने के पीछे मुख्य उद्देश्य

प्रतिवेदन प्रस्तुत करने के पीछे संशोधक के अनेक उद्देश्य रहते है। उनमें से प्रमुख उद्देश्य निम्न है :

(1) संशोधन कार्य के महत्त्व को दूसरे तक पहुंचना।
(To Communicate the importance of the research to others)

(2) ज्ञान–वृद्धि के लिए
(For expansion of knowledge)

(3) दूसरों के निष्कर्ष का प्रमाणीकरण करना
(Validation of other's conclusion)

(4) भविष्य के संशोधन के लिए उपयोगी
(Useful for future research)

(5) प्रामाणिकता की परीक्षा अथवा सत्यासत्य की जांच
(Examination of validity)

(6) संशोधन उपाधि प्राप्त करना।
(Acquirement of research degree)

(1) संशोधन कार्य को दूसरे तक पहुंचाना : संशोधन से प्राप्त नये ज्ञान के "स्वामित्व" का अधिकार समाज का रहता है, व्यक्ति का अथवा संशोधक का नहीं। इसलिए संशोधक को संशोधन कार्य पूर्ण रूप से संशोधन प्रतिवेदन में सादर करना चाहिए। ऐसा करना संशोधक का नैतिक कर्तव्य है। इच्छुक पाठकों तक नये ज्ञान को पहुंचाने का माध्यम प्रतिवेदन है, इस माध्यम से ही संशोधक अन्यों तक संशोधन के महत्व को भी पहुंचाता है।

(2) ज्ञान वृद्धि के लिए : संशोधन हमेशा अज्ञात की खोज करता है। संशोधक को संशोधन से जो ज्ञान प्राप्त होता है और उससे जो लाभ मिलता है उसे अन्यों को उपलब्ध करा देना ही प्रतिवदेन का उद्देश्य है। इस उद्देश्य से लोगों की "समझ" वृद्धिगत होती है।

(3) दूसरों के निष्कर्षों का प्रमापीकरण : संशोधन प्रतिवेदन में संशोधन विषय के सन्दर्भ में दूसरों के निकाले हुए निष्कर्षों की सत्यासत्यता की जांच की जाती है। संशोधन ऐसी क्रिया है जिसमें संशोधक दूसरों से कुछ नया सीखता है और दूसरों को कुछ नया सिखाता है। पहले के संशोधकों ने उसके संशोधन विषय के पहले के संशोधन में जो निष्कर्ष निकाले हैं, आज का संशोधन यदि उसके संशोधन विषय के पहले के संशोधन–विषय की विकसित कड़ी होगी तो पहले संशोधक उनके निष्कर्षों की सत्यता को प्रमाणित करेगा और बाद में अपने

संशोधन के निष्कर्ष निकालेगा।

(4) भविष्य में संशोधनों के लिए उपयोगी : संशोधन प्रतिवेदन में संशोधक नये खोजे गये तथ्यों की चर्चा करता है। इस चर्चा में वह उन तथ्यों का जिनका उसने अध्ययन किया है उतना ही अर्थनिरूपण करके निष्कर्ष निकालता है; ऐसे में उन नये तथ्यों का सूक्ष्म अध्ययन करने के लिये कोई दूसरा संशोधक उस पर अन्य 'उपकल्पना' करके संशोधन करता हैं। इसे ही कहते हैं पहले के संशोधकों के प्रतिवेदन में मिले हुए संकेत जो नये संशोधक को प्रेरित करते हैं। इसी से नये ज्ञान को अस्तित्व में लाने की शृंखला कायम रहती है। संशोधन प्रतिवेदन का अध्ययन करने से संशोधक केवल मार्गदर्शन ही नहीं, बल्कि, संशोधक प्रणाली की बारीकियों को भी जान जाते हैं तथा संशोधन प्रक्रिया लागू करके प्राप्त हुए निष्कर्ष प्रतिवेदन में कैसे रखें इसका अध्ययन भी अनायास कर लेते हैं। कुछ महत्त्वपूर्ण संशोधन प्रतिवेदन ऐसे संकेत अथवा उप–विषय प्रस्तुत करते है जो नये सिद्धांतों की निर्मिती के लिये कारक बनते हैं और उनका उपयोग करके भविष्य में अनेक संशोधक संशोधन करते हैं।

(5) प्रमाणिकता अथवा सत्या-सत्यता की जांच : संशोधन के सम्पूर्ण कार्य की प्रमाणिकता की जांच उसी समय की जा सकती है जब वह लिखित और संशोधन प्रतिवेदन के स्वरूप में सादर किया गया हो अन्यथा यह संभव नहीं। प्रतिवदेन में संशोधन कार्य के प्रत्येक स्तर को संशोधक परिपूर्ण स्तर पर प्रस्तुत करने का प्रयत्न करता है। पाठक, उस प्रत्येक स्तर पर संशोधक ने योग्य साधनों का, प्रमाणित प्रविधि का उपयोग कर और सटीक विश्लेषण प्रणाली को लागू करके परिणामों को प्राप्त किया है अथवा नहीं, इसका निरीक्षण परीक्षण कर सकता है। संशोधन के निष्कर्ष और उस पर आधारित सिद्धांत और सामान्यीकरण वैज्ञानिक और तर्कपूर्ण है अथवा नहीं इसकी जांच भी कर सकता है। संशोधक के दृष्टिकोण से जो संशोधन वैध, सत्य, परिपूर्ण और विश्वसनीय है उस मत की सत्यता अथवा असत्यता पाठक निश्चित करता है।

(6) संशोधन उपाधि प्राप्त करना : संशोधन प्रतिवेदन सम्बन्धित विश्वविद्यालय में प्रस्तुत करना यह संशोधक के अनेक उद्देश्यों में से एक महत्व का उद्देश्य हैं यह उद्देश्य व्यक्तिगत है। प्रस्तुत किया हुआ संशोधन प्रतिवेदन सम्बन्धित उपाधि प्रदान करने के लिये परिपूर्ण माना गया तो संशोधक सम्बन्धित संशोधन उपाधि उस विश्वविद्यालय से प्राप्त करता है। उदाहरण–अमरावती विद्यापीठ ने पी. एच. डी. उपाधि प्राप्त करने के लिये संशोधक को राजनीति विज्ञान अथवा वाणिज्य में संशोधन करने की अनुमति दी और उसकी कालावधि और मार्गदर्शक निश्चित किये एवं उसका संशोधन विषय भी प्रमाणित किया। ऐसा संशोधक मार्गदर्शन में निश्चित कालावधि में संशोधन पूर्ण करके उसे प्रतिवेदन के रूप में प्रस्तुत करता है। विद्यापीठ बाद की प्रक्रिया पूर्ण करके, वह संशोधन पी. एच. डी. उपाधि प्रदान करने योग्य है

ऐसा निर्णय यदि परीक्षक को हो तो विद्यापीठ उसको आने वाले पदवीदान–समारोह में पी. एच. डी. की उपाधि प्रदान करती है।

एक अच्छे प्रतिवेदन की विशेषताऐं (Characteristics of a good report)

अच्छे संशोधन प्रतिवेदन अनेकानेक विशेषताओं से परिपूर्ण रहते हैं। साधारणतः नीचे दी गई विशेषताएँ जिस प्रतिवेदन में होगी उस प्रतिवेदन को अच्छा प्रतिवेदन कहकर सम्बोधित किया जाता है :

(1) संशोधन प्रतिवेदन सुन्दर और आकर्षक स्वरूप में होना चाहिए लेकिन ऐसा करते समय उनका अतिरेक नहीं करना चाहिए। आकर्षकता और सुन्दरता की मर्यादा शीर्षक, आलेख, छायाचित्र तक ही रखना चाहिए। पेजों को आकर्षक बनाने के लिये बेलबुटी छपाई के उपयोग नहीं करें अथवा रंगीन कागजों का उपयोग भी प्रतिवेदन लिखने के लिये न करें।

(2) प्रतिवेदन को सुलभ, स्पष्ट और सुग्राह्य स्वरूप में प्रस्तुत करना चाहिये, इसके लिये अतिश्योक्तिपूर्ण भाषा, अलंकार, कहावतों आदि का उपयोग नहीं करें।

(3) प्रतिवेदन में किए गए तथ्यों का पूर्ण विश्लेषण वैज्ञानिकता और तर्क के आधार पर ही किया होना चाहिये, अन्यथा पाठकों की समझ यह होगी कि प्रतिवेदन आदर्श और कल्पना पर आधारित है।

(4) एक ही तथ्य को बार–बार प्रतिवेदन में प्रक्षेपित नहीं करना चाहिए।

(5) प्रतिवेदन में ऐसे सभी स्रोतो का स्पष्ट उल्लेख करना चाहिये जहां से तथ्य और जानकारी संकलित की गयी है। इच्छुक व्यक्ति उल्लिखित स्रोतों के आधार पर तथ्यों और जानकारी की जांच कर सके।

(6) संशोधक को कमियों, कष्ट और समस्याओं का स्पष्टीकरण प्रतिवेदन में देना चाहिएं, इससे प्रतिवेदन यथार्थवादी बनता है और भविष्य में संशोधन करने वालों के लिये मार्गदर्शक बनता है।

(7) प्रतिवेदन में संशोधक को ऐसे "संकेत" अथवा "चिन्ह्" प्रयुक्त करने चाहिए जो भविष्य के संशोधन में उपयोगी रहें।

(8) संशोधक प्रतिवेदन में ऐसी सूचना देता है जो पक्षपातविहीन रहती है लेकिन इसके साथ–साथ रचनात्मक और उपयोगी भी रहती है। ये सूचनाएं यदि समझ निर्माण करने वाली न हों तो संशोधक को उन्हें नहीं देना चाहिए।

इसके अलावा संशोधन के स्वरूपानुसार जो–जो विशेषताएं होंगी उन्हें भी प्रतिवेदन में सम्मिलित करना चाहिए लेकिन ऐसा करते समय किसी भी विशेषता का अतिरेक न हो इसकी सावधानी रखनी चाहिए। विशेषताओं से विभूषित प्रतिवेदन कम समय में यश प्राप्त करके संशोधक को जनप्रिय बनाता है।

संशोधन प्रतिवेदन की प्रमुख समस्याएं
(Some Importance Problems of the Research Report)

प्रत्येक संशोधक को प्रतिवेदन लिखना एक जटिल और कठिन कार्य लगता है। इसके पीछे के अनेक कारणों में से कुछ कारणों जो संशोधक के सामने समस्याओं के रूप में खड़े रहते हैं उनकी चर्चा नीचे दी गई है :

(1) बौद्धिक स्तर की समस्या (Problem of Intellectual Status) : सर्व सामान्य जनता के ज्ञान का स्तर ध्यान रखकर प्रतिवेदन लिखना संभव है क्या? यह विवादास्पद प्रश्न है। यदि सर्व सामान्य को समझ में आ सके। ऐसे प्रतिवेदन लिखन संशोधक ने निश्चित किया तो उसमें मौलिकता की कमी होगी। यदि संशोधक ने यथार्थ के आधार पर बुद्धि का उपयोग कर प्रतिवदन लिखा तो उसका बौद्धिक स्तर इतना होता है कि वह साधारण पढ़े हुए व्यक्ति के आकलन के बाहर की बात होती है। इसलिये संशोधक को प्रतिवेदन ऐसा लिखना चाहिए कि जिसमें संशोधन का गम्भीरता से प्रस्तुतिकरण होते हुए भी भाषा सरल हो और जहां–जहां संभव हो वहां सारणी, आलेख, चित्र, छाया–चित्र आदि का उपयोग करना चाहिए। इस प्रकार सर्वसाधारण व्यक्ति भी उस प्रतिवेदन को समझ सकेगा और उसके क्लिष्ट, वैज्ञानिक और कठिन तथ्यों को भी अन्यों की मदद से समझ सकेगा। सभी स्तर के पाठकों द्वारा आकलन किया जा सके ऐसा प्रतिवेदन लिखना संशोधक के लिये असंभव सा होता है।

(2) विषयानुकूलता की समस्या (Problem of objectvity) : संशोधन प्रतिवेदन पूर्णतः निरपेक्ष और निष्पक्ष रखना और उसमें किसी भी प्रकार का मिथ्याभाव नहीं आने देना, ये उद्देश्य रहे तो भी संशोधक पर पड़ा हुआ समाज का प्रभाव, उसके मूल्य, आदर्श, भावना, व्यवहार और आदतें इनका स्पर्श उसके लेखन में दिखाई पड़ता है। ऐसी परिस्थिति में विद्वान पाठक के मन में प्रतिवेदन की पूर्ण विषयानुकूलता के सन्दर्भ में संशय उत्पन्न होता है। इसलिये संशोधक को किसी भी प्रभाव में न आते हुये प्रतिवेदन लिखना चाहिए।

(3) भाषा की समस्या (Problem of Language) : प्रतिवेदन की भाषा कैसी होनी चाहिये यह समस्या बहुत बड़ी है। आधुनिक संशोधन पूर्णतः वैज्ञानिक रहने से प्रतिवेदन में तकनीकी और वैज्ञानिक शब्दावली का उपयोग करना अनिवार्य रहता है। ऐसी शब्दावली यदि प्रतिवेदन में बार–बार आई तो उस प्रतिवेदन को क्लिष्ट ओर पांडित्यपूर्ण माना जाता है। किन्तु यह साधारण मनुष्य के समझने से बाहर है ऐसा मानकर उस संशोधन का अवमूल्यन भी किया जाता है। इस समस्या से बाहर के प्रयत्न अनेक संशोधकों ने किये परन्तु वे असफल रहे और भविष्य में संशोधक सफल होंगे यह भविष्यवाणी करना व्यर्थ है इसलिए इस ज्वलन्त समस्या से सभी संशोधक परेशान है।

(4) संकल्पना की समस्या (Problem of concept) : विस्तृत और बड़े

तथ्य कुछ शब्दों में संकल्पना के माध्यम से प्रस्तुत किये जाते हैं। संशोधन में ऐसी अभिव्यक्ति व्यावहारिक आवश्यकता है। सामाजिक विज्ञान में संकल्पना अभिव्यक्ति के मापक–दण्ड अभी तक पर्याप्त विकसित नहीं हुए हैं इसलिये तथ्यों को स्पष्ट करने के लिये अनेक बातों को विस्तृत रूप में लिखना आवश्यक है।

(5) सत्य कहने की समस्या (Problem of telling truth) : प्रतिवेदन में "सत्य कहना" एक सर्वाधिक क्लिष्ट समस्या है। संशोधक को पूरा विश्वास रहता है कि जिस "सत्य का" वह रहस्योद्घाटन करेगा उसका प्रभाव समाज के किसी न किसी वर्ग पर पड़ेगा। जिस वर्ग पर "सत्य का" विपरीत प्रभाव पड़ता है वह वर्ग संशोधक का विरोधी बन जाता है। इस प्रकार की परिस्थिति सामने न आए और कुछ व्यक्ति जो विरोधी वर्ग से सम्बन्धित है, बदले की भावना से कष्ट न दें इसलिये संशोधक "सत्य का" उद्घाटन करने से डरता है अथवा "सत्य की" अभिव्यक्ति अस्पष्ट करने के लिये संशोधक को निडर होना पड़ेगा अन्यथा प्रतिवेदन में सत्य की प्रस्तुति नहीं की जा सकेगी।

संशोधन प्रतिवेदन यह संशोधन का सार है, इसलिये वह अत्यधिक महत्त्वपूर्ण बन गया है, और इस महत्त्व को बढ़ाने के लिये अनगिनत वैज्ञानिक एवं संशोधकों के बौद्धिक श्रम कारक हुए हैं और हो रहे हैं और होते ही रहेंगे ऐसी श्रद्धा भी है।

तत्वज्ञान पारंगत–मार्ग दर्शन
(Master of Philosophy)

एम. फिल. "संशोधन–प्रतिवेदन" अर्थात् 'लघु–प्रबन्ध' अनिवार्य विषय है। एम. फिल. छात्र ने "लघु–प्रबन्ध" में उत्तीर्ण होने के लिए संशोधन कार्य शुरू करने से "लघु–प्रबन्ध" की प्रस्तुति तक अगर निम्नलिखित मार्गदर्शकों का ध्यान पूर्वक उपयोग किया जाता है तो संशोधन बिना किसी रुकावट एवं कष्ट के "पूर्ण" होगा।

1. संशोधन के लिए "अध्ययन–विषय" या "समस्या" का चुनाव करते वक्त किसी विद्वान और अनुभवी व्यक्ति से "सलाह–मशविरा" करे।
2. विश्वविद्यालय ने मार्गदर्शक (Supervisor) की नियुक्ति की हो तो "विषय–वस्तु" के ज्ञात पहलुओं पर उनसे चर्चा कर, गहन एवं सूक्ष्म अध्ययन के लिए "कुछ पहलुओं" का चयन करें।
3. मार्गदर्शक एवं संशोधन में अनुभवी से "सलाह–मशविरा" करने के पश्चात् ही "संशोधन–प्रणाली" का निर्धारण करें।
4. सामग्री स्रोतों को पहचानें और सामग्री संकलन के लिए उपयुक्त साधनों को जुटाएं।
5. नमूना पद्धतियों का चयन कर उनका योग्यता से उपयोग करें।
6. संकलित किए तथ्य सामग्री का शुद्धिकरण, प्रमाणीकरण, वर्गीकरण, क्रमबद्धीकरण, आलेखन, सारणीयन, विश्लेषण आदि की उचित व्यवस्था करें।
7. संशोधन की व्याप्ती उपलब्ध समय और धन के आधार पर निश्चित करें।
8. लघु–प्रबन्ध के अध्यायों का निर्माण करें।
9. संशोधन कार्य में मदद कर सके ऐसे व्यक्तियों का चुनाव सहायक के रूप में करें।
10. संशोधन प्रारूप के अनुसार संशोधन प्रक्रिया से अध्ययन को अर्थात् निरूपण

तक पहुंचाएं।

(11) सिद्धांत–निर्माण का कार्य उपकल्पना परीक्षण के बाद करें, तत्पश्चात् सामान्यीकरण, निष्कर्ष, सूचनाएँ आदि दें।

(12) "विश्लेषण" एवं "मापन" में महारत हासिल करें।

(13) "रिसर्च" कार्ड का योग्यता से उपयोग करें।

(14) संशोधन में अध्ययन की गहनता को विस्तार से अधिक श्रेष्ठ मानें। अतः अध्ययन को संक्षिप्त पर पर्याप्त स्वरूप में प्रस्तुत करें।

(15) लघु–प्रबन्ध सौ पन्नों के लगभग हो।

(16) लघु–प्रबन्ध की पाँच प्रतियाँ टंक–लिपित करे। इसे मुखपृष्ठ, संशोधक की घोषणा, मार्गदर्शक का प्रमाण–पत्र, संशोधक द्वारा मनोगत या ऋण–निर्देश, अनुक्रमणिका, प्रस्तावना, अध्याय, सन्दर्भ–सूची–दस्तावेज, शोध–पत्रिकायें, ग्रंथ एवं पुस्तक सूची, पत्र–पत्रिकाएँ, परिशिष्ट, सूची–पत्र, पुस्तिकाए इस क्रम में रखकर जिल्दबन्द कराएं। लघु प्रबन्ध पर उचित जगह हस्ताक्षर कर, मार्गदर्शक के हस्ताक्षर प्रमाण–पत्र पर प्राप्त करें एव विश्वविद्यालय में दो (कहीं तीन) प्रतियाँ जमा कर रसदी लें, एक प्रति मार्गदर्शक को दे तथा बची हुई प्रति स्वयं रखे।

विश्वविद्यालय अनुदान आयोग (प्रतिवेदन 1982-83) के अनुसार राजनीति विज्ञान–संशोधन में प्रधानता प्राप्त अध्ययन क्षेत्र :

(1) राजनीतिक दल एवं दलिय पद्धतियों का तुलनात्मक अध्ययन;

(2) राजनीतिक नेतृत्व, उनका इतिहास और प्रतिक्रियात्मक व सक्रियात्मक दृष्टि से अध्ययन;

(3) भारतीय राजनीति में हेतु पूर्ति एवं दबाव गुटों का उदय एवं प्रकटीकरण का अध्ययन;

(4) हिंसा एवं उसका राजनीतिक दृष्टियों से अध्ययन;

(5) विधायिकी–श्रेष्ठिजन, उनका वर्तन;

(6) राजनीतिक प्रक्रिया;

(7) भ्रष्टाचार;

(8) वैदिक काल से आज तक के राजनीतिक विचारों का इतिहासात्मक अध्ययन;

(9) नीति–निर्माण एवं नीति–क्रियान्वयन प्रक्रिया के मध्य अन्तर सम्बन्धों का अध्ययन;

(10) सामाजिक–आर्थिक विधेयक एवं न्याय व्यवस्था का प्रतिवचन;

(11) विद्यार्थी–असन्तोष;

(12) नागरिकों की तकरार;

(13) भारतीय सन्दर्भ में समाजवादी सिद्धांत व व्यवहार;

(14) संमिश्र राजनीति एवं अध्यक्षीय शासन का अध्ययन;
(15) शहरी एवं ग्रामीण राजनीति;
(16) राजनीतिक एवं नौकरशाही संस्कृति;
(17) संघ एवं राष्ट्र निर्माण;
(18) राष्ट्रीय सर्वेक्षण एवं जिला श्रेष्ठिजन;
(19) राजनीति एवं भूमि–सुधार;
(20) भारत प्रादेशिकवाद;
(21) भारत में विदेश नीति;
(22) राज्यों के राजनीति का तुलनात्मक अध्ययन;
(23) भारतीय राजनीति संस्कृति/संस्कृतियाँ;
(24) भारतीय राजनीतिक–अर्थशास्त्रीय दृष्टिकोण;
(25) राष्ट्रीय एवं अन्तर्राष्ट्रीय राजनीतिक व्यवस्थाओं के मध्य "सांचाबद्ध" अन्तर –क्रियाओं का अध्ययन;
(26) भारत में प्रशासकीय–संस्कृति एवं उसका विकास पर प्रभाव;
(27) सामाजिक आन्दोलनों का अध्ययन (कृषक, कामगार, व्यापारी आदि);
(28) गरीबी एवं सामाजिक–आर्थिक परिवर्तन प्रक्रिया;

विश्वविद्यालय अनुदान आयोग (प्रतिवेदन 1982-83) के अनुसार वाणिज्य संशोधन में प्राप्त अध्ययन क्षेत्र;

1. सार्वजनिक उपक्रमों की वाणिज्यिक वांछिता;
2. सार्वजनिक वितरण प्रणाली एवं उपभोगितावाद;
3. औद्योगिक नीति–अनुज्ञा एवं नियंत्रण सहित;
4. तकनीकी हस्तान्तरण एवं सहउद्योजकता;
5. प्रकल्प नियोजन तथा मूल्यांकन;
6. प्रबन्धन एवं निरीक्षण परिणामकारिता;
7. अवमूल्यन सिद्धांत एवं व्यवहार;
8. स्फिति लेखांकन;
9. कार्यशील पूँजी प्रबन्धन;
10. व्यापार नीति–आयात प्रतिस्थापना एवं निर्यात प्रोत्साहन सहित;
11. कृषि उद्योग;
12. मानव संसाधन लेखांकन;
13. निगमन क्षेत्रों की समस्याएँ;
14. लघु–व्यवसायियों की समस्याएँ;
15. यातायात अर्थशास्त्र;
16. औद्योगिक सम्बन्ध एवं कार्मिक प्रबन्धन

सन्दर्भ सूची

1. Brecht, Arnold, *Political Theory*, Indian Edition, Times of India Press, Mumbai, 1965.
2. Bajpal (Dr.) S.R., *Methods of Social Survey and Research*, Kitab Ghar, Kanpur, 1987.
3. Berelson Bernard, *Content Analysis in Communication Research*, Free Press of Glencoe, New York, 1952.
4. Dhondyal, (Dr.) S.P., *Research Methodology in Social Science*, Friends Publisher, Meerut, 1984.
5. Dahl, Robert A., *Modern Political Analysis*, Indian Edition, Prentice-Hall, New Jersy, 1963.
6. Elliott, Florence, *Dictionary of Politics*, Penguin Books, N.D., 1973.
7. Good, William J. and Hatt, Paul K., *Methods in Social Research*, McGraw Hill International, Student Edition, New Delhi, 1981.
8. Hyman, Herbert H., *Interviewing in Social Research*, University of Chicago Press, Chicago, 1954
9. जैन (डॉ.) बी. एम., *रिसर्च मैथ्डोलोजी*, रिसर्च पब्लिकेशन, नई दिल्ली, 1987-88.
10. Johnson Janet, Buttoph and Joslyn Richard A., *Political Science Research Methods*, Prentice Hall of India Pvt., Ltd., New Delhi, 1987.
11. कुंभोजकर, ग. वि., *संशोधन पद्धति व संख्या शास्त्र*, एम. व्ही फड़के आणि कम्पनी, कोल्हापुर, 1982.
12. लवानिया (डॉ.) एम. एम. एवं जैन, शशी के, *समाजशास्त्रीय अनुसन्धान का तर्क और विधियाँ*, रिसर्च पब्लिकेशन, जयपुर, 1988.

13. Lundberg George A., *Social Research*, Longmans Green & Co., New York, 1951.

14. Nanda T.R., *Dictionary of Political Science*, Anmol Publications, New Delhi, 1989.

15. नाड़गोडे (डॉ.) गुरुनाथ, *सामाजिक संशोधन पद्धति*, फडके प्रकाशन, कोल्हापुर, 1986.

16. Payne Stanely L., *The Art of Asking Questions*, Princeton N.J., Princeton, 1951.

17. Saravanavel P., *Research Methodology*, Kitab Mahal, Allahabad, 1987.

18. Sethna Beheruz N. & Leonard Groeneveld, *Research Methods in Marketing and Management*, Tata McGraw Hill Pvt. Co. Ltd., New Delhi, 1984.

19. Sharma R.D., *Research Methods in Social Sciences*, National Book Organisation, N.D., 1988.

20. Sadhu A.N. & Singh Amarjit, *Research Methodology in Social Sciences*, Himalaya Publications, N.D., 1980.

21. उपाध्याय (डॉ.), हरिशचन्द्र, *सामाजिक सर्वेक्षण सांख्यिकी*, एटलांटिक पब्लिशर्स एण्ड डिस्ट्रीब्यूटर्स, नई दिल्ली, 1990.

22. वर्मा (डॉ.) एस. एल., *राजनीति विज्ञान में अनुसंधान प्रविधि*, राजस्थान हिन्दी ग्रन्थ अकादमी, 1988.

23. Young Paulin V., *Scientific Social Surveys & Research*, Printice Hall of India Pvt. Ltd., New Delhi, 1982.